JN051580

アマチュア局用

電波法令

抄録

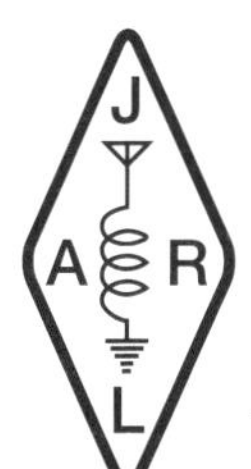

一般社団法人 日本アマチュア無線連盟

●はしがき●

すべての無線局は、法令にしたがって運用されています。このため無線局には、最新の「電波関係法令集」を備えておくことをお勧めします。

しかし、現在発行されている法令集は、すべての無線局に関係する法令を網らしている関係上アマチュア局で使用するには不便なところもあってアマチュア局を運用している人はもちろん、これからアマチュア無線を志す人々からも、アマチュア局に必要な条文を抜粋収録したアマチュア局用の法令集の発行が、望まれておりました。

本法令集は、アマチュア局用の電波法令抄録です。電波法令を十分理解して、正しくアマチュア無線局を運用することを念願いたします。

令和六年二月一日

一般社団法人　日本アマチュア無線連盟

目次

電波法……（七）
電波法施行令……（三一）
電波法関係手数料令……（三三）
電波法施行規則……（三八）
無線局（基幹放送局を除く。）の開設の根本的基準……（七六）
無線局免許手続規則……（七七）
無線従事者規則……（一一二）
無線局運用規則……（一二五）
無線設備規則……（一四五）
特定無線設備の技術基準適合証明等に関する規則……（一六〇）
登録検査等事業者等規則……（一六二）
アマチュア局関係告示……（一六四）
アマチュア局が動作することを許される周波数帯……（一六五）
アマチュア局の無線設備の占有周波数帯幅の許容値……（一六六）
簡易な免許手続を行うことのできる無線局……（一六七）
許可を要しないアマチュア局の無線設備に係る
工事設計の軽微な事項……（一六八）
免許を要しない無線局の用途並びに
電波の型式及び周波数……（一六九）
工事設計書の記載の一部を省略することができる
適合表示無線設備……（一七〇）
金銭上の利益のためでなく、もっぱら個人的な無線技術の興味によっ
て行う総務大臣が別に告示する業務……（一七〇）
アマチュア業務に使用する電波の型式及び
周波数の使用区別……（一七〇）
免許人以外の者が行う無線局（アマチュア局に限る。）の運用を、
免許人がする無線局の運用とする場合……（一七四）

アマチュア局用 電波法令 抄録

アマチュア局（人工衛星に開設するアマチュア局及び人工衛星に開設するアマチュア局の無線設備を遠隔操作するアマチュア局を除く。）に指定することが可能な電波の型式、周波数及び空中線電力を一括して表示する記号……（一七五）
通信方法の特例……（一八三）
時計、業務書類の省略等……（一八三）
外国のアマチュア無線技士の資格、操作の範囲、操作を行おうとする場合の条件……（一八五）
無線設備の設置場所の変更検査を受けることを要しないアマチュア局……（一九六）
アマチュア局に対する広報を送信する無線局の運用……（一九七）
申請又は届出を電子申請等により行う場合において、電磁的記録を送信することにより提出することができない書類等……（一九七）
無線設備の空中線電力の測定及び算出方法……（一九八）
総務大臣が定める無線設備……（一九八）
人体が電波に不均一にばく露される場合その他総務大臣が不合理であると認める場合の電波の強度の値を定める件……（一九九）
無線設備から発射される電波の強度の算出方法及び測定方法……（二〇一）
無線局免許申請書等に添付する無線局事項書及び工事設計書の各欄に記載するためのコード表……（二〇七）
■参　考■
国際電気通信連合憲章・無線通信規則（抜粋）……（二〇九）

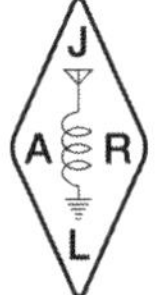

○電波法

昭和二十五年五月二日―法律第百三十一号
最終改正　令和五年六月十六日―法律第七十号

目次

第一章　総則（第一条―第三条）
第二章　無線局の免許等
　第一節　無線局の免許（第四条―第二十七条の二十）
　第二節　（省　略）（第二十七条の二十一―第二十七条の三十七）
　第三節　（省　略）（第二十七条の三十八・第二十七条の三十九）
第三章　無線設備（第二十八条―第三十八条の二）
第三章の二　特定無線設備の技術基準適合証明等
　第一節　特定無線設備の技術基準適合証明及び工事設計認証（第三十八条の二の二―第三十八条の三十二）
　第二節　（省　略）（第三十八条の三十三―第三十八条の三十八）
　第三節　（省　略）（第三十八条の三十九―第三十八条の四十八）
第四章　無線従事者（第三十九条―第五十一条）
第五章　運用
　第一節　通則（第五十二条―第六十一条）
　第二節～第四節　（省　略）（第六十二条―第七十条の九）
第六章　監督（第七十一条―第八十二条）
第七章　審査請求及び訴訟（第八十三条―第九十九条）
第七章の二　電波監理審議会（第九十九条の二―第九十九条の十五）
第八章　雑則（第百条―第百四条の五）
第九章　罰則（第百五条―第百十六条）
附　則

第一章　総　則

（目　的）

第一条　この法律は、電波の公平且つ能率的な利用を確保することによつて、公共の福祉を増進することを目的とする。

（定　義）

第二条　この法律及びこの法律に基づく命令の規定の解釈に関しては、次の定義に従うものとする。

一　「電波」とは三百万メガヘルツ以下の周波数の電磁波をいう。
二　「無線電信」とは、電波を利用して、符号を送り、又は受けるための通信設備をいう。
三　「無線電話」とは、電波を利用して、音声その他の音響を送り、又は受けるための通信設備をいう。
四　「無線設備」とは、無線電信、無線電話その他電波を送り、又は受けるための電気的設備をいう。
五　「無線局」とは、無線設備及び無線設備の操作を行う者の総体をいう。但し、受信のみを目的とするものを含まない。
六　「無線従事者」とは、無線設備の操作又はその監督を行うものであつて、総務大臣の免許を受けたものをいう。

（電波に関する条約）

第三条　電波に関し条約に別段の定があるときは、その規定による。

第二章　無線局の免許等

第一節　無線局の免許

（無線局の開設）

第四条　無線局を開設しようとする者は、総務大臣の免許を受けなければならない。ただし、次に掲げる無線局については、この限りでない。

一　発射する電波が著しく微弱な無線局で総務省令で定めるもの。

二　二十六・九メガヘルツから二十七・二メガヘルツまでの周波数の電波を使用し、かつ、空中線電力が〇・五ワット以下である無線局のうち総務省令で定めるものであつて、第三十八条の七第一項（第三十八条の三十一第四項において準用する場合を含む。）、第三十八条の二十六（第三十八条の三十一第六項において準用する場合を含む。）若しくは第三十八条の三十五又は第三十八条の四十四第三項の規定により表示が付されている無線設備（第三十八条の二十三第一項（第三十八条の二十九、第三十八条の三十一第四項及び第六項並びに第三十八条の三十八において準用する場合を含む。）の規定により表示が付されていないものとみなされたものを除く。以下「適合表示無線設備」という。）のみを使用するもの

三　空中線電力が一ワット以下である無線局のうち総務省令で定めるものであつて、第四条の二の規定により指定された呼出符号又は呼出名称を自動的に送信し、又は受信する機能その他総務省令で定める機能を有することにより他の無線局にその運用を阻害するような混信その他の妨害を与えないように運用することができるもので、かつ、適合表示無線設備のみを使用するもの

四　第二十七条の二十一第一項の登録を受けて開設する無線局（以下「登録局」という。）

（次章に定める技術基準に相当する技術基準に適合している無線設備に係る特例）

第四条の二　本邦に入国する者が、自ら持ち込む無線設備（次章に定める技術基準に相当する技術基準として総務大臣が指定する技術基準に適合しているものに限る。）を使用して無線局（前項第三号の総務省令で定める無線局のうち、用途及び周波数を勘案して総務省令で定めるものに限る。）を開設しようとするときは、当該無線設備は、適合表示無線設備でない場合であつても、同号の規定の適用については、当該者の入国の日から同日以後九十日を超えない範囲内で総務省令で定める期間を経過する日までの間に限り、適合表示無線設備とみなす。この場合において、当該無線設備については、同章の規定は、適用しない。

2～6　（省　略）

7　第一項及び第二項の規定による技術基準の指定は、告示をもつて行わなければならない。

（欠格事由）

第五条　次の各号のいずれかに該当する者には、無線局の免許を与えない。

一　日本の国籍を有しない人

二　外国政府又はその代表者

三　外国の法人又は団体

四　法人又は団体であつて、前三号に掲げる者がその代表者であるもの又はこれらの者がその役員の三分の一以上若しくは議決権の三分の一以上を占めるもの

2　前項の規定は、次に掲げる無線局については、適用しない。

一　（省　略）

二　アマチュア無線局（個人的な興味によつて無線通信を行うために開設する無線局をいう。以下同じ。）

三～九　（省　略）

3　次の各号のいずれかに該当する者には、無線局の免許を与えないことができる。

一　この法律又は放送法（昭和二十五年法律第百三十二号）に規定する罪を犯し罰金以上の刑に処せられ、その執行を終わり、又はその執行を受けることがなくなつた日から二年を経過しない者

二　第七十五条第一項又は第七十六条第四項（第四号を除く。）若しくは第五項（第五号を除く。）の規定により無線局の免許の取消しを受け、その取消しの日から二年を経過しない者

三・四　（省　略）

4～6　（省　略）

（免許の申請）

第六条　無線局の免許を受けようとする者は、申請書に、次に掲げる事項を記載した書類を添えて、総務大臣に提出しなければならない。

一　目的（二以上の目的を有する無線局であつて、その目的に主たるものと従たるものの区別がある場合にあつては、その主従の区別を含む。）
二　開設を必要とする理由
三　通信の相手方及び通信事項
四　無線設備の設置場所（移動する無線局のうち、次のイ又はロに掲げるものについては、それぞれイ又はロに定める事項。第十八条第一項を除き、以下同じ。）
イ　人工衛星の無線局（以下「人工衛星局」という。）　その人工衛星の軌道又は位置
ロ　人工衛星局、船舶の無線局（人工衛星局の中継によつてのみ無線通信を行うものを除く。第三項において同じ。）、船舶地球局（船舶に開設する無線局であつて、人工衛星局の中継によつてのみ無線通信を行うもの（実験等無線局及びアマチュア無線局を除く。）をいう。以下同じ。）、航空機の無線局（人工衛星局の中継によつてのみ無線通信を行うものを除く。第五項において同じ。）及び航空機地球局（航空機に開設する無線局であつて、人工衛星局の中継によつてのみ無線通信を行うもの（実験等無線局及びアマチュア無線局を除く。）をいう。以下同じ。）以外の無線局　移動範囲
五　電波の型式並びに希望する周波数の範囲及び空中線電力
六　希望する運用許容時間（運用することができる時間をいう。以下同じ。）
七　無線設備（第三十条及び第三十二条の規定により備え付けなければならない設備を含む。次項第三号、第十条第一項、第十二条、第十七条、第十八条、第二十四条の二第四項、第二十七条の十四第二項第十号、第二十七条の十二第二項第六号、第三十八条の二第一項、第七十一条の五、第七十三条第一項ただし書、第三項及び第六項並びに第百二条の十八第一項において同じ。）の工事設計及び工事落成の予定期日
八　運用開始の予定期日
九　他の無線局の第十四条第二項第二号の免許人又は第二十七条の二十六第一項の登録人（以下「免許人等」という。）との間で混信その他の妨害を防止するために必要な措置に関する契約を締結しているときは、その契約の内容
2〜8　（省　略）

（申請の審査）
第七条　総務大臣は、前条第一項の申請書を受理したときは、遅滞なくその申請が次の各号のいずれかにも適合しているかどうかを審査しなければならない。
一　工事設計が第三章に定める技術基準に適合すること。
二　周波数の割当が可能であること。
三　主たる目的及び従たる目的を有する無線局にあつては、その従たる目的の遂行がその主たる目的の遂行に支障を及ぼすおそれがないこと。
四　前三号に掲げるもののほか、総務省令で定める無線局（基幹放送局を除く。）の開設の根本的基準に合致すること。
2〜5　（省　略）
6　総務大臣は、申請の審査に際し、必要があると認めるときは、申請者に出頭又は資料の提出を求めることができる。

（予備免許）
第八条　総務大臣は、前条の規定により審査した結果、その申請が同条第一項各号又は第二項各号に適合していると認めるときは、申請者に対し、次に掲げる事項を指定して、無線局の予備免許を与える。
一　工事落成の期限
二　電波の型式及び周波数
三　呼出符号（標識符号を含む。）、呼出名称その他の総務省令で定める識別信号（以下「識別信号」という。）
四　空中線電力
五　運用許容時間
2　総務大臣は、予備免許を受けた者から申請があつた場合において、相当と認めるときは、前項第一号の期限を延長することができる。

（工事設計等の変更）

第九条　前条の予備免許を受けた者は、工事設計を変更しようとするときは、あらかじめ、総務大臣の許可を受けなければならない。ただし、総務省令で定める軽微な事項については、この限りでない。

2　前項ただし書の総務省令で定める軽微な事項について工事設計を変更したときは、遅滞なくその旨を、総務大臣に届け出なければならない。

3　第一項の変更は、周波数、電波の型式又は空中線電力に変更を来すものであつてはならず、かつ、第七条第一項第一号又は第二項第一号の技術基準（次章に定めるものに限る。）に合致するものでなければならない。

4　前条の予備免許を受けた者は、無線局の目的、通信の相手方、通信事項、放送事項、放送区域若しくは無線設備の設置場所の変更又は基幹放送の業務に用いられる電気通信設備の変更（総務省令で定める軽微な変更を除く。）をしようとするときは、あらかじめ、総務大臣の許可を受けなければならない。ただし、次に掲げる事項を内容とする無線局の目的の変更は、これを行うことができない。

一　基幹放送局以外の無線局が基幹放送をすることとすること。

二　基幹放送局が基幹放送をしないこととすること。

5・6　（省　略）

（落成後の検査）

第十条　第八条の予備免許を受けた者は、工事が落成したときは、その旨を総務大臣に届け出て、その無線設備、無線従事者の資格（第三十九条第三項に規定する主任無線従事者の要件、第四十八条の二第一項の船舶局無線従事者証明及び第五十条第一項に規定する遭難通信責任者の要件に係るものを含む。第十二条及び第七十三条第三項において同じ。）及び員数並びに時計及び書類（以下「無線設備等」という。）について検査を受けなければならない。

2　前項の検査は、同項の検査を受けようとする者が、当該検査を受けようとする無線設備等について第二十四条の二第一項又は第二十四条の十三第一項の登録を受けた者が総務省令で定めるところにより行つた当該登録に係る点検の結果を記載した書類を添えて前項の届出をした場合においては、その一部を省略することができる。

（免許の拒否）

第十一条　第八条第一項第一号の期限（同条第二項の規定による期限の延長があつたときは、その期限）経過後二週間以内に前条の規定による届出がないときは、総務大臣は、その無線局の免許を拒否しなければならない。

（免許の付与）

第十二条　総務大臣は、第十条の規定による検査を行つた結果、その無線設備が第六条第一項第七号又は同条第二項第二号の工事設計（第九条第一項の規定による変更があつたときは、変更があつたもの）に合致し、かつ、その無線従事者の資格及び員数が第三十九条又は第三十九条の十三、第四十条及び第五十条の規定に、その時計及び書類が第六十条の規定にそれぞれ違反しないと認めるときは、遅滞なく申請者に対し免許を与えなければならない。

（免許の有効期間）

第十三条　免許の有効期間は、免許の日から起算して五年を超えない範囲内において総務省令で定める。ただし、再免許を妨げない。

2　（省　略）

第十三条の二　（省　略）

（免許状）

第十四条　総務大臣は、免許を与えたときは、免許状を交付する。

2　免許状には、次に掲げる事項を記載しなければならない。

一　免許の年月日及び免許の番号

二　免許人（無線局の免許を受けた者をいう。以下同じ。）の氏名又は名称及び住所

三　無線局の種別

四　無線局の目的（主たる目的及び従たる目的を有する無線局にあつては、その主従の区別を含む。）

五　通信の相手方及び通信事項

六　無線設備の設置場所

七　免許の有効期間
八　識別信号
九　電波の型式及び周波数
十　空中線電力
十一　運用許容時間

3　（省　略）

（簡易な免許手続）

第十五条　第十三条第一項ただし書の再免許及び適合表示無線設備のみを使用する無線局その他総務省令で定める無線局の免許については、第六条（第八項及び第九項を除く。）及び第八条から第十二条までの規定にかかわらず、総務省令で定める簡易な手続によることができる。

第十六条　（省　略）

（変更等の許可等）

第十七条　免許人は、無線局の目的、通信の相手方、通信事項、放送事項、放送区域若しくは無線設備の設置場所の変更若しくは基幹放送の業務に用いられる電気通信設備の変更（総務省令で定める軽微な変更を除く。）をし、又は無線設備の変更の工事をしようとするときは、あらかじめ、総務大臣の許可を受けなければならない。ただし、次に掲げる事項を内容とする無線局の変更は、これを行うことができない。

一・二　（省　略）

2　（省　略）

3　第五条第一項から第三項までの規定は無線局の目的の変更に係る第一項の許可について、第九条第一項ただし書き、第二項及び第三項の規定は第一項の規定により無線設備の変更の工事をする場合について、それぞれ準用する。

（変更検査）

第十八条　前条第一項の規定により無線設備の設置場所の変更又は無線設備の変更の工事の許可を受けた免許人は、総務大臣の検査を受け、当該変更又は工事の結果が同条同項の許可の内容に適合していると認められた後でなければ、許可に係る無線設備を運用してはならない。ただし、総務省令で定める場合は、この限りでない。

2　前項の検査は、同項の検査を受けようとする者が、当該検査を受けようとする無線設備について第二十四条の二第一項又は第二十四条の十三第一項の登録を受けた者が総務省令で定めるところにより行つた当該登録に係る点検の結果を記載した書類を総務大臣に提出した場合においては、その一部を省略することができる。

（申請による周波数等の変更）

第十九条　総務大臣は、免許人又は第八条の予備免許を受けた者が識別信号、電波の型式、周波数、空中線電力又は運用許容時間の指定の変更を申請した場合において、混信の除去その他特に必要があると認めるときは、その指定を変更することができる。

（免許の承継等）

第二十条　（省　略）

（免許状の訂正）

第二十一条　免許人は、免許状に記載した事項に変更を生じたときは、その免許状を総務大臣に提出し、訂正を受けなければならない。

（無線局の廃止）

第二十二条　免許人は、その無線局を廃止するときは、その旨を総務大臣に届け出なければならない。

第二十三条　免許人が無線局を廃止したときは、免許は、その効力を失う。

（免許状の返納）

第二十四条　免許がその効力を失つたときは、免許人であつた者は、一箇月以内にその免許状を返納しなければならない。

（検査等事業者の登録）

第二十四条の二　無線設備等の検査又は点検の事業を行う者は、総務大臣の登録を受けることができる。

2～6　（省　略）

第二十四条の二の二～第二十四条の十三　（省　略）

（無線局に関する情報の公表等）

第二十五条　総務大臣は、無線局の免許又は第二十七条の二十一第一項の登録（以下「免許等」という。）をしたときは、総務省令で定める無線局を除き、その無線局の免許状に記載された事項若しくは第二十七条の六第三項の規定により届け出られた事項（第十四条第二項各号に掲げる事項に相当する事項に限る。）又は第二十七条の二十五第一項の登録状に記載された事項若しくは第二十七条の三十四の規定により届け出られた事項（第二十七条の二十五第二項に規定する事項に相当する事項に限る。）のうち、総務省令で定めるものをインターネットの利用その他の方法により公表する。

２　前項の規定により公表する事項のほか、総務大臣は、自己の無線局の開設又は周波数の変更をする場合その他総務省令で定める場合に必要とされる混信若しくはふくそうに関する調査又は第二十七条の十二第三項第七号に規定する終了促進措置を行おうとする者の求めに応じ、当該調査又は当該終了促進措置を行うために必要な限度において、当該者に対し、無線局の無線設備の工事設計その他の無線局に関する事項に係る情報であつて総務省令で定めるものを提供することができる。

３　前項の規定に基づき情報の提供を受けた者は、当該情報を同項の調査又は終了促進措置の用に供する目的以外の目的のために利用し、又は提供してはならない。

（周波数割当計画）

第二十六条　総務大臣は、免許の申請等に資するため、割り当てることが可能である周波数の表（以下「周波数割当計画」という。）を作成し、これを公衆の閲覧に供するとともに、これを公示しなければならない。これを変更したときも、同様とする。

２　周波数割当計画には、割当てを受けることができる無線局の範囲を明らかにするため、割り当てることが可能である周波数ごとに、次に掲げる事項を記載するものとする。

一　無線局の行う無線通信の態様

二　無線局の目的

三　周波数の使用の期限その他の周波数に関する条件

四・五　（省　略）

（電波の利用状況の調査）

第二十六条の二　総務大臣は、周波数割当計画の作成又は変更その他電波の有効利用に資する施策を総合的かつ計画的に推進するため調査区分（三百万メガヘルツ以下の周波数についての次の各号に掲げる無線局の種類ごとの当該各号に定める事項の別による区分をいう。次条第一項及び第三項において同じ。）ごとに、総務省令で定めるところにより、無線局の数、無線局の行う無線通信の通信量、無線局の無線設備の使用の態様その他の電波の利用状況を把握するために必要な事項として総務省令で定める事項の調査（以下この条及び次条第一項において「利用状況調査」という。）を行うものとする。

一・二　（省　略）

２　総務大臣は、利用状況調査を行つたときは、遅滞なく、その結果を電波監理審議会に報告するとともに総務省令で定めるところにより、その結果の概要を公表するものとする。

３　総務大臣は、利用状況調査を行うため必要な限度において、免許人等に対し、必要な事項について報告を求めることができる。

（電波の有効利用の程度の評価等）

第二十六条の三　電波監理審議会は、前条第二項の規定により利用状況調査の結果の報告を受けたときは、当該結果に基づき、調査区分ごとに、電波に関する技術の発達及び需要の動向、周波数割当てに関する国際的動向その他の事情を勘案して、次に掲げる事項（第三項において「評価事項」という。）について電波の有効利用の程度の評価（以下「有効利用評価」という。）を行うものとする。

一　無線局の数

二　無線局の行う無線通信の通信量

三　無線局の無線設備に係る電波の能率的な利用を確保するための技術の導入に関する状況

四　その他総務省令で定める事項

2　電波監理審議会は、あらかじめ、有効利用評価の基準及び方法その他有効利用評価の実施に必要な事項に関する方針を定め、これを公表しなければならない。これを変更しようとするときも、同様とする。

3　前項に規定する有効利用評価の方法（電気通信業務用基地局に係るものに限る。）は、調査区分ごとに、各評価事項の評価の結果を表示する記号を付するとともに、これらの評価事項の全体の総合的な評価の結果を表示する記号を付することを内容とするものでなければならない。

4　電波監理審議会は、有効利用評価を行つたときは、遅滞なく、総務省令で定めるところにより、総務大臣に対し、その結果を報告するとともに、総務省令で定めるところにより、その結果の概要を公表しなければならない。

5　電波監理審議会は、有効利用評価を行うため必要な限度において、免許人等に対し、報告又は資料の提出を求めることその他必要な調査をすることができる。

6　総務大臣は、有効利用評価の結果に基づき、周波数割当計画を作成し、又は変更しようとする場合において、必要があると認めるときは、総務省令で定めるところにより、当該周波数割当計画の作成又は変更が免許人等に及ぼす技術的及び経済的な影響を調査することができる。

7　総務大臣は、前項の規定による調査を行うため必要な限度において、免許人等に対し、必要な事項について報告を求めることができる。

第二十七条～第二十七条の二十　（省　略）

第二節　無線局の登録

第二十七条の二十一～第二十七条の三十七　（省　略）

第三節　無線局の開設に関するあつせん等

第二十七条の三十八・第二十七条の三十九　（省　略）

第三章　無線設備

（電波の質）

第二十八条　送信設備に使用する電波の周波数の偏差及び幅、高調波の強度等電波の質は、総務省令で定めるところに適合するものでなければならない。

（受信設備の条件）

第二十九条　受信設備は、その副次的に発する電波又は高周波電流が、総務省令で定める限度をこえて他の無線設備の機能に支障を与えるものであつてはならない。

（安全施設）

第三十条　無線設備には、人体に危害を及ぼし、又は物件に損傷を与えることがないように、総務省令で定める施設をしなければならない。

（周波数測定装置の備えつけ）

第三十一条　総務省令で定める送信設備には、その誤差が使用周波数の許容偏差の二分の一以下である周波数測定装置を備えつけなければならない。

第三十二条～第三十六条　（省　略）

（人工衛星局の条件）

第三十六条の二　人工衛星局の無線設備は、遠隔操作により電波の発射を直ちに停止することのできるものでなければならない。

2　人工衛星局は、その無線設備の設置場所を遠隔操作により変更することができるものでなければならない。ただし、総務省令で定める人工衛星局については、この限りでない。

（無線設備の機器の検定）

第三十七条　次に掲げる無線設備の機器は、その型式について、総務大臣の行う検定に合格したものでなければ、施設してはならない。ただし、総務大臣が行う検定に相当する型式検定に合格している機器その他の機器であつて総務省令で定めるものを施設する場合は、この限りでない。

一　第三十一条の規定により備え付けなければならない周波数測定装置

二～六　（省　略）

（その他の技術基準）

第三十八条　無線設備（放送の受信のみを目的とするものを除く。）は、この章に定めるものの外、総務省令で定める技術基準に適合するものでなければならない。

第三十八条の二　（省　略）

第三章の二　特定無線設備の技術基準適合証明等

第一節　特定無線設備の技術基準適合証明及び工事設計認証

（登録証明機関の登録）

第三十八条の二の二　小規模な無線局に使用するための無線設備であつて総務省令で定めるもの（以下「特定無線設備」という。）について、前章に定める技術基準に適合していることの証明（以下「技術基準適合証明」という。）の事業を行う者は、次に掲げる事業の区分（次項、第三十八条の五第一項、第三十八条の十、第三十八条の三十一第一項及び別表第三において単に「事業の区分」という。）ごとに、総務大臣の登録を受けることができる。

一・二　（省　略）

三　前二号に掲げる特定無線設備以外の特定無線設備について技術基準適合証明を行う事業

2～4　（省　略）

第三十八条の三～第三十八条の五　（省　略）

（技術基準適合証明等）

第三十八条の六　登録証明機関は、その登録に係る技術基準適合証明を受けようとする者から求めがあつた場合には、総務省令で定めるところにより審査を行い、当該求めに係る特定無線設備が前章に定める技術基準に適合していると認めるときに限り、技術基準適合証明を行うものとする。

2　登録証明機関は、その登録に係る技術基準適合証明をしたときは、総務省令で定めるところにより、次に掲げる事項を総務大臣に報告しなければならない。

一　技術基準適合証明を受けた者の氏名又は名称及び住所並びに法人にあつては、その代表の氏名

二　技術基準適合証明を受けた特定無線設備の種別

三　その他総務省令で定める事項

3　技術基準適合証明を受けた者は、前項第一項に掲げる事項に変更があつたときは、総務省令で定めるところにより、遅滞なく、その旨を総務大臣に届け出なければならない。

4　総務大臣は、第二項の規定による報告を受けたときは、総務省令で定めるところにより、その旨を公示しなければならない。前項の規定による届出があつた場合において、その公示した事項に変更があつたときも、同様とする。

5　総務大臣は、第一項の総務省令を制定し、又は改廃しようとするときは、経済産業大臣に協議しなければならない。

（表　示）

第三十八条の七　登録証明機関は、その登録に係る技術基準適合証明をしたときは、総務省令で定めるところにより、その特定無線設備に技術基準適合証明をした旨の表示を付さなければならない。

2～4　（省　略）

第三十八条の八～第三十八条の三十二　（省　略）

第二節　特別特定無線設備の技術基準適合自己確認

第三十八条の三十三～第三十八条の四十八　（省　略）

第四章　無線従事者

（無線設備の操作）

第三十九条　第四十条の定めるところにより無線設備の操作を行うことができる無線従事者（義務船舶局等の無線設備であつて総務省令で定めるものの

操作については、第四十八条の二第一項の船舶局無線従事者証明を受けている無線従事者。以下この条において同じ。）以外の者は、無線局（アマチュア無線局を除く。以下この条において同じ。）の無線設備の操作の監督を行う者（以下「主任無線従事者」という。）として選任された者であつて第四項の規定によりその選任の届出がされたものにより監督を受けなければ、無線局の無線設備の操作（簡易な操作であつて総務省令で定めるものを除く。）を行つてはならない。ただし、船舶又は航空機が航行中であるため無線従事者を補充することができないとき、その他総務省令で定める場合は、この限りでない。

2　モールス符号を送り、又は受ける無線電信の操作その他総務省令で定める無線設備の操作は、前項本文の規定にかかわらず、第四十条の定めるところにより、無線従事者でなければ行つてはならない。

3　（省　略）

4　無線局の免許人等は、主任無線従事者を選任したときは、遅滞なく、その旨を総務大臣に届け出なければならない。これを解任したときも、同様とする。

5～7　（省　略）

第三十九条の二～第三十九条の十二　（省　略）

（アマチュア無線局の無線設備の操作）

第三十九条の十三　アマチュア無線局の無線設備の操作は、次条の定めるところにより、無線従事者でなければ行つてはならない。ただし、外国において同条第一項第五号に掲げる資格に相当する資格として総務省令で定めるものを有する者が総務省令で定めるところによりアマチュア無線局の無線設備の操作を行うとき、その他総務省令で定める場合は、この限りでない。

（無線従事者の資格）

第四十条　無線従事者の資格は、次の各号に掲げる区分に応じ、それぞれ当該各号に掲げる資格とする。

一　無線従事者（総合）　次の資格

イ　第一級総合無線通信士

ロ　第二級総合無線通信士

ハ　第三級総合無線通信士

二　無線従事者（海上）　次の資格

イ　第一級海上無線通信士

ロ　第二級海上無線通信士

ハ　第三級海上無線通信士

ニ　第四級海上無線通信士

ホ　政令で定める海上特殊無線技士

三　無線従事者（航空）　次の資格

イ　航空無線通信士

ロ　政令で定める航空特殊無線技士

四　無線従事者（陸上）　次の資格

イ　第一級陸上無線技術士

ロ　第二級陸上無線技術士

ハ　政令で定める陸上特殊無線技士

五　無線従事者（アマチュア）　次の資格

イ　第一級アマチュア無線技士

ロ　第二級アマチュア無線技士

ハ　第三級アマチュア無線技士

ニ　第四級アマチュア無線技士

2　前項第一号から第四号までに掲げる資格を有する者の行い、又はその監督を行うことができる無線設備の操作の範囲及び同項第五号に掲げる資格を有する者の行うことができる無線設備の操作の範囲は、資格別に政令で定める。

（免　許）

第四十一条　無線従事者になろうとする者は、総務大臣の免許を受けなければならない。

2　無線従事者の免許は、次の各号のいずれかに該当する者（第二号から第四号までに該当する者にあつては、第四十八条第一項後段の規定により期間を定めて試験を受けさせないこととした者で、当該期間を経過しないものを除く。）でなければ、受けることができない。
一　前条第一項の資格別に行う無線従事者国家試験に合格した者
二　前条第一項の資格（総務省令で定めるものに限る。）の無線従事者の養成課程で、総務大臣が総務省令で定める基準に適合するものであることの認定をしたものを修了した者
三・四　（省　略）

（免許を与えない場合）
第四十二条　次の各号のいずれかに該当する者に対しては、無線従事者の免許を与えないことができる。
一　第九章の罪を犯し罰金以上の刑に処せられ、その執行を終わり、又はその執行を受けることがなくなつた日から二年を経過しない者
二　第七十九条第一項第一号又は第二号の規定により無線従事者の免許を取り消され、取消しの日から二年を経過しない者
三　著しく心身に欠陥があつて無線従事者たるに適しない者

（無線従事者原簿）
第四十三条　総務大臣は、無線従事者原簿を備えつけ、免許に関する事項を記載する。

（無線従事者国家試験）
第四十四条　無線従事者国家試験は、無線設備の操作に必要な知識及び技能について行う。
第四十五条　無線従事者国家試験は、第四十条の資格別に、毎年少なくとも一回総務大臣が行う。

（指定試験機関の指定）
第四十六条　総務大臣は、その指定する者（以下「指定試験機関」という。）に無線従事者国家試験の実施に関する事務（以下「試験事務」という。）の全部又は一部を行わせることができる。
2　指定試験機関の指定は、総務省令で定める区分ごとに一を限り、試験事務を行おうとする者の申請により行う。
3・4　（省　略）
第四十七条～第四十七条の五　（省　略）

（受験の停止等）
第四十八条　無線従事者国家試験に関して不正の行為があつたときは、総務大臣は、当該不正行為に関係のある者について、その受験を停止し、又はその試験を無効とすることができる。この場合においては、なお、その者について、期間を定めて試験を受けさせないことができる。
2　指定試験機関は、試験事務の実施に関し前項前段に規定する総務大臣の職権を行うことができる。
第四十八条の二・第四十八条の三　（省　略）

（総務省令への委任）
第四十九条　第三十九条及び第四十一条から前条までに規定するもののほか、講習の科目その他講習の実施に関する事項、免許の申請、免許証の交付、再交付及び返納その他無線従事者の免許に関する手続的事項、第四十一条第二項第二号の認定に関する事項並びに試験科目、受験手続その他無線従事者国家試験の実施細目並びに船舶局無線従事者証明の申請、船舶局無線従事者証明書の交付、再交付及び返納、第四十八条の二第二項第一号及び前条第一号の総務大臣が行う訓練の課程、第四十八条の二第二項第二号及び前条第一号の認定その他船舶局無線従事者証明の実施に関する事項は、総務省令で定める。
第五十条　（省　略）

（選解任届）
第五十一条　第三十九条第四項の規定は、主任無線従事者以外の無線従事者の選任又は解任に準用する。

第五章 運用

第一節 通則

（目的外使用の禁止等）

第五十二条 無線局は、免許状に記載された目的又は通信の相手方若しくは通信事項（特定地上基幹放送局については放送事項）の範囲を超えて運用してはならない。ただし、次に掲げる通信については、この限りでない。

一 遭難通信（船舶又は航空機が重大かつ急迫の危険に陥つた場合に遭難信号を前置する方法その他総務省令で定める方法により行う無線通信をいう。以下同じ。）

二 緊急通信（船舶又は航空機が重大かつ急迫の危険に陥るおそれがある場合その他緊急の事態が発生した場合に緊急信号を前置する方法その他総務省令で定める方法により行う無線通信をいう。以下同じ。）

三 安全通信（船舶又は航空機の航行に対する重大な危険を予防するために安全信号を前置する方法その他総務省令で定める方法により行う無線通信をいう。以下同じ。）

四 非常通信（地震、台風、洪水、津波、雪害、火災、暴動その他非常の事態が発生し、又は発生するおそれがある場合において、有線通信を利用することができないか又はこれを利用することが著しく困難であるときに人命の救助、災害の救援、交通通信の確保又は秩序の維持のために行われる無線通信をいう。以下同じ。）

五 放送の受信

六 その他総務省令で定める通信

第五十三条 無線局を運用する場合においては、無線設備の設置場所、識別信号、電波の型式及び周波数は、その無線局の免許状又は第二十七条の二十五第一項の登録状（次条第一号及び第百三条の二第四項第二号において「免許状等」という。）に記載されたところによらなければならない。ただし、遭難通信については、この限りでない。

第五十四条 無線局を運用する場合においては、空中線電力は、次の各号の定めるところによらなければならない。ただし、遭難通信については、この限りでない。

一 免許状等に記載されたものの範囲内であること。

二 通信を行うため必要最小のものであること。

第五十五条 無線局は、免許状に記載された運用許容時間内でなければ、運用してはならない。ただし、第五十二条各号に掲げる通信を行う場合及び総務省令で定める場合は、この限りでない。

（混信等の防止）

第五十六条 無線局は、他の無線局又は電波天文業務（宇宙から発する電波の受信を基礎とする天文学のための当該電波の受信の業務をいう。）の用に供する受信設備その他の総務省令で定める受信設備（無線局のものを除く。）で総務大臣が指定するものにその運用を阻害するような混信その他の妨害を与えないように運用しなければならない。但し、第五十二条第一号から第四号までに掲げる通信については、この限りでない。

2 前項に規定する指定は、当該指定に係る受信設備を設置している者の申請により行なう。

3 総務大臣は、第一項に規定する指定をしたときは、当該指定に係る受信設備について、総務省令で定める事項を公示しなければならない。

4 前二項に規定するもののほか、指定の申請の手続、指定の基準、指定の取消しその他の第一項に規定する指定に関し必要な事項は、総務省令で定める。

（擬似空中線回路の使用）

第五十七条 無線局は、次に掲げる場合には、なるべく擬似空中線回路を使用しなければならない。

一 無線設備の機器の試験又は調整を行うために運用するとき。

二 （省 略）

（アマチュア無線局の通信）

第五十八条 アマチュア無線局の行う通信には、暗語を使用してはならない。

（秘密の保護）

第五十九条 何人も法律に別段の定めがある場合を除くほか、特定の相手方に対して行われる無線通信（電気通信事業法第四条第一項又は第百六十四条第三項の通信であるものを除く。第百九条並びに第百九条の二第二項及び第三項において同じ。）を傍受してその存在若しくは内容を漏らし、又はこれを窃用してはならない。

（時計、業務書類等の備え付け）

第六十条 無線局には、正確な時計及び無線業務日誌その他総務省令で定める書類を備え付けておかなければならない。ただし、総務省令で定める無線局については、これらの全部又は一部の備え付けを省略することができる。

（通信方法等）

第六十一条 無線局の呼出し又は応答の方法その他の通信方法、時刻の照合並びに救命艇の無線設備及び方位測定装置の調整その他無線設備の機能を維持するために必要な事項の細目は、総務省令で定める。

第二節～第四節（省　略）

第六十二条・第六十三条（省　略）

第六十四条 削　除

第六十五条～第六十九条（省　略）

第七十条 削　除

第七十条の二～第七十条の九（省　略）

第六章　監　督

（周波数等の変更）

第七十一条 総務大臣は、電波の規整その他公益上必要があるときは、無線局の目的の遂行に支障を及ぼさない範囲内に限り、当該無線局（登録局を除く。）の周波数若しくは空中線電力の指定を変更し、又は登録局の周波数若しくは空中線電力若しくは人工衛星局の無線設備の設置場所の変更を命ずることができる。

2～6（省　略）

第七十一条の二～第七十一条の四（省　略）

（技術基準適合命令）

第七十一条の五 総務大臣は、無線設備が第三章に定める技術基準に適合していないと認めるときは、当該無線設備を使用する無線局の免許人等に対し、その技術基準に適合するように当該無線設備の修理その他の必要な措置をとるべきことを命ずることができる。

（電波の発射の停止）

第七十二条 総務大臣は、無線局の発射する電波の質が第二十八条の総務省令で定めるものに適合していないと認めるときは、当該無線局に対して臨時に電波の発射の停止を命ずることができる。

2　総務大臣は、前項の命令を受けた無線局からその発射する電波の質が第二十八条の総務省令の定めるものに適合するに至つた旨の申出を受けたときは、その無線局に電波を試験的に発射させなければならない。

3　総務大臣は、前項の規定により発射する電波の質が第二十八条の総務省令で定めるものに適合しているときは、直ちに第一項の停止を解除しなければならない。

（検　査）

第七十三条 総務大臣は、総務省令で定める時期ごとに、あらかじめ通知する期日に、その職員を無線局（総務省令で定めるものを除く。）に派遣し、その無線設備等を検査させる。ただし、当該無線局の発射する電波の質又は空中線電力に係る無線設備の事項以外の事項の検査を行う必要がないと認める無線局については、その無線局に電波の発射を命じて、その発射する電波の質又は空中線電力の検査を行う。

2～4（省　略）

5　総務大臣は、第七十一条の五の無線設備の修理その他の必要な措置をとるべきことを命じたとき、前条第一項の電波の発射の停止を命じたとき、同条第二項の申出があつたとき、無線局のある船舶又は航空機が外国へ出港しようとするとき、その他この法律の施行を確保するため特に必要があるときは、その職員を無線局に派遣し、その無線設備等を検査させることができる。

6　総務大臣は、無線局のある船舶又は航空機が外国へ出港しようとする場合その他この法律の施行を確保するため特に必要がある場合において、当該無線局の発射する電波の質又は空中線電力に係る無線設備の事項のみについて検査を行なう必要があると認めるときは、その無線局に電波の発射を命じて、その発射する電波の質又は空中線電力の検査を行なうことができる。

7　(省　略)

(非常の場合の無線通信)

第七十四条　総務大臣は、地震、台風、洪水、津波、雪害、火災、暴動その他非常の事態が発生し、又は発生するおそれがある場合においては、人命の救助、災害の救援、交通通信の確保又は秩序の維持のために必要な通信を無線局に行わせることができる。

2　総務大臣が前項の規定により無線局に通信を行わせたときは、国は、その通信に要した実費を弁償しなければならない。

(非常の場合の通信体制の整備)

第七十四条の二　総務大臣は、前条第一項に規定する通信の円滑な実施を確保するため必要な体制を整備するため、非常の場合における通信計画の作成、通信訓練の実施その他の必要な措置を講じておかなければならない。

2　総務大臣は、前項に規定する措置を講じようとするときは、免許人の協力を求めることができる。

(無線局の免許の取消し等)

第七十五条　総務大臣は、免許人が第五条第一項、第二項若しくは第四項の規定により免許を受けることができない者となつたとき、又は地上基幹放送の業務を行う認定基幹放送事業者の認定がその効力を失つたときは、当該免許を受けることができない者となつた免許人の免許又は当該地上基幹放送の業務に用いられる無線局の免許を取り消さなければならない。

2　(省　略)

第七十六条　総務大臣は、免許人等がこの法律、放送法若しくはこれらの法律に基づく命令又はこれらに基づく処分に違反したときは、三月以内の期間を定めて無線局の運用の停止を命じ、又は期間を定めて運用許容時間、周波数若しくは空中線電力を制限することができる。

2・3　(省　略)

4　総務大臣は、免許人(包括免許人を除く。)が次の各号のいずれかに該当するときは、その免許を取り消すことができる。

一　正当な理由がないのに、無線局の運用を引き続き六月以上休止したとき。

二　不正な手段により無線局の免許若しくは第十七条の許可を受け、又は第十九条の規定による指定の変更を行わせたとき。

三　第一項の規定による命令又は制限に従わないとき。

四　免許人が第五条第三項第一号に該当するに至つたとき。

五　(省　略)

5～8　(省　略)

第七十六条の二～第七十七条　(省　略)

(電波の発射の防止)

第七十八条　無線局の免許等がその効力を失つたときは、免許人等であつた者は、遅滞なく空中線の撤去その他の総務省令で定める電波の発射を防止するために必要な措置を講じなければならない。

(無線従事者の免許の取消し等)

第七十九条　総務大臣は、無線従事者が左の各号の一に該当するときは、その免許を取り消し、又は三箇月以内の期間を定めてその業務に従事することを停止することができる。

一　この法律若しくはこの法律に基く命令又はこれらに基く処分に違反したとき。

二　不正な手段により免許を受けたとき。

三　第四十二条第三号に該当するに至つたとき。

2・3　(省　略)

第七十九条の二 （省 略）

（報 告 等）

第八十条 無線局の免許人等は、次に掲げる場合は、総務省令で定める手続により、総務大臣に報告しなければならない。

一 遭難通信、緊急通信、安全通信又は非常通信を行つたとき（第七十条の七第一項、第七十条の八第一項又は第七十条の九第一項の規定により無線局を運用させた免許人等以外の者が行つたときを含む。）。

二 この法律又はこの法律に基づく命令の規定に違反して運用した無線局を認めたとき。

三 無線局が外国において、あらかじめ総務大臣が告示した以外の運用の制限をされたとき。

第八十一条 総務大臣は、無線通信の秩序の維持その他無線局の適正な運用を確保するため必要があると認めるときは、免許人等に対し、無線局に関し報告を求めることができる。

第八十一条の二 （省 略）

（免許等を要しない無線局及び受信設備に対する監督）

第八十二条 総務大臣は、第四条第一項第一号から第三号までに掲げる無線局（以下「免許等を要しない無線局」という。）の無線設備の発する電波又は受信設備が副次的に発する電波若しくは高周波電流が他の無線設備の機能に継続的かつ重大な障害を与えるときは、その設備の所有者又は占有者に対し、その障害を除去するために必要な措置をとるべきことを命ずることができる。

2 総務大臣は、免許等を要しない無線局の無線設備について又は放送の受信を目的とする受信設備以外の受信設備について前項の措置をとるべきことを命じた場合において特に必要があると認めるときは、その職員を当該設備のある場所に派遣し、その設備を検査させることができる。

3 （省 略）

第七章 審査請求及び訴訟

（審査請求の方式）

第八十三条 この法律又はこの法律に基づく命令の規定による総務大臣の処分についての審査請求は、審査請求書正副二通を提出してしなければならない。

2 （省 略）

第八十四条 削 除

（電波監理審議会への付議）

第八十五条 第八十三条の審査請求があつたときは、総務大臣は、その審査請求を却下する場合を除き、遅滞なく、これを電波監理審議会の議に付さなければならない。

（審理の開始）

第八十六条 電波監理審議会は、前条の規定により議に付された事案につき、審査請求が受理された日から三十日以内に審理を開始しなければならない。

第八十七条 審理は、電波監理審議会が事案を指定して指名する審理官が主宰する。ただし、事案が特に重要である場合において電波監理審議会が審理を主宰すべき委員を指名したときは、この限りでない。

第八十八条 審理の開始は、審査請求人に対し、審理官（前条ただし書の場合はその委員。以下同じ。）の名をもつて、事案の要旨、審理の期日及び場所並びに出頭を求める旨を記載した審理開始通知書を送付して行う。

2 前項の審理開始通知書を発送したときは、事案の要旨並びに審理の期日及び場所を公告するとともに、その旨を知れている利害関係者に通知しなければならない。

（参 加 人）

第八十九条 利害関係者は、審理官の許可を得て、参加人として、当該審理に関する手続に参加することができる。

2 審理官は、必要があると認めるときは、利害関係者に対し、参加人として当該審理に関する手続に参加することを求めることができる。

（代理人及び指定職員）

第九十条 利害関係者は、弁護士その他適当と認める者を代理人に選任することができる。

2 総務大臣は、所部の職員でその指定するもの（以下「指定職員」という。）をして審理に関する手続に参加させることができる。

3 第一項の代理人は、審理に関し、審査請求人、参加人又は指定職員に代わつて一切の行為をすることができる。

（意見の陳述）

第九十一条 審査請求人、参加人又は指定職員は、審理の期日に出頭して、意見を述べることができる。

2 前項の場合において、審査請求人又は参加人は、審理官の許可を得て補佐人とともに出頭することができる。

3 審理官は、審理に際し必要があると認めるときは、審査請求人、参加人又は指定職員に対して、意見の陳述を求めることができる。

（証拠書類等の提出）

第九十二条 審査請求人、参加人又は指定職員は、審理に際し、証拠書類又は証拠物を提出することができる。ただし、審理官が証拠書類又は証拠物を提出すべき相当の期間を定めたときは、その期間内にこれを提出しなければならない。

（参考人の陳述及び鑑定の要求）

第九十二条の二 審理官は、審査請求人、参加人若しくは指定職員の申立てにより又は職権で、適当と認める者に、参考人として出頭を求めてその知つている事実を陳述させ、又は鑑定をさせることができる。この場合においては、審査請求人、参加人又は指定職員も、その参考人に陳述を求めることができる。

（物件の提出要求）

第九十二条の三 審理官は、審査請求人、参加人若しくは指定職員の申立てにより又は職権で、書類その他の物件の所持人に対し、その物件の提出を求め、かつ、その提出された物件を留め置くことができる。

（検　証）

第九十二条の四 審理官は、審査請求人、参加人若しくは指定職員の申立てにより又は職権で、必要な場所につき、検証をすることができる。

2 審理官は、審査請求人、参加人又は指定職員の申立てにより前項の検証をしようとするときは、あらかじめ、その日時及び場所を申立人に通知し、これに立ち会う機会を与えなければならない。

（審査請求人又は参加人の審問）

第九十二条の五 審理官は、審査請求人、参加人若しくは指定職員の申立てにより又は職権で、審査請求人又は参加人を審問することができる。この場合においては、第九十二条の二後段の規定を準用する。

（調書及び意見書）

第九十三条 審理官は、審理に際しては、調書を作成しなければならない。

2 審理官は、前項の調書に基き意見書を作成し、同項の調書とともに、電波監理審議会に提出しなければならない。

3 電波監理審議会は、第一項の調書及び前項の意見書の謄本を公衆の閲覧に供しなければならない。

（証拠書類等の返還）

第九十三条の二 審理官は、前条第二項の規定により意見書を提出したときは、すみやかに、第九十二条の規定により提出された証拠書類又は証拠物及び第九十二条の三の規定による提出要求に応じて提出された書類その他の物件をその提出人に返還しなければならない。

（審査請求の制限）

第九十三条の三 審理官が審理に関する手続においてした処分については、行政不服審査法（昭和三十七年法律第百六十号）による不服申立てをすることができない。

（議　決）

第九十三条の四 電波監理審議会は、第九十三条の調書及び意見書に基づき、事案についての裁決案を議決しなければならない。

（処分の執行停止）

第九十三条の五 総務大臣は、第八十五条の規定により電波監理審議会の議に付した事案に係る処分につき、行政不服審査法(平成二十六年法律第六十八号)第二十五条第二項の規定による申立てがあつたときは、電波監理審議会の意見を聴かなければならない。

(裁　決)

第九十四条 総務大臣は、第九十三条の四の議決があつたときは、その議決の日から七日以内に、その議決により審査請求についての裁決をする。

2　裁決書には、審理を経て電波監理審議会が認定した事実を示さなければならない。

3　総務大臣は、裁決をしたときは、行政不服審査法第五十一条の規定によるほか、裁決書の謄本を第八十九条の規定による参加人に送付しなければならない。

(参考人の旅費等)

第九十五条 第九十二条の二の規定により出頭を求められた参考人は、政令で定める額の旅費、日当及び宿泊料を受ける。

(総務省令への委任)

第九十六条 この章に定めるもののほか、審理に関する手続は、総務省令で定める。

(訴えの提起)

第九十六条の二 この法律又はこの法律に基づく命令の規定による総務大臣の処分に不服がある者は、当該処分についての審査請求に対する裁決に対してのみ、取消しの訴えを提起することができる。

(専属管轄)

第九十七条 前条の訴え(審査請求を却下する裁決に対する訴えを除く。)は、東京高等裁判所の専属管轄とする。

(記録の送付)

第九十八条 前条の訴の提起があつたときは、裁判所は、遅滞なく総務大臣に対し当該事件の記録の送付を求めなければならない。

(事実認定の拘束力)

第九十九条 第九十七条の訴については、電波監理審議会が適法に認定した事実は、これを立証する実質的な証拠があるときは、裁判所を拘束する。

2　前項に規定する実質的な証拠の有無は、裁判所が判断するものとする。

第七章の二　電波監理審議会

(設　置)

第九十九条の二 電波及び放送法第二条第一号に規定する放送に関する事務の公平かつ能率的な運営を図り、この法律及び放送法の規定によりその権限に属させられた事項を処理するため、総務省に電波監理審議会を置く。

第九十九条の二の二～第九十九条の十一　(省　略)

(意見の聴取)

第九十九条の十二 電波監理審議会は、前条第一項第三号の規定により諮問を受けた場合には、意見の聴取を行わなければならない。

2　電波監理審議会は、前項の場合のほか、前条第一項各号(第三号を除く。)の規定により諮問を受けた場合において必要があると認めるときは、意見の聴取を行うことができる。

3　前二項の意見の聴取の開始は、審理官(第六項において準用する第八十七条ただし書の場合はその委員。以下同じ。)の名をもつて、事案の要旨並びに意見の聴取の期日及び場所を公告して行う。ただし、当該事案が特定の者に対して、処分をしようとするものであるときは、当該特定の者に対し、事案の要旨、意見の聴取の期日及び場所並びに出頭を求める旨を記載した意見聴取開始通知書を送付して行うものとする。

4　前項ただし書の場合には、事案の要旨並びに意見の聴取の期日及び場所を公告しなければならない。

5　第一項及び第二項の意見の聴取(行政手続法(平成五年法律第八十八号)第二条第四号に規定する不利益処分(次項及び第八項において単に「不利益処分」という。)に係るものを除く。)においては、当該事案に利害関係を有する者は、審理官の許可を得て、意見の聴取の期日に出頭し、意見を述べることができる。

6~8 （省　略）

第九十九条の十三~第九十九条の十五 （省　略）

第八章　雑　則

（高周波利用設備）

第百条 左に掲げる設備を設置しようとする者は、当該設備につき、総務大臣の許可を受けなければならない。

一 電線路に十キロヘルツ以上の高周波電流を通ずる電信、電話その他の通信設備（ケーブル搬送設備、平衡二線式裸線搬送設備その他総務省令で定める通信設備を除く。）

二 無線設備及び前号の設備以外の設備であつて十キロヘルツ以上の高周波電流を利用するもののうち、総務省令で定めるもの

2 前項の許可の申請があつたときは、総務大臣は、当該申請が第五項において準用する第二十八条、第三十条又は第三十八条の技術基準に適合し、且つ、当該申請に係る周波数の使用が他の通信（総務大臣がその公示する場所において行なう電波の監視を含む。）に妨害を与えないと認めるときはこれを許可しなければならない。

3~5 （省　略）

（無線設備の機能の保護）

第百一条 第八十二条第一項の規定は、無線設備以外の設備（前条の設備を除く。）が副次的に発する電波又は高周波電流が無線設備の機能に継続的且つ重大な障害を与えるときに準用する。

第百二条 総務大臣の施設した無線方位測定装置の設置場所から一キロメートル以内の地域に、電波を乱すおそれのある建造物又は工作物であつて総務省令で定めるものを建設しようとする者は、あらかじめ総務大臣にその旨を届け出なければならない。

2 前項の無線方位測定装置の設置場所は、総務大臣が公示する。

第百二条の二~第百二条の十 （省　略）

（基準不適合設備に関する勧告等）

第百二条の十一 無線設備の製造業者、輸入業者又は販売業者は、無線通信の秩序の維持に資するため、第三章に定める技術基準に適合しない無線設備を製造し、輸入し、又は販売することのないように努めなければならない。

2 総務大臣は、次の各号に掲げる場合において、当該各号に定める設計と同一の設計又は当該設計と類似の設計であつて第三章に定める技術基準に適合しないものに基づき製造され、又は改造された無線設備（以下この項及び次条において「基準不適合設備」という。）が広く販売されることにより、当該基準不適合設備を使用する無線局が他の無線局の運用に重大な悪影響を与えるおそれがあると認めるときは、無線通信の秩序の維持を図るために必要な限度において、当該基準不適合設備の製造業者、輸入業者又は販売業者に対し、その事態を除去するために必要な措置を講ずべきことを勧告することができる。

一 無線局が他の無線局の運用を著しく阻害するような混信その他の妨害を与えた場合において、その妨害が第三章に定める技術基準に適合しない設計に基づき製造され、又は改造された無線設備を使用したことにより生じたと認められるとき　当該無線設備に係る設計

二 無線設備が第三章に定める技術基準に適合しない設計に基づき製造され、又は改造されたものであると認められる場合において、当該無線設備を使用する無線局が開設されたならば、当該無線局が他の無線局の運用を著しく阻害するような混信その他の妨害を与えるおそれがあると認められるとき　当該無線設備に係る設計

3 総務大臣は、前項の規定による勧告をした場合において、その勧告を受けた者がその勧告に従わないときは、その旨を公表することができる。

4 総務大臣は、第二項の規定による勧告を受けた製造業者、輸入業者又は販売業者が、前項の規定によりその勧告に従わなかつた旨を公表された後において、なお、正当な理由がなくてその勧告に係る措置を講じなかつた場合において、その運用に重大な悪影響を与えられるおそれがあると認められる無線局が重要無線通信を行う無線局その他のその適正な運用の確保

が必要な無線局として総務省令で定めるものであるときは、無線通信の秩序の維持を図るために必要な限度において、当該製造業者、輸入業者又は販売業者に対し、その勧告に係る措置を講ずべきことを命ずることができる。

5 総務大臣は、第二項の規定による勧告又は前項の規定による命令をしようとするときは、経済産業大臣の同意を得なければならない。

（報告の徴収）

第百二条の十二 総務大臣は、前条の規定の施行に必要な限度において、基準不適合設備の製造業者、輸入業者又は販売業者から、その業務に関し報告を徴することができる。

（特定の周波数を使用する無線設備の指定）

第百二条の十三 総務大臣は、第四条第一項の規定に違反して開設される無線局のうち特定の範囲の周波数の電波を使用するもの（以下「特定不法開設局」という。）が著しく多数であると認められる場合において、その特定の範囲の周波数の電波を使用する無線設備（免許等を要しない無線局に使用するためのもの及び当該特定不法開設局に使用されるおそれが少ないと認められるものを除く。以下「特定周波数無線設備」という。）が広く販売されているため特定不法開設局の数を減少させることが容易でないと認めるときは、総務省令で、その特定周波数無線設備を特定不法開設局に使用されることを防止すべき無線設備として指定することができる。

2 総務大臣は、前項の規定による指定の必要がなくなつたと認めるときは、当該指定を解除しなければならない。

3 総務大臣は、第一項の総務省令を制定し、又は改廃しようとするときは、経済産業大臣に協議しなければならない。

（指定無線設備の販売における告知等）

第百二条の十四 前条第一項の規定により指定された特定周波数無線設備（以下「指定無線設備」という。）の小売を業とする者（以下「指定無線設備小売業者」という。）は、指定無線設備を販売するときは、当該指定無線設備を販売する契約を締結するまでの間に、その相手方に対して、当該指定無線設備を使用して無線局を開設しようとするときは無線局の免許等を受けなければならない旨を告げ、又は総務省令で定める方法により示さなければならない。

2 指定無線設備小売業者は、指定無線設備を販売する契約を締結したときは、遅滞なく、次に掲げる事項を総務省令で定めるところにより記載した書面を購入者に交付しなければならない。

一 前項の規定により告げ、又は示さなければならない事項

二 無線局の免許等がないのに、指定無線設備を使用して無線局を開設した者は、この法律に定める刑に処せられること。

三 指定無線設備を使用する無線局の免許等の申請書を提出すべき官署の名称及び所在地

（情報通信の技術を利用する方法）

第百二条の十四の二 指定無線設備小売業者は、前条第二項の規定による書面の交付に代えて、政令で定めるところにより、当該購入者の承諾を得て、当該書面に記載すべき事項を電子情報処理組織を使用する方法その他の情報通信の技術を利用する方法であつて総務省令で定めるものにより提供することができる。この場合において、当該指定無線設備小売業者は、当該書面を交付したものとみなす。

（指　示）

第百二条の十五 総務大臣は、指定無線設備小売業者が第百二条の十四の規定に違反した場合において、特定不法開設局の開設を助長して無線通信の秩序の維持を妨げることとなると認めるときは、その指定無線設備小売業者に対し、必要な措置を講ずべきことを指示することができる。

2 総務大臣は、前項の規定による指示をしようとするときは、経済産業大臣の同意を得なければならない。

（報告及び立入検査）

第百二条の十六 総務大臣は、前条の規定の施行に必要な限度において、指定無線設備小売業者から、その業務に関し報告を徴し、又はその職員に、指定無線設備小売業者の事業所に立ち入り、指定無線設備、帳簿、書類その他の物件を検査させることができる。

2　（省　略）

（電波有効利用促進センター）

第百二条の十七　総務大臣は、電波の有効かつ適正な利用に寄与することを目的とする一般社団法人又は一般財団法人であつて、次項に規定する業務を適正かつ確実に行うことができると認められるものを、その申請により、電波有効利用促進センター（以下「センター」という。）として指定することができる。

2　センターは、次に掲げる業務を行うものとする。

一　混信に関する調査その他の無線局の開設、又は無線局に関する事項の変更に際して必要とされる事項について、照会及び相談に応ずること。

二　他の無線局と同一の周波数の電波を使用する無線局を当該他の無線局に混信その他の妨害を与えないように運用するに際して必要とされる事項について、照会に応ずること。

三　電波に関する条約を適切に実施するために行う無線局の周波数の指定の変更に関する事項、電波の能率的な利用に著しく資する設備に関する事項その他の電波の有効かつ適正な利用に寄与する事項について、情報の収集及び提供を行うこと。

四　電波の利用に関する調査及び研究を行うこと。

五　電波の有効かつ適正な利用について啓発活動を行うこと。

六　前各号に掲げる業務に附帯する業務を行うこと。

3～5　（省　略）

（測定器等の較正）

第百二条の十八　無線設備の点検に用いる測定器その他の設備であつて総務省令で定めるもの（以下この条において「測定器等」という。）の較正は、機構がこれを行うほか、総務大臣は、その指定する者（以下「指定較正機関」という。）にこれを行わせることができる。

2～13　（省　略）

（手数料の徴収）

第百三条　次の各号に掲げる者は、政令の定めるところにより、実費を勘案して政令で定める額の手数料を国（指定講習機関が行う講習を受ける者にあつては当該指定講習機関、指定試験機関がその実施に関する事務を行う無線従事者国家試験を受ける者にあつては当該指定試験機関、機構が行う較正を受ける者にあつては機構）に納めなければならない。

一　第六条の規定による免許を申請する者

二　第十条の規定による検査を受ける者

三　第十八条の規定による検査を受ける者（第七十一条第一項又は第七十六条の三第一項の規定に基づく指定の変更を受けたため第十七条第一項の許可を受けた者を除く。）

四　（省　略）

五　第二十五条第二項の規定による情報の提供を受ける者

六～十六　（省　略）

十七　第四十一条の規定による無線従事者国家試験を受ける者

十八　第四十一条の規定による免許を申請する者

十九～二十一　（省　略）

二十二　免許状、登録状、登録証、免許証又は船舶局無線従事者証明書の再交付を申請する者

二十三・二十四　（省　略）

二十五　前条第一項の規定による較正（指定較正機関が行うものを除く。）を受ける者

2　地震、台風、洪水、津波、雪害、火災、暴動その他非常の事態（以下この項において「地震等」という。）が発生し、又は発生する恐れがある場合において専ら人命の救助、災害の救援、交通通信の確保若しくは秩序の維持のために必要な通信又は第百二条の二第一項各号に掲げる無線通信（当該必要な通信に該当するものを除く。）を行う無線局のうち、当該地震等による被害の発生を防止し、又は軽減するために必要な通信を行う無線局として総務大臣が認めるものであつて、臨時に開設するものについては、前項第一号、第二号、第六号、第八号又は第九号掲げる者は、同項の規定にかかわらず、手数料を納めることを要しない。

3　第一項の規定により指定講習機関、指定試験機関又は機構に納められた手数料は、当該指定講習機関、当該指定試験機関又は機構の収入とする。

（電波利用料の徴収等）

第百三条の二　免許人等は、電波利用料として、無線局の免許等の日から起算して三十日以内及びその後毎年その免許等の日に応当する日（応当する日がない場合には、その翌日。以下この条において「応当日」という。）から起算して三十日以内に、当該無線局の免許等の日又は応当日（以下この項において「起算日」という。）から始まる各一年の期間（無線局の免許等の日が二月二十九日である場合においてその期間がうるう年の前年の三月一日から始まるときは翌年の二月二十八日までの期間とし、起算日から当該免許等の有効期間の満了の日までの期間が一年に満たない場合はその期間とする。）について、別表第六の上欄に掲げる無線局の区分に従い同表の下欄に掲げる金額（起算日から当該免許の有効期間の満了の日までの期間が一年間に満たない場合は、その額に当該期間の月数を十二で除して得た数を乗じて得た額に相当する金額）を国に納めなければならない。

2・3　（省　略）

4　この条及び次条において「電波利用料」とは、次に掲げる電波の適正な利用の確保に関し総務大臣が無線局全体の受益を直接の目的として行う事務の処理に要する費用（同条及び第百三条の四第一項において「電波利用共益費用」という。）の財源に充てるために免許人等、第十項の特定免許等不要局を開設した者又は第十一項の表示者が納付すべき金銭をいう。

一　電波の監視及び規正並びに不法に開設された無線局の探査

二　総合無線局管理ファイル（全無線局について第六条第一項及び第二項、第二十七条の三、第二十七条の二十一第二項及び第三項並びに第二十七条の三十二第二項及び第三項の書類及び申請書並びに免許状等に記載しなければならない事項その他の無線局の免許等に関する事項を電子情報処理組織によつて記録するファイルをいう。）の作成及び管理

三　周波数を効率的に利用する技術、周波数の共同利用を促進する技術又は高い周波数への移行を促進する技術としておおむね五年以内に開発すべき技術に関する無線設備の技術基準の策定に向けた研究開発及び当該研究開発のための補助金の交付並びに既に開発されている周波数を効率的に利用する技術、周波数の共同利用を促進する技術又は高い周波数への移行を促進する技術を用いた無線設備について無線設備の技術基準を策定するために行う国際機関及び外国の行政機関その他の外国の関係機関との連絡調整並びに試験及びその結果の分析

四～十三　（省　略）

5～15　（省　略）

16　第一項、第二項及び第五項の月数は、暦に従つて計算し、一月に満たない端数を生じたときは、これを一月とする。

17　免許人等（包括免許人等を除く。）は、第一項の規定により電波利用料を納めるときには、その翌年の応当日以後の期間に係る電波利用料を前納することができる。

18　前項の規定により前納した電波利用料は、前納した者の請求により、その請求をした日後に最初に到来する応当日以後の期間に係るものに限り、還付する。

19～22　（省　略）

23　総務大臣は、電波利用料を納付しようとする者から、預金又は貯金の払出しとその払い出した金銭による電波利用料の納付をその預金口座又は貯金口座のある金融機関に委託して行うことを希望する旨の申出があつた場合には、その納付が確実と認められ、かつ、その申出を承認することが電波利用料の徴収上有利と認められるときに限り、その申出を承認することができる。

24　前項の承認に係る電波利用料が同項の金融機関による当該電波利用料の納付の期限として総務省令で定める日までに納付された場合には、その納付の日が納期限後である場合においても、その納付は、納期限までにされたものとみなす。

25　総務大臣は、電波利用料を納めない者があるときは、督促状によつて、期限を指定して督促しなければならない。

26　総務大臣は、前項の規定による督促を受けた者がその指定の期限までにその督促に係る電波利用料及び次項の規定による延滞金を納めないときは、国税滞納処分の例により、これを処分する。この場合における電波利用料及び延滞金の先取特権の順位は、国税及び地方税に次ぐものとする。

27　総務大臣は、第二十五項の規定により督促をしたときは、その督促に係る電波利用料の額につき年十四・五パーセントの割合で、納期限の翌日からその納付又は財産差押えの日の前日までの日数により計算した延滞金を徴収する。ただし、やむを得ない事情があると認められるときその他総務省令で定めるときは、その限りでない。

28　第十七項から前項までに規定するもののほか、電波利用料の納付の手続その他電波利用料の納付について必要な事項は、総務省令で定める。

第百三条の三　政府は、毎会計年度、当該年度の電波利用料の収入額の予算額に相当する金額を、予算で定めるところにより、電波利用共益費用の財源に充てるものとする。ただし、その金額が当該年度の電波利用共益費用の予算額を超えると認められるときは、当該超える金額については、この限りでない。

2～4　（省　略）

第百三条の四～第百四条　（省　略）

（予備免許等の条件等）

第百四条の二　予備免許、免許、許可又は第二十七条の二十一第一項の登録には、条件又は期限を付することができる。

2　前項の条件又は期限は、公共の利益を増進し、又は予備免許、免許、許可又は第二十七条の十八第一項の登録に係る事項の確実な実施を図るため必要最少限度のものに限り、かつ、当該処分を受ける者に不当な義務を課することとならないものでなければならない。

（権限の委任）

第百四条の三　この法律に規定する総務大臣の権限は、総務省令で定めるところにより、その一部を総合通信局長又は沖縄総合通信事務所長に委任することができる。

2　第七章の規定は、総合通信局長又は沖縄総合通信事務所長が前項の規定による委任に基づいてした処分についての審査請求及び訴訟に準用する。この場合において、第九十六条の二中「総務大臣」とあるのは、「総合通信局長又は沖縄総合通信事務所長」と読み替えるものとする。

第百四条の四　（省　略）

（経過措置）

第百四条の五　この法律の規定に基づき命令を制定し、又は改廃するときは、その命令で、その制定又は改廃に伴い合理的に必要と判断される範囲内において、所要の経過措置（罰則に関する経過措置を含む。）を定めることができる。

第九章　罰　則

第百五条　無線通信の業務に従事する者が第六十六条第一項（第七十条の六において準用する場合を含む。）の規定による遭難通信の取扱をしなかつたとき、又はこれを遅延させたときは、一年以上の有期懲役に処する。

2　遭難通信の取扱を妨害した者も、前項と同様とする。

3　前二項の未遂罪は、罰する。

第百六条　自己若しくは他人に利益を与え、又は他人に損害を加える目的で、無線設備又は第百条第一項第一号の通信設備によつて虚偽の通信を発した者は、三年以下の懲役又は百五十万円以下の罰金に処する。

2　船舶遭難又は航空機遭難の事実がないのに、無線設備によつて遭難通信を発した者は、三月以上十年以下の懲役に処する。

第百七条　無線設備又は第百条第一項第一号の通信設備によつて日本国憲法又はその下に成立した政府を暴力で破壊することを主張する通信を発した者は、五年以下の懲役又は禁こに処する。

第百八条　無線設備又は第百条第一項第一号の通信設備によつてわいせつな通信を発した者は、二年以下の懲役又は百万円以下の罰金に処する。

第百八条の二　電気通信業務又は放送の業務の用に供する無線局の無線設備又は人命若しくは財産の保護、治安の維持、気象業務、電気事業に係る電気の供給の業務若しくは鉄道事業に係る列車の運行の業務の用に供する無線設備を損壊し、又はこれに物品を接触し、その他その無線設備の機能に障害を与えて無線通信を妨害した者は、五年以下の懲役又は二百五十万円以下の罰金に処する。

2 前項の未遂罪は、罰する。

第百九条 無線局の取扱中に係る無線通信の秘密を漏らし、又は窃用した者は、一年以下の懲役又は五十万円以下の罰金に処する。

2 無線通信の業務に従事する者がその業務に関し知り得た前項の秘密を漏らし、又は窃用したときは、二年以下の懲役又は百万円以下の罰金に処する。

第百九条の二 暗号通信を傍受した者又は暗号通信を媒介する者であつて当該暗号通信を受信したものが、当該暗号通信の秘密を漏らし、又は窃用する目的で、その内容を復元したときは、一年以下の懲役又は五十万円以下の罰金に処する。

2 無線通信の業務に従事する者が、前項の罪を犯したとき（その業務に関し暗号通信を傍受し、又は受信した場合に限る。）は、二年以下の懲役又は百万円以下の罰金に処する。

3 前二項において「暗号通信」とは、通信の当事者（当該通信を媒介する者であつて、その内容を復元する権限を有するものを含む。）以外の者がその内容を復元できないようにするための措置が行われた無線通信をいう。

4 第一項及び第二項の未遂罪は、罰する。

5 第一項、第二項及び前項の罪は、刑法第四条の二の例に従う。

第百九条の三 （省　略）

第百十条 次の各号のいずれかに該当する場合には、当該違反行為をした者は、一年以下の懲役又は百万円以下の罰金に処する。

一 第四条第一項の規定による免許又は第二十七条の二十一第一項の規定による登録がないのに、無線局を開設したとき。

二 第四条第一項の規定による免許又は第二十七条の二十一第一項の規定による登録がないのに、かつ、第七十条の七第一項、第七十条の八第一項又は第七十条の九第一項の規定によらないで、無線局を運用したとき。

三・四 （省　略）

五 第五十二条、第五十三条、第五十四条第一号又は第五十五条の規定に違反して無線局を運用したとき。

六 第十八条第一項の規定に違反して無線設備を運用したとき。

七 （省　略）

八 第七十二条第一項（第百条第五項において準用する場合を含む。）又は第七十六条第一項（第七十条の七第四項、第七十条の八第三項、第七十条の九第三項及び第百条第五項において準用する場合を含む。）の規定によつて電波の発射又は運用を停止された無線局又は第百条第一項の設備を運用したとき。

九 第七十四条第一項の規定による処分に違反したとき。

十～十二 （省　略）

第百十条の二～第百十条の四 （省　略）

第百十一条 次の各号のいずれかに該当する場合には、当該違反行為をした者は、六月以下の懲役又は三十万円以下の罰金に処する。

一 第七十条の五の二第六項の規定による報告をせず、又は虚偽の報告をしたとき。

二 第七十三条第一項、第五項（第百条第五項において準用する場合を含む。）若しくは第六項又は第八十二条第二項の規定による検査を拒み、妨げ、又は忌避したとき。

三 第七十三条第三項に規定する証明書に虚偽の記載をしたとき。

第百十二条 次の各号のいずれかに該当する場合には、当該違反行為をした者は、五十万円以下の罰金に処する。

一～五 （省　略）

六 第七十六条第一項（第七十条の七第四項、第七十条の八第三項、第七十条の九第三項及び第百条第五項において準用する場合を含む。）の規定による運用の制限に違反したとき。

七・八 （省　略）

百十三条 次の各号のいずれかに該当する場合には、当該違反行為をした者は、三十万円以下の罰金に処する。
一〜十一 （省 略）
十二 第三十八条の六第二項（第三十八条の二十四第三項において準用する場合を含む。）の規定による報告をせず、又は虚偽の報告をしたとき。
十三〜十九 （省 略）
二十 第三十九条第一項若しくは第二項又は第三十九条の十三の規定に違反して、無線設備の操作を行つたとき。
二十一・二十二 （省 略）
二十三 第七十八条（第四条の二第五項において準用する場合を含む。）の規定に違反して、電波の発射を防止するために必要な措置を講じなかつたとき。
二十四 第七十九条第一項（同条第二項において準用する場合を含む。）の規定により業務に従事することを停止されたのに、無線設備の操作を行つたとき。
二十五 （省 略）
二十六 第八十二条第一項（第四条の二第三項において読み替えて適用する場合及び第百一条において準用する場合を含む。）の規定による命令に違反したとき。
二十七〜二十九 （省 略）
三十 第百二条の十二の規定による報告をせず、又は虚偽の報告をしたとき。
三十一 第百二条の十五第一項の規定による指示に違反したとき。
三十二 第百二条の十六第一項の規定による報告をせず、若しくは虚偽の報告をし、又は同項の規定による検査を拒み、妨げ、若しくは忌避したとき。

第百十三条の二 （省 略）

第百十四条 法人の代表者又は法人若しくは人の代理人、使用人その他の従事者が、その法人又は人の業務に関し、次の各号に掲げる規定の違反行為をしたときは、行為者を罰するほか、その法人に対して当該各号に定める罰金刑を、その人に対して各本条の罰金刑を科する。
一・二 （省 略）

第百十五条 第九十二条の二の規定による審理官の処分に違反して、出頭せず、陳述をせず、若しくは虚偽の陳述をし、又は鑑定をせず、若しくは虚偽の鑑定をした者は、三十万円以下の過料に処する。

第百十六条 次の各号のいずれかに該当する者は、三十万円以下の過料に処する。
一〜五 （省 略）
六 第二十二条（第百条第五項において準用する場合を含む。）の規定に違反して届出をしない者
七 第二十四条（第百条第五項において準用する場合を含む。）の規定に違反して、免許状を返納しない者
八〜十一 （省 略）
十二 第二十五条第三項の規定に違反して、情報を同条第二項の調査又は終了促進措置の用に供する目的以外の目的のために利用し、又は提供した者
十三〜二十八 （省 略）
二十九 第八十条の二の規定による報告をせず、又は虚偽の報告をした者
三十〜三十二 （省 略）

附 則 〔令和四年六月十日 法律第六十三号〕

（省 略）

別表第一〜別表第五 （省 略）

別表第六 （第百三条の二関係）

無線局の区分				金額
一　移動する無線局（三の項から五の項まで及び八の項に掲げる無線局を除く。二の項において同じ。）	三千メガヘルツ以下の周波数の電波を使用するもの	（省　略）		（省　略）
		その他のもの	使用する電波の周波数の幅が六メガヘルツ以下のもの	四百円
			（省　略）	（省　略）
	（省　略）			（省　略）
二　（省　略）	（省　略）			（省　略）
三　（省　略）	（省　略）			（省　略）
四　（省　略）	（省　略）			（省　略）
五　（省　略）				（省　略）
六　（省　略）	（省　略）			（省　略）
七　（省　略）				（省　略）
八　実験等無線局及びアマチュア無線局				三百円
九　（省　略）	（省　略）			（省　略）

備考

一～十二　（省　略）

十三　特定の無線局区分の無線局又は高周波利用設備からの混信その他の妨害について許容することが免許の条件又は周波数割当計画における周波数の使用に関する条件とされている無線局その他のこの表をそのまま適用することにより同等の機能を有する他の無線局との均衡を著しく失することとなると認められる無線局として総務省令で定めるものについては、その使用する電波の周波数の幅をこれの二分の一に相当する幅とみなして、同表を適用する。

別表第七・別表第八　（省　略）

○電波法施行令

平成十三年七月二十三日―政令第二百四十五号
最終改正 令和五年四月二十日―政令第五十八号

第一条～第二条 （省 略）

（操作及び監督の範囲）

第三条 次の表の上欄に掲げる資格の無線従事者は、それぞれ、同表の下欄に掲げる無線設備の操作（アマチュア無線局の無線設備の操作を除く。以下この項において同じ。）を行い、並びに当該操作のうちモールス符号を送り、又は受ける無線電信の通信操作（以下この条において「モールス符号による通信操作」という。）及び法三十九条第二項の総務省令で定める無線設備の操作以外の操作の監督を行うことができる。

資格	操作の範囲
第一級総合無線通信士	（省 略）
第二級総合無線通信士	
第三級総合無線通信士	
第一級海上無線通信士	
第二級海上無線通信士	
第三級海上無線通信士	
第四級海上無線通信士	
第一級海上特殊無線技士	
第二級海上特殊無線技士	
第三級海上特殊無線技士	
レーダー級海上特殊無線技士	
航空無線通信士	
航空特殊無線技士	
第一級陸上無線技術士	
第二級陸上無線技術士	
第一級陸上特殊無線技士	
第二級陸上特殊無線技士	
第三級陸上特殊無線技士	
国内電信級陸上特殊無線技士	

2 （省 略）

3 次の表の上欄に掲げる資格の無線従事者は、それぞれ同表の下欄に掲げる無線設備の操作を行うことができる。

資格	操作の範囲
第一級アマチュア無線技士	アマチュア無線局の無線設備の操作
第二級アマチュア無線技士	アマチュア無線局の空中線電力二百ワット以下の無線設備の操作
第三級アマチュア無線技士	アマチュア無線局の空中線電力五十ワット以下の無線設備で十八メガヘルツ以上又は八メガヘルツ以下の周波数の電波を使用するものの操作
第四級アマチュア無線技士	アマチュア無線局の無線設備で次に掲げるものの操作（モールス符号による通信操作を除く。） 一 空中線電力十ワット以下の無線設備

	で二十一メガヘルツから三十メガヘルツまで又は八メガヘルツ以下の周波数の電波を使用するもの 二　空中線電力二十ワット以下の無線設備で三十メガヘルツを超える周波数の電波を使用するもの

4　振幅変調型式の電波を使用する無線電信で変調波について電鍵(けん)開閉操作が行われるものは、第一項及び前項の規定の適用に関しては、当該操作につき、その空中線電力が、当該無線電信の当該操作に係る空中線電力に相当するワット数に四十分の十五を乗じて得たワット数のものとみなす。

5　次の表の上欄に掲げる資格の無線従事者は、第一項に規定するもののほか、それぞれ同表の下欄に掲げる操作を行うことができる。

資格	操作
第一級総合無線通信士 第二級総合無線通信士	第一級アマチュア無線技士の操作の範囲に属する操作
第三級総合無線通信士	第二級アマチュア無線技士の操作の範囲に属する操作
第一級海上無線通信士 第二級海上無線通信士 第四級海上無線通信士 航空無線通信士 第一級陸上無線技術士 第二級陸上無線技術士	第四級アマチュア無線技士の操作の範囲に属する操作

第四条～第十四条　（省　略）

附　則　〔令和元年十一月十五日　政令第百六十一号〕

この政令は、電波法の一部を改正する法律附則第一条第二号に掲げる規定の施行の日（令和元年十一月二十日）から施行する。

○電波法関係手数料令

昭和三十三年十一月四日—政令第三百七号
最終改正　令和四年十月一日—政令第二百八十九号

（定義等）

第一条　この政令の規定の解釈に関しては、次の定義に従うものとする。

一　「基本送信機」とは、無線局が一台のみの送信機を有する場合には当該送信機を、二台以上の送信機を有する場合には空中線電力の最大のもの（船舶局又は航空機局にあつては、遭難自動通報設備及びレーダー以外の無線設備の送信機のうち空中線電力の最大のもの）の一をいう。

二・三　（省　略）

四　「テレビジョン」とは、電波を利用して、静止し、又は移動する事物の瞬間的影像を送り、又は受けるための通信設備をいう。

五　（省　略）

2〜3　（省　略）

4　振幅変調型式の電波を使用する無線電信で変調波について電鍵（けん）開閉操作が行われるものの送信機は、この政令の適用に関しては、当該操作につき、その規模が、当該送信機の当該操作に係る空中線電力に相当するワット数に四十分の十五を乗じて得たワット数のものとみなす。

（無線局の免許申請手数料）

第二条　電波法（以下「法」という。）第六条の規定による免許を申請する者が納めなければならない手数料の額は、無線局の種別及びその基本送信機の規模に従い、次の表による額とする。

	無線局の種別	基本送信機の規模（空中線電力による。）	新たな免許の申請手数料（単位円）	再免許の申請手数料（単位円）
一〜七	（省　略）	（省　略）		
八	アマチュア無線局	五〇ワット以下のもの	四、三〇〇	三、〇五〇
		五〇ワットを超えるもの	八、一〇〇	
九	その他の無線局	（省　略）		

2　情報通信技術を活用した行政の推進等に関する法律（平成十四年法律第百五十一号。以下、「情報通信技術活用法」という。）第六条第一項の規定により同項に規定する電子情報処理組織を使用して免許の申請をする場合における前項の規定の適用については、次の表の上欄に掲げる同項の規定中同表の中欄に掲げる字句は、それぞれ同表の下欄に掲げる字句とする。

表一の項〜表七の項	（省　略）	（省　略）
表八の項	四、三〇〇	二、九〇〇
	三、〇五〇	一、九五〇
	八、一〇〇	五、五〇〇
表九の項	（省　略）	（省　略）

3・4　（省　略）

（落成後の検査手数料）

第三条　一台のみの送信機を有する無線局について法第十条の規定による検査（以下「落成後の検査」という。）を受ける者が納めなければならない手数料の額は、無線局の種別及びその基本送信機の規模に従い、次の表による額（当該基本送信機の型式が総務大臣の行う検定に合格したものである場合には、同表による額に二分の一を乗じて得た額）とする。ただし、当該基本送信機が二以上の無線局によつて共用されている場合において、当該基本送信機を共用する二以上の無線局について落成後の検査が同時に行われるときには、当該基本送信機に係るこの項本文の規定による額を無線局の数で除して得た額とする。

無線局の種別	基本送信機の規模（空中線電力による。）	検査手数料（単位円）
一〜六	（省　略）	
七　アマチュア無線局	五〇ワット以下のもの	二一、九〇〇
	五〇ワットを超えるもの	三一、三〇〇
八　その他の無線局	（省　略）	

2　二台以上の送信機を有する無線局について落成後の検査を受ける者が納めなければならない手数料の額は、基本送信機に係る前項の規定による額に、基本送信機以外の各送信機について無線局の種別及びその規模に応ずる次の表による額（当該送信機の型式が総務大臣の行う検定に合格したものである場合には、同表による額に二分の一を乗じて得た額）を加算した額とする。ただし、基本送信機以外の送信機が二以上の無線局によつて共用されている場合において、当該送信機を共用する二以上の無線局について落成後の検査が同時に行われるときには、当該送信機については、当該送信機に係る本文の規定による額を無線局の数で除して得た額を加算するものとする。

無線局の種別	送信機の規模（空中線電力による。）	検査手数料（単位円）
一〜六	（省　略）	
七　アマチュア無線局	五〇ワット以下のもの	五、六〇〇
	五〇ワットを超えるもの	八、〇〇〇
八　その他の無線局	（省　略）	

3・4　（省　略）

5　前各項の規定にかかわらず、落成後の検査が法第十条第二項の規定によりその一部が省略されて書類の審査の方法のみによつて行われる場合に当該落成後の検査を受ける者が納めなければならない手数料の額は、二、五五〇円（情報通信技術活用法第六条第一項の規定により同項に規定する電子情報処理組織を使用して法第十条第二項の書類に係る電磁的記録を添えて同条第一項の届出をする場合にあつては、二、四五〇円）とする。

（変更検査手数料）

第四条　法第十八条の規定による検査（法第七十一条第一項又は第七十六条の三第一項の規定に基づく指定の変更に係る検査を除くものとし、以下「変更検査」という。）を受ける者が納めなければならない手数料の額は、無線局の種別に従い、次の甲表による額とし、当該変更検査が無線設備の変更工事の結果について行われる場合にあつては、同表による額に、当該変更検査を受ける各装置について無線局の種別並びに当該装置の種類及び規模に応ずる次の乙表による額（当該装置の型式が総務大臣の行う検定に合格したものである場合には、同表による額に二分の一を乗じて得た額。以下同じ。）を加算した額とする。ただし、二八六、二〇〇円及び当該無線局に係る第二十条の規定による手数料の額に相当する額（当該無線局が法第七十三条第一項の総務省令で定める無線局である場合には、次の各号に掲げる区分に従い、当該各号に定める額。以下この項及び次項において「定期検査手数料相当額」という。）のいずれをも超えないものとする。

一　一台のみの送信機を有するもの　無線局の種別及びその基本送信機の規模に従い、次の丙表による額（当該基本送信機の型式が総務大臣の行う検定に合格したものである場合には、同表による額に二分の一を乗じて得た額）

二　二台以上の送信機を有するもの　基本送信機に係る前号の規定による額に、基本送信機以外の各送信機について無線局の種別及びその規模に応ずる次の丁表による額（当該送信機の型式が総務大臣の行う検定に合格したものである場合には、同表による額に二分の一を乗じて得た額）を加

算した額

甲表

無線局の種別		検査手数料（単位円）
一～六	（省略）	
七	アマチュア無線局	七、八〇〇
八	（省略）	

乙表

無線局の種別		装置 種類	装置 規模（空中線電力による。）	検査手数料（単位円）
一～六	（省略）			
七	アマチュア無線局	送信機	五〇ワット以下のもの	二、八〇〇
			五〇ワットを超えるもの	三、八五〇
		送信機以外の装置		二、八〇〇
八	（省略）			

丙表

無線局の種別		基本送信機の規模（空中線電力による。）	定期検査手数料相当額（単位円）
一	（省略）		
二	（省略）		
三	アマチュア無線局	五〇ワット以下のもの	一一、〇〇〇
		五〇ワットを超えるもの	一五、七〇〇
四	（省略）		

丁表

無線局の種別		基本送信機の規模（空中線電力による。）	定期検査手数料相当額（単位円）
一	（省略）		
二	（省略）		
三	アマチュア無線局	五〇ワット以下のもの	二、八〇〇
		五〇ワットを超えるもの	四、〇〇〇
四	（省略）		

2　二以上の無線局によつて共用されている装置に係る変更検査が当該装置を共用する二以上の無線局について同時に行われる場合において、当該変更検査を受ける者が納めなければならない手数料の額は、前項の規定にかかわらず、当該変更検査に係る同項本文の規定による額を無線局の数で除して得た額とし、当該変更検査と併せて他の装置に係る変更検査を受ける場合にあつては、その額に、共用されている装置以外の各装置について無線局の種別並びに当該装置の種類及び規模に応ずる同項の乙表による額を加算した額とする。ただし、その除して得た額とその他の装置に係る手数料の額とを合算した額は、二八六、二〇〇円及び当該無線局に係る定期検査手数料相当額のいずれをも超えないものとする。

3　（省　略）

4　前三項の規定にかかわらず、変更検査が法第十八条第二項の規定によりその一部が省略されて書類の審査の方法のみによつて行われる場合に当該変更検査を受ける者が納めなければならない手数料の額は、二、五五〇円（情報通信技術活用法第六条第一項の規定により同項に規定する電子情報処理組織を使用して法第十八条第二項の書類に係る電磁的記録を提出する場合にあつては、二、四五〇円）とする。

第四条の二～第十二条　（省　略）

（無線従事者国家試験手数料）

第十三条　法第四十一条の規定による無線従事者国家試験を受ける者が納めなければならない手数料の額は、試験を受ける無線従事者の資格に従い、次の表による額とする。

	資格	試験手数料（単位円）
一～十九	（省　略）	
二十	第一級アマチュア無線技士	九、六〇〇
二十一	第二級アマチュア無線技士	七、八〇〇
二十二	第三級アマチュア無線技士	五、四〇〇
二十三	第四級アマチュア無線技士	五、一〇〇

（無線従事者の免許申請手数料）

第十四条　法第四十一条の規定による免許の申請をする者が納めなければならない手数料の額は、一、七五〇円とする。

（免許状等の再交付申請手数料）

第十五条～第十七条　（省　略）

第十八条　免許状、登録状、登録証、免許証又は船舶局無線従事者証明書の再交付の申請をする者が納めなければならない手数料の額は、次のとおりとする。

一　免許状の再交付　一、三〇〇円

二・三　（省　略）

四　免許証の再交付　二、二〇〇円

五　（省　略）

2　（省　略）

（定期検査手数料）

第十九条～第二十条　（省　略）

（較正手数料）

第二十一条　法第百二条の十八第一項の規定による較正（指定較正機関が行うものを除く。）を受ける者が納めなければならない手数料の額は、当該較正を受ける測定器その他の設備の種類に従い、次の表による額とする。

	測定器その他の設備		較正手数料（単位円）
一	周波数計	空洞共振器を用いるもの	一〇二、八〇〇
		その他のもの	六九、六〇〇
二	スペクトル分析器		一三三、五〇〇
三	電界強度測定器	三以上の異なる周波数の範囲において電界強度を測定するもの	二四八、六〇〇
		その他のもの	二〇二、五〇〇
四	高周波電力計	三以上の異なる周波数の範囲において高周波電力を測定するもの	三三五、三〇〇
		その他のもの	二四八、六〇〇
五	電圧電流計		一一三、〇〇〇
六	標準信号発生器	三以上の異なる周波数の範囲において信号を発生するもの	一三三、五〇〇
		その他のもの	一〇〇、二〇〇
七	周波数標準器		一三八、六〇〇

（手数料の納付方法等）

第二十二条 第二条から第十五条まで及び第十七条から第十九条までに規定する手数料（国に納付するものに限る。）は、その申請（第三条の手数料にあつては、落成の届出）に際し、当該申請（第三条の手数料にあつては、当該届出）に係る書類に当該手数料の額に相当する収入印紙を貼つて納めなければならない。

2 第十六条及び第二十条に規定する手数料は、総務大臣が指定する期日までに、総務大臣が交付する納付書に当該手数料の額に相当する収入印紙を貼つて納めなければならない。

3・4 （省　略）

○電波法施行規則

昭和二十五年十一月三十日―電波監理委員会規則第十四号
最終改正　令和五年九月二十五日―総務省令第十七号

目次

第一章　総則（第一条―第四条の四）
第二章　無線局
第一節　通則（第五条―第二十条の三）
第二節　周波数割当計画の公開（省略）（第二十一条）
第二節の二　開設指針の制定の申出の手続（第二十一条の二）（省略）
第三節　安全施設（第二十一条の三―第二十七条）
第四節　船舶局、航空機局等の特則（省略）（第二十八条―第三十一条の三）
第四節の二　地球局、人工衛星局等の特則（省略）（第三十二条―第三十二条の九）
第四節の三　無線設備の技術基準の策定等の申出の手続（省略）（第三十二条の九の二）
第五節　無線従事者（第三十二条の十―第三十六条）
第六節　目的外通信等（第三十六条の二・第三十七条）
第七節　業務書類等（第三十八条―第四十三条の六）
第三章　高周波利用設備
第一節　通則（第四十四条―第四十五条の三）
第二節　総務大臣による型式の指定（省略）（第四十六条―第四十六条の六の二）
第三節　製造業者等による型式の確認（省略）（第四十六条の七―第四十六条の十一）
第四節　安全施設（省略）（第四十七条―第五十条）
第四章　雑則
第一節　電波天文業務等の受信設備の指定基準等（省略）（第五十条の二―第五十条の九）
第一節の二　審査請求及び訴訟（省略）（第五十条の十）
第二節　無線方位測定装置の保護（第五十一条）
第二節の二　適正な運用の確保が必要な無線局（省略）（第五十一条の二）
第二節の二の二　指定無線設備等（第五十一条の二の二―第五十一条の四の三）
第二節の三　電波有効利用促進センター（省略）（第五十一条の五―第五十一条の九）
第二節の四　（削　除）
第二節の五　電波利用料の徴収（第五十一条の九の四―第五十一条の十四）
第二節の六　混信等の許容の申出（第五十一条の十四の二）
第三節　権限の委任（第五十一条の十五）
第四節　提出書類（第五十二条―第五十二条の四）
第五章　経過規定（第五十三条）
附則

第一章　総　則

（目　的）

第一条　この規則は、別に命令で規定せられるものの外、電波法（昭和二十五年法律第百三十一号）の規定を施行するために必要とする事項及び電波法の委任に基く事項を定めることを目的とする。

（定　義　等）

第二条　電波法に基づく命令の規定の解釈に関しては、別に規定せられるもののほか、次の定義に従うものとする。

一　「通信憲章」とは、国際電気通信連合憲章をいう。
二　「通信条約」とは、国際電気通信連合条約をいう。
三　「無線通信規則」とは、国際電気通信連合憲章に規定する無線通信規則をいう。

四 「法」とは、電波法をいう。

五 「手数料令」とは、電波法関係手数料令をいう。

六 「施行規則」とは、電波法施行規則をいう。

七 「免許規則」とは、無線局免許手続規則をいう。

八 「無線局根本基準」とは、無線局（基幹放送局を除く。）の開設の根本的基準をいう。

八の二 「特定無線局根本基準」とは、特定無線局の開設の根本的基準をいう。

九 （省 略）

十 「設備規則」とは、無線設備規則をいう。

十一 「運用規則」とは、無線局運用規則をいう。

十二 「従事者規則」とは、無線従事者規則をいう。

十二の二 （省 略）

十二の三 「証明規則」とは、特定無線設備の技術基準適合証明等に関する規則をいう。

十三 「登録検査等規則」とは、登録検査等事業者等規則をいう。

十三の二 「較正規則」とは、測定器等の較正に関する規則をいう。

十四 （省 略）

十五 「無線通信」とは、電波を使用して行うすべての種類の記号、信号、文言、影像、音響又は情報の送信、発射又は受信をいう。

十五の二 「宇宙無線通信」とは、宇宙局若しくは受動衛星（人工衛星であつて、当該衛星による電波の反射を利用して通信を行うために使用されるものをいう。以下同じ。）その他宇宙にある物体へ送り、又は宇宙局若しくはこれらの物体から受ける無線通信をいう。

十五の三 「衛星通信」とは、人工衛星局の中継により行う無線通信をいう。

十六 「単向通信方式」とは、単一の通信の相手方に対し、送信のみを行なう通信方式をいう。

十七 「単信方式」とは、相対する方向で送信が交互に行なわれる通信方式をいう。

十八 「複信方式」とは、相対する方向で送信が同時に行なわれる通信方式をいう。

十九 「半複信方式」とは、通信路の一端においては単信方式であり、他の一端においては複信方式である通信方式をいう。

二十・二十一 （省 略）

二十二 「テレビジョン」とは、電波を利用して、静止し、又は移動する事物の瞬間的影像を送り、又は受けるための通信設備をいう。

二十三 「ファクシミリ」とは、電波を利用して、永久的な形に受信するために静止影像を送り、又は受けるための通信設備をいう。

二十四～三十四 （省 略）

三十五 「送信設備」とは、送信装置と送信空中線系とから成る電波を送る設備をいう。

三十六 「送信装置」とは、無線通信の送信のための高周波エネルギーを発生する装置及びこれに付加する装置をいう。

三十七 「送信空中線系」とは、送信装置の発生する高周波エネルギーを空間へ輻射する装置をいう。

三十七の二～四十四 （省 略）

四十五 「無人方式の無線設備」とは、自動的に動作する無線設備であつて、通常の状態においては技術操作を直接必要としないものをいう。

四十六 「周波数偏位電信」とは、周波数変調による無線電信であつて、搬送波の周波数を所定の値の間で偏位させるものをいう。

四十七～五十一の二 （省 略）

五十二 「kHz」とは、キロ（10^3）ヘルツをいう。

五十三 「MHz」とは、メガ（10^6）ヘルツをいう。

五十四 「GHz」とは、ギガ（10^9）ヘルツをいう。

五十五 「THz」とは、テラ（10^{12}）ヘルツをいう。

五十六 「割当周波数」とは、無線局に割り当てられた周波数帯の中央の周波数をいう。

五十七　「特性周波数」とは、与えられた発射において容易に識別し、かつ、測定することのできる周波数をいう。

五十八　「基準周波数」とは、割当周波数に対して、固定し、かつ、特定した位置にある周波数をいう。この場合において、この周波数の割当周波数に対する偏位は、特性周波数が発射によつて占有する周波数帯の中央の周波数に対してもつ偏位と同一の絶対値及び同一の符号をもつものとする。

五十九　「周波数の許容偏差」とは、発射によつて占有する周波数帯の中央の周波数の割当周波数からの許容することができる最大の偏差又は発射の特性周波数の基準周波数からの許容することができる最大の偏差をいい、百万分率又はヘルツで表わす。

六十　「指定周波数帯」とは、その周波数帯の中央の周波数が割当周波数と一致し、かつ、その周波数帯幅が占有周波数帯幅の許容値と周波数の許容偏差の絶対値の二倍との和に等しい周波数帯をいう。

六十一　「占有周波数帯幅」とは、その上限の周波数をこえて輻射され、及びその下限の周波数未満において輻射される平均電力がそれぞれ与えられた発射によつて輻射される全平均電力の〇・五パーセントに等しい上限及び下限の周波数帯幅をいう。ただし、周波数分割多重方式の場合、テレビジョン伝送の場合等〇・五パーセントの比率が占有周波数帯幅及び必要周波数帯幅の定義を実際に適用することが困難な場合においては、異なる比率によることができる。

六十二　「必要周波数帯幅」とは、与えられた発射の種別について、特定の条件のもとにおいて、使用される方式に必要な速度及び質で情報の伝送を確保するためにじゆうぶんな占有周波数帯幅の最小値をいう。この場合、低減搬送波方式の搬送波に相当する発射等受信装置の良好な動作に有用な発射は、これに含まれるものとする。

六十三　「スプリアス発射」とは、必要周波数帯外における一又は二以上の周波数の電波の発射であつて、そのレベルを情報の伝送に影響を与えないで低減することができるものをいい、高調波発射、低調波発射、寄生発射及び相互変調積を含み、帯域外発射を含まないものとする。

六十三の二　「帯域外発射」とは、必要周波数帯に近接する周波数の電波の発射で情報の伝送のための変調の過程において生ずるものをいう。

六十三の三　「不要発射」とは、スプリアス発射及び帯域外発射をいう。

六十三の四　「スプリアス領域」とは、帯域外領域の外側のスプリアス発射が支配的な周波数帯をいう。

六十三の五　「帯域外領域」とは、必要周波数帯の外側の帯域外発射が支配的な周波数帯をいう。

六十四　「混信」とは、他の無線局の正常な業務の運行を妨害する電波の発射、輻射又は誘導をいう。

六十五　「抑圧搬送波」とは、受信側において利用しないため搬送波を抑圧して送出する電波をいう。

六十六　「低減搬送波」とは、受信側において局部周波数の制御等に利用するため一定のレベルまで搬送波を低減して送出する電波をいう。

六十七　「全搬送波」とは、両側波帯用の受信機で受信可能となるよう搬送波を一定のレベルで送出する電波をいう。

六十八　「空中線電力」とは、尖頭電力、平均電力、搬送波電力又は規格電力をいう。

六十九　「尖頭電力」とは、通常の動作状態において、変調包絡線の最高尖頭における無線周波数一サイクルの間に送信機から空中線系の給電線に供給される平均の電力をいう。

七十　「平均電力」とは、通常の動作中の送信機から空中線系の給電線に供給される電力であつて、変調において用いられる最低周波数の周期に比較してじゆうぶん長い時間（通常、平均の電力が最大である約十分の一秒間）にわたつて平均されたものをいう。

七十一　「搬送波電力」とは、変調のない状態における無線周波数一サイクルの間に送信機から空中線系の給電線に供給される平均の電力をいう。ただし、この定義は、パルス変調の発射には適用しない。

七十二　「規格電力」とは、終段真空管の使用状態における出力規格の値をいう。

七十三　「終段陽極入力」とは、無変調時における終段の真空管に供給される直流陽極電圧と直流陽極電流との積の値をいう。

七十四　「空中線の利得」とは、与えられた方向において、同一の距離で同一の電界を生ずるために、基準空中線の入力部で必要とする電力の比をいう。この場合において、別段の定めがないときは、空中線の利得を表わす数値は、主輻射の方向における利得を示す。

注　散乱伝搬を使用する業務においては、空中線の全利得は、実際上得られるとは限らず、また、見かけの利得は、時間によつて変化することがある。

七十五　「空中線の絶対利得」とは、基準空中線が空間に隔離された等方性空中線であるときの与えられた方向における空中線の利得をいう。

七十六　「空中線の相対利得」とは、基準空中線が空間に隔離され、かつ、その垂直二等分面が与えられた方向を含む半波無損失ダイポールであるときの与えられた方向における空中線の利得をいう。

七十七　「短小垂直空中線に対する利得」とは、基準空中線が、完全導体平面の上に置かれた、四分の一波長よりも非常に短い完全垂直空中線であるときの与えられた方向における空中線の利得をいう。

七十八　「実効輻射電力」とは、空中線に供給される電力に、与えられた方向における空中線の相対利得を乗じたものをいう。

七十八の二　「等価等方輻射電力」とは、空中線に供給される電力に、与えられた方向における空中線の絶対利得を乗じたものをいう。

七十九　「水平面の主輻射の角度の幅」とは、その方向における輻射電力と最大輻射の方向における輻射電力との差が最大三デシベルであるすべての方向を含む全角度をいい、度でこれを示す。

八十　「走査」とは、画面を構成する絵素の輝度又は色（輝度、色相及び彩度をいう。）に従つて、一定の方法により、画面を逐次分析して行くことをいう。

八十一　「映像信号」とは、走査に従つて生ずる直接的の電気的変化であつて、静止し、又は移動する事物の瞬間的映像を伝送するためのものをいう。

八十二　「同期信号」とは、映像を同期させるために伝送する信号をいう。

八十二の二　「文字信号」とは、文字、図形又は信号を二値のデイジタル情報に変換して得られる電気信号変化であつて、文字、図形又は信号を伝送するためのものをいう。

八十二の三　「ファクシミリ信号」とは、静止影像を二値のデイジタル情報に変換して得られる電気信号変化であつて、永久的な形に受信されることを目的として静止影像を伝送するためのものをいう。

八十三　「音声信号」とは、音声その他の音響に従つて生ずる直接的の電気的信号変化であつて、音声その他の音響を伝送するためのものをいう。

八十四・八十五　（省　略）

八十六　削　除

八十七・八十八　（省　略）

八十九　「感度抑圧効果」とは、希望波信号を受信しているときにおいて、妨害波のために受信機の感度が抑圧される現象をいう。

九十　「受信機の相互変調」とは、希望波信号を受信しているときにおいて、二以上の強力な妨害波が到来し、それが、受信機の非直線性により、受信機内部に希望波信号周波数又は受信機の中間周波数と等しい周波数を発生させ、希望波信号の受信を妨害する現象をいう。

九十一　「受信機入力電圧」とは、受信機の入力端子における信号源の開放電圧をいう。

九十二・九十三　（省　略）

2　A二A電波、A二B電波、A二D電波又はA二X電波を使用する無線局（変調波を電鍵操作する送信設備に係るものに限る。）に対する法に基づく命令及びこれに基づく告示の適用に関しては、別段の定めがある場合を除くほか、空中線電力のワツト数は、当該命令又は告示において規定するワツト数に十五分の四十を乗じて得たワツト数とする。

（業務の分類及び定義）

第三条 宇宙無線通信の業務以外の無線通信業務を次のとおり分類し、それぞれ当該各号に定めるとおり定義する。

一 （省 略）

二 削 除

三〜十三 （省 略）

十四 非常通信業務 地震、台風、洪水、津波、雪害、火災、暴動その他非常の事態が発生し又は発生するおそれがある場合において、人命の救助、災害の救援、交通通信の確保又は秩序の維持のために行う無線通信業務をいう。

十五 アマチュア業務 金銭上の利益のためでなく、もつぱら個人的な無線技術の興味によつて行う自己訓練、通信及び技術的研究その他総務大臣が別に告示する業務を行う無線通信業務をいう。

十六〜十八 （省 略）

十九 標準周波数業務 科学、技術その他のために利用されることを目的として、一般的に受信されるように、明示された高い精度の特定の周波数の電波の発射を行なう無線通信業務をいう。

二十 （省 略）

2・3 （省 略）

（無線局の種別及び定義）

第四条 無線局の種別を次のとおり定め、それぞれ下記のとおり定義する。

一〜二十三 （省 略）

二十四 アマチュア局 アマチュア業務を行う無線局をいう。

二十五〜二十七 （省 略）

二十八 標準周波数局 標準周波数業務を行う無線局をいう。

二十九 特別業務の局 特別業務を行う無線局をいう。

2 （省 略）

（電波の型式の表示）

第四条の二 電波の主搬送波の変調の型式、主搬送波を変調する信号の性質及び伝送情報の型式は、次の各号に掲げるように分類し、それぞれ当該各号に掲げる記号をもつて表示する。ただし、主搬送波を変調する信号の性質を表示する記号は、対応する算用数字をもつて表示することがあるものとする。

一 主搬送波の変調の型式	記号
(1) 無変調	N
(2) 振幅変調	
(一) 両側波帯	A
(二) 全搬送波による単側波帯	H
(三) 低減搬送波による単側波帯	R
(四) 抑圧搬送波による単側波帯	J
(五) 独立側波帯	B
(六) 残留側波帯	C
(3) 角度変調	
(一) 周波数変調	F
(二) 位相変調	G
(4) 同時に、又は一定の順序で振幅変調及び角度変調を行うもの	D
(5) パルス変調	
(一) 無変調パルス列	P
(二) 変調パルス列	
ア 振幅変調	K
イ 幅変調又は時間変調	L
ウ 位置変調又は位相変調	M
エ パルスの期間中に搬送波を角度変調するもの	Q
オ アからエまでの各変調の組合せ又は他の方法に	V

よつて変調するもの

(6) (1)から(5)までに該当しないものであつて、同時に、又は一定の順序で振幅変調、角度変調又はパルス変調のうちの二以上を組み合わせて行うもの　W

(7) その他のもの　X

二 主搬送波を変調する信号の性質　記号

(1) 変調信号のないもの　〇

(2) デイジタル信号である単一チヤネルのもの

(一) 変調のための副搬送波を使用しないもの　一

(二) 変調のための副搬送波を使用するもの　二

(3) アナログ信号である単一チヤネルのもの　三

(4) デイジタル信号である二以上のチヤネルのもの　七

(5) アナログ信号である二以上のチヤネルのもの　八

(6) デイジタル信号の一又は二以上のチヤネルとアナログ信号の一又は二以上のチヤネルを複合したもの　九

(7) その他のもの　X

三 伝送情報の型式　記号

(1) 無情報　N

(2) 電信

(一) 聴覚受信を目的とするもの　A

(二) 自動受信を目的とするもの　B

(3) ファクシミリ　C

(4) データ伝送、遠隔測定又は遠隔指令　D

(5) 電話（音響の放送を含む。）　E

(6) テレビジョン（映像に限る。）　F

(7) (1)から(6)までの型式の組合せのもの　W

(8) その他のもの　X

2 この規則その他法に基づく省令、告示等において電波の型式は、前項に規定する主搬送波の変調の型式、主搬送波を変調する信号の性質及び伝送情報の型式を同項に規定する記号をもつて、かつ、その順序に従つて表記する。

3 この規則その他法に基づく省令、告示等においては、電波は、電波の型式、「電波」の文字、周波数の順序に従つて表示することを例とする。

（周波数の表示）

第四条の三 電波の周波数は、三、〇〇〇kHz以下のものはkHz、三、〇〇〇kHzをこえ三、〇〇〇MHz以下のものはMHz、三、〇〇〇MHzをこえ三、〇〇〇GHz以下のものはGHzで表示する。ただし、周波数の使用上特に必要がある場合は、この表示方法によらないことができる。

2 電波のスペクトルは、その周波数の範囲に応じ、次の表に掲げるように九の周波数帯に区分する。

周波数帯の周波数の範囲	周波数帯の番号	周波数帯の略称	メートルによる区分
三kHzをこえ、三〇kHz以下	4	VLF	ミリアメートル波
三〇kHzをこえ、三〇〇kHz以下	5	LF	キロメートル波
三〇〇kHzをこえ、三、〇〇〇kHz以下	6	MF	ヘクトメートル波
三MHzをこえ、三〇MHz以下	7	HF	デカメートル波
三〇MHzをこえ、三〇〇MHz以下	8	VHF	メートル波
三〇〇MHzをこえ、三、〇〇〇MHz以下	9	UHF	デシメートル波
三GHzをこえ、三〇GHz以下	10	SHF	センチメートル波
三〇GHzをこえ、三〇〇GHz以下	11	EHF	ミリメートル波
三〇〇GHzをこえ、三、〇〇〇GHz（又は三THz）以下	12		デシミリメートル波

第四条の三の二　（省　略）

（空中線電力の表示）

第四条の四 空中線電力は、電波の型式のうち主搬送波の変調の型式及び主搬送波を変調する信号の性質が次の上欄に掲げる記号で表される電波を使用する送信設備について、それぞれ同表の下欄に掲げる電力をもつて表示する。

記号		空中線電力
主搬送波の変調の形式	主搬送波を変調する信号の性質	
A	一	尖頭電力(pX)
	二	(1) 主搬送波を断続するものにあっては尖頭電力(pX) (2) その他のものにあっては平均電力(pY)
	三	(1) 地上基幹放送局(地上基幹放送試験局及び放送を行う実用化試験局を含む。以下この表において同じ。)の設備にあっては搬送波電力(pZ) (2) 携帯用位置指示無線標識、衛星非常用位置指示無線標識、設備規則第四十五条の三の五に規定する無線設備、航空機用救命無線機又は航空機用携帯無線機であって、伝送情報の型式の記号がXであるものにあっては尖頭電力(pX) (3) その他のものにあっては平均電力(pY)
	七又はX	(1) 断続しない全搬送波を使用するものにあっては平均電力(pY) (2) その他のものにあっては尖頭電力(pX)
	八又は九	平均電力(pY)
B		尖頭電力(pX)
C	三	(1) 地上基幹放送局の設備にあっては尖頭電力(pX) (2) 地上基幹放送局以外の無線局の設備にあっては平均電力(pY)
	七又はX	(1) 放送局の設備にあっては尖頭電力(pX) (2) 放送局以外の無線局の設備にあっては平均電力(pY)
	八又は九	平均電力(pY)
D		(1) インマルサット船舶地球局のインマルサットF型、航空機地球局のインマルサットBGAN型、インマルサット携帯移動地球局のインマルサットF型及びインマルサットBGAN型並びに設備規則第五十八条の二の十二においてその無線設備の条件が定められている固定局の無線設備にあっては平均電力(pY) (2) その他のものにあっては搬送波電力(pZ)
F		平均電力(pY)
G		平均電力(pY)
H		(1) 地上基幹放送局の設備にあっては尖頭電力(pX) (2) 地上基幹放送局以外の無線局の設備にあっては平均電力(pY)
J		尖頭電力(pX)
K		尖頭電力(pX)
L		尖頭電力(pX)
M		尖頭電力(pX)

N		平均電力(pY)
P		尖頭電力(pX)
Q		(1)　イリジウム携帯移動地球局の設備にあつては平均電力(pY) (2)　イリジウム携帯移動地球局以外の無線局にあつては尖頭電力(pX)
R		尖頭電力(pX)
V		尖頭電力(pX)

2　次に掲げる送信設備の空中線電力は、前項の規定にかかわらず、平均電力(pY)をもつて表示する。

一　デジタル放送(F七W電波及びG七W電波を使用するものを除く。)を行う地上基幹放送局(地上基幹放送試験局及び放送を行う実用化試験局を含む。)及び地上一般放送局(地上一般放送を行う実用化試験局を含む。)並びに設備規則第三十七条の二十七の二十一に規定する番組素材中継を行う無線局及び同令第三十七条の二十七の二十二に規定する放送番組中継を行う固定局(いずれもG七W電波を使用するものを除く。)の送信設備

二　超広帯域無線システムの無線局(必要周波数帯幅が四五〇MHz以上であり、かつ、空中線電力が〇・〇〇一ワット以下の無線局のうち、屋外において主としてデータ伝送を行う無線局であつて三・四GHz以上四・八GHz未満若しくは七・二五GHz以上一〇・二五GHz未満の周波数の電波を使用するもの又は無線標定業務を行うことを目的として自動車その他の陸上を移動するものに開設する無線局であつて二四・二五GHz以上二九GHz未満の周波数の電波を使用するものをいう。以下同じ。)の送信設備

三　二〇〇MHz帯広帯域移動無線通信(一七〇MHzを超え二〇二・五MHz以下の周波数の電波を使用し、通信方式に直交周波数分割多重方式と時分割多重方式を組み合わせた多重方式及び直交周波数分割多元接続方式を使用する時分割複信方式を用いる無線通信をいう。)を行う無線局の送信設備

四　実数零点単側波帯変調方式の無線局の放送設備

五～八　(省　略)

3　次に掲げる送信設備の空中線電力は、前二項の規定にかかわらず、規格電力(pR)をもつて表示する。

一　五〇〇MHz以下の周波数の電波を使用する送信設備であつて、一ワット以下の出力規格の真空管を使用するもの(遭難自動通報設備、設備規則第四十五条の三の五に規定する無線設備及びラジオ・ブイの送信設備並びに航空移動業務又は航空無線航行業務の局の送信設備を除く。)

二　実験試験局の送信設備

三　前各号に掲げるもののほか、尖頭電力、平均電力又は搬送波電力を測定することが困難であるか又は必要がない送信設備

4・5　(省　略)

第二章　無線局

第一節　通則

(無線局の限界)

第五条　法第二条第五号ただし書の受信のみを目的とするものには、中央集中方式、二重通信方式等の方式により通信を行なう場合に設置する受信設備等自己の使用する送信設備に機能上直結する受信設備は含まれない。

(無線局の運用の限界)

第五条の二　免許人等(法第六条第一項第九号に規定する免許人等をいう。以下同じ。)の事業又は業務の遂行上必要な事項についてその免許人等以外の者が行う無線局の運用であつて、総務大臣が告示するものの場合は、当該免許人等がする無線局の運用とする。

(免許を要しない無線局)

第六条　法第四条第一号に規定する発射する電波が著しく微弱な無線局を次のとおり定める。

一　当該無線局の無線設備から三メートルの距離において、その電界強度（総務大臣が別に告示する試験設備の内部においてのみ使用される無線設備については当該試験設備の外部における電界強度を当該無線設備からの距離に応じて補正して得たものとし、人の生体内に植え込まれた状態又は一時的に留置された状態においてのみ使用される無線設備については当該生体の外部におけるものとする。）が、次の表の上欄の区分に従い、それぞれ同表の下欄に掲げる値以下であるもの。

周波数帯	電界強度
三二二MHz以下	毎メートル五〇〇マイクロボルト
三二二MHzを超え一〇GHz以下	毎メートル三五マイクロボルト
一〇GHzを超え一五〇GHz以下	次式で求められる値（毎メートル五〇〇マイクロボルトを超える場合は、毎メートル五〇〇マイクロボルト） 毎メートル3.5fマイクロボルト fは、GHzを単位とする周波数とする。
五〇GHzを超えるもの	毎メートル五〇〇マイクロボルト

二　当該無線局の無線設備から五〇〇メートルの距離において、その電界強度が毎メートル二〇〇マイクロボルト以下のものであつて、総務大臣が用途並びに電波の型式及び周波数を定めて告示するもの
三　標準電界発生器、ヘテロダイン周波数計その他の測定用小型発振器
2　前項第一号の電界強度の測定方法については、別に告示する。
3　（省　略）
4　法第四条第三号の総務省令で定める無線局は、次に掲げるものとする。
（省　略）

二　次に掲げる条件に適合するものであつて、総務大臣が別に告示する電波の型式及び空中線電力に適合するもの（以下「特定小電力無線局」という。）
(1)～(3)　（省　略）
(4)　国際輸送用データ伝送（国際輸送貨物（設備規則第四十九条の十四第五イに規定する国際輸送用貨物をいう。）の管理の業務の用に供するものであつて、国際輸送用データ伝送設備（同イに規定する国際輸送用データ伝送設備をいう。以下同じ。）と国際輸送用データ制御設備（同イに規定する国際輸送用データ制御設備をいう。）との間又は国際輸送用データ伝送設備相互間のデータ伝送をいう。）用で使用するものであつて、四三三・六七MHzを超え四三四・一七MHz以下の周波数の電波を使用するもの
(5)～(13)　（省　略）
三　（省　略）
四　主としてデータ伝送のために無線通信を行うもの（電気通信回線設備に接続するものを含む。）であつて、次に掲げる周波数の電波を使用し、かつ、空中線電力が〇・五八ワット以下であるもの（第十一号に規定する五・二GHz帯高出力データ通信システムの無線局を除く。）（以下「小電力データ通信システムの無線局」という。）
(1)～(6)　（省　略）
五～十一　（省　略）

第六条の二～第六条の四の二　（省　略）

（識別信号）
第六条の五　法第八条第一項第三号の総務省令で定める識別信号は、次の各号に掲げるものとする。
一　呼出符号（標識符号を含む。以下同じ。）
二～三　（省　略）

（免許等の有効期間）
第七条　法第十三条第一項の総務省令で定める免許の有効期間は、次の各号に掲げる無線局の種別に従い、それぞれ当該各号に定めるとおりとする。

一～四　（省　略）

五　特定実験試験局（総務大臣が公示する周波数、当該周波数の使用が可能な地域及び期間並びに空中線電力の範囲内で開設する実験試験局をいう。以下同じ。）　当該周波数の使用が可能な期間

六　実用化試験局　二年

七　その他の無線局　五年

第七条の二　（省　略）

第七条の三　（省　略）

第八条　前三条の規定は、同一の種別（地上基幹放送局については、コミュニティ放送を行う放送局（当該放送の電波に重畳して多重放送を行う放送局を含む。以下この項において同じ。）とそれ以外の放送を行う放送局の区別とする。）に属する無線局について同時に有効期間が満了するよう総務大臣が定める一定の時期（コミュニティ放送を行う地上基幹放送局、設備規則第三条第一号に規定する携帯無線通信を行う無線局並びに同条第十号に規定する広帯域移動無線アクセスシステムの無線局のうち二、五四五MHzを超え二、五七五MHz以下及び二、五九五MHzを超え二、六四五MHz以下の周波数の電波を使用するものにあつては、別に告示で定める日、陸上移動業務の無線局（設備規則第三条第一号に規定する携帯無線通信を行う無線局並びに同条第十号に規定する広帯域移動無線アクセスシステムの無線局のうち二、五四五MHzを超え二、五七五MHz以下及び二、五九五MHzを超え二、六四五MHz以下の周波数の電波を使用するものを除く。以下、この項において同じ。）携帯移動業務の無線局、無線呼出局、船上通信局、無線航行移動局及び地球局にあつては、毎年一の別に告示で定める日（以下この項において「一定日」という。）に免許等（法第二十五条第一項の免許等をいう。以下同じ。）をした無線局に適用があるものとし、免許等をする時期がこれと異なる無線局の免許等の有効期間は、前三条の規定にかかわらず、当該一定の時期（陸上移動業務の無線局、携帯移動業務の無線局、無線呼出局及び地球局にあつては、免許等をする時期の直前の一定日）に免許等を受けた当該種別の無線局に係る免許等の有効期間の満了の日までの期間とする。

2　前項の規定は、次の各号に掲げる無線局には適用しない。

一～九　（省　略）

十　アマチュア局

十一～十五　（省　略）

第九条　総務大臣又は総合通信局長（沖縄総合通信事務所長を含む。以下同じ。）は、次に掲げる場合は、第七条から前条までに規定する期間に満たない期間を免許等の有効期間とすることができる。

一　免許等の申請者が、第七条から前条までに規定する期間に満たない免許等の有効期間を申請しているとき。

二　周波数割当計画（法第二十六条第一項に規定する周波数割当計画をいう。以下同じ。）若しくは基幹放送用周波数使用計画（法第七条第二項第二号に規定する基幹放送用周波数使用計画をいう。）又は開設指針（法第二十七条の十二第一項に規定する開設指針をいう。以下同じ）により周波数を割り当てることが可能な期間が第七条から前条までに規定する期間に満たないとき。

三　（省　略）

四　法第五条第一項各号に掲げる者が開設するアマチュア局（本邦に永住することを許可された者が開設するものを除く。）であつて、当該アマチュア局の免許を申請する者の本邦に在留する期間が五年に満たないとき。

第九条の二・第九条の三　（省　略）

（許可を要しない工事設計の変更等）

第十条　法第九条第一項ただし書の規定により変更の許可を要しない工事設計の軽微な事項は、別表第一号の三のとおりとする。

2　前項の規定は、法第十七条第三項において法第九条第一項ただし書の規定を準用する場合に準用する。

3　（省　略）

（許可を要しないアマチュア局の無線設備に係る工事設計の変更）

第十条の二　法第九条第一項ただし書の規定により変更の許可を要しないア

マチュア局の無線設備に係る工事設計の軽微な事項は、前条第一項及び第二項に規定するもののほか、次の各号に掲げるものとする。
一　アマチュア局（人工衛星に開設するアマチュア局及び人工衛星に開設するアマチュア局の無線設備を遠隔操作するアマチュア局を除く。）の無線設備の送信機に接続する附属装置（当該送信機の外部入力端子に接続するものであつて、当該接続により当該送信機に係る無線設備の電気的特性（電波の型式に係るものを除く。）に変更を来さないものに限る。）の工事設計の全部又は一部について変更するもの
二　その他総務大臣が別に告示するもの
2　前項の規定は、法第十七条第三項において法第九条第一項ただし書の規定を準用する場合に準用する。

第十条の二の二・第十条の三　（省　略）

（変更検査を要しない場合）
第十条の四　法第十八条第一項ただし書の規定により、変更検査を受けることを要しない場合は、別表第二号のとおりとする。

（公表する免許状記載事項等）
第十一条　法第二十五条第一項の規定により、免許状に記載された事項若しくは法第二十七条の六第三項の規定により届け出られた事項（法第十四条第二項各号に掲げる事項に相当する事項に限る。）又は法第二十七条の二十五第一項の登録状に記載された事項若しくは法第二十七条の三十四の規定により届け出られた事項（法第二十七条の二十五第二項に規定する事項に相当する事項に限る。）（以下「免許状記載事項等」という。）のうち総務大臣が公表するものは、次に掲げる事項以外のものとする。
一　免許等の番号
二　免許人等の個人の氏名（法人又は団体の名称の一部として用いられているものを除く。）及び免許人等の住所
一の二　（省　略）
三　識別信号（通信の相手方に記載されているものを含む。）のうちの呼出名称

2　前項の規定にかかわらず、移動する無線局以外の無線局の無線設備の設置場所は、都道府県名及び市区町村名を公表する。
3～8　（省　略）

（免許状記載事項等を公表しない無線局）
第十一条の二　法第二十五条第一項の総務省令で定める無線局は、次に掲げるものとする。
一　（省　略）
二　人工衛星、宇宙物体又はロケットの位置及び姿勢を制御するための無線通信を行うことを目的とするもの
三～五　（省　略）

第十一条の二の二～第十一条の二の十　（省　略）

（周波数測定装置の備付け）
第十一条の三　法第三十一条の総務省令で定める送信設備は、次の各号に掲げる送信設備以外のものとする。
一　二六・一七五MHzを超える周波数の電波を利用するもの
二　空中線電力一〇ワット以下のもの
三～六　（省　略）
七　アマチュア局の送信設備であつて、当該設備から発射される電波の特性周波数を〇・〇二五パーセント（九KHzを超え五二六・五KHz以下の周波数の電波を使用する場合は、〇・〇〇五パーセント）以内の誤差で測定することにより、その電波の占有する周波数帯幅が、当該無線局が動作することを許される周波数帯内にあることを確認することができる装置を備え付けているもの
八　（省　略）

第十一条の四・第十一条の五　（省　略）

（具備すべき電波等）
第十二条
1～12　（省　略）
13　無線電信により非常通信を行う無線局は、なるべくA一A電波四、六三

○kHzを送り、及び受けることができるものでなければならない。

第十三条　（省　略）

第十三条の二　アマチュア局が動作することを許される周波数帯は、別に告示する。

第十三条の三〜第十五条の四　（省　略）

第十六条〜第二十条の三　（省　略）

第二節　周波数割当計画の公開

第二十一条・第二十一条の二　（省　略）

第三節　安全施設

（無線設備の安全性の確保）

第二十一条の三　無線設備は、破損、発火、発煙等により人体に危害を及ぼし、又は物件に損傷を与えることがあってはならない。

（電波の強度に対する安全施設）

第二十一条の四　無線設備には、当該無線設備から発射される電波の強度（電界強度、磁界強度、電力束密度及び磁束密度をいう。以下同じ。）が別表第二号の三の三に定める値を超える場所（人が通常、集合し、通行し、その他出入りする場所に限る。）に取扱者のほか容易に出入りすることができないように、施設をしなければならない。ただし、次の各号に掲げる無線局の無線設備については、この限りではない。

一　平均電力が二〇ミリワット以下の無線局の無線設備

二　移動する無線局の無線設備

三　地震、台風、洪水、津波、雪害、火災、暴動その他非常の事態が発生し、又は発生するおそれがある場合において、臨時に開設する無線局の無線設備

四　前三号に掲げるもののほか、この規定を適用することが不合理であるものとして総務大臣が別に告示する無線局の無線設備

2　前項の電波の強度の算出方法及び測定方法については、総務大臣が別に告示する。

（高圧電気に対する安全施設）

第二十二条　高圧電気（高周波若しくは交流の電圧三〇〇ボルト又は直流の電圧七五〇ボルトをこえる電気をいう。以下同じ。）を使用する電動発電機、変圧器、ろ波器、整流器その他の機器は、外部より容易にふれることができないように、絶縁しやへい体又は接地された金属しやへい体の内に収容しなければならない。但し、取扱者のほか出入できないように設備した場所に装置する場合は、この限りでない。

第二十三条　送信設備の各単位装置相互間をつなぐ電線であつて高圧電気を通ずるものは、線溝若しくは丈夫な絶縁体又は接地された金属しやへい体の内に収容しなければならない。但し、取扱者のほか出入できないように設備した場所に装置する場合は、この限りでない。

第二十四条　送信設備の調整盤又は外箱から露出する電線に高圧電気を通ずる場合においては、その電線が絶縁されているときであつても、電気設備に関する技術基準を定める省令（昭和四十年通商産業省令第六十一号）の規定するところに準じて保護しなければならない。

第二十五条　送信設備の空中線、給電線若しくはカウンターポイズであつて高圧電気を通ずるものは、その高さが人の歩行その他起居する平面から二・五メートル以上のものでなければならない。但し、左の各号の場合は、この限りでない。

一　二・五メートルに満たない高さの部分が、人体に容易にふれない構造である場合又は人体が容易にふれない位置にある場合

二　移動局であつて、その移動体の構造上困難であり、且つ、無線従事者以外の者が出入しない場所にある場合

（空中線等の保安施設）

第二十六条　無線設備の空中線系には避雷器又は接地装置を、また、カウンターポイズには接地装置をそれぞれ設けなければならない。ただし、二六・一七五MHzを超える周波数を使用する無線局の無線設備及び陸上移動局又は携帯局の無線設備の空中線については、この限りでない。

第二十七条 （省　略）

第四節　船舶局、航空機局等の特則

第二十八条～第三十一条の三 （省　略）

第四節の二　地球局、人工衛星局等の特則

第三十二条～第三十二条の九 （省　略）

第四節の三　無線設備の技術基準の策定等の申出の手続

第三十二条の九の二 （省　略）

第五節　無線従事者

第三十二条の十・第三十三条 （省　略）

（無線設備の操作の特例）

第三十三条の二　法第三十九条第一項のただし書の規定により、無線従事者の資格のない者が無線設備の操作を行うことができる場合は、次のとおりとする。

一　（省　略）

二　非常通信業務を行う場合であつて、無線従事者を無線設備の操作に充てることができないとき、又は主任無線従事者を無線設備の操作の監督に充てることができないとき。

三・四　（省　略）

2　（省　略）

第三十四条～第三十四条の三 （省　略）

（選任及び解任の届出）

第三十四条の四　法第三十九条第四項（法第五十一条（法第七十条の九第三項において準用する場合を含む。）及び第七十条の九第三項において準用する場合を含む。）の規定による届出は、別表第三号の様式によつて行うものとする。

第三十四条の五～第三十四条の七 （省　略）

（アマチュア局の無線設備の操作の特例）

第三十四条の八　法第三十九条の十三ただし書の総務省令で定める資格は、外国政府（その国内において法四十条第一項に規定する資格を有する者に対しアマチュア局に相当する無線局の無線設備の操作を認めるものに限る。）が付与する資格であつて総務大臣が別に告示する資格とする。

第三十四条の九　前条に定める資格を有する者がアマチュア局の無線設備の操作を行うときは、総務大臣が別に告示するところにより行わなければならない。

第三十四条の十　法第三十九条の十三ただし書の総務省令で定める場合は、次の各号に掲げる場合とする。

一　アマチュア局（人工衛星に開設するアマチュア局及び人工衛星に開設するアマチュア局の無線設備を遠隔操作するアマチュア局を除く。以下この項において同じ。）の無線設備の操作をその操作ができる資格を有する無線従事者の指揮（立会い（これに相当する適切な措置を執るものを含む。）をするものに限る。以下この号及び次項において同じ）の下に行う場合であつて、次に掲げる条件に適合するとき。

(1)　科学技術に対する理解と関心を深めることを目的として一時的に行われるものであること。

(2)　当該無線設備の操作を指揮する無線従事者の行うことができる無線設備の操作（モールス符号を送り、又は受ける無線電信の操作を除く。）の範囲内であること。

(3)　当該無線設備の操作のうち、連絡の設定及び終了に関する通信操作については、当該無線設備の操作を指揮する無線従事者が行うこと。

(4)　当該無線設備の操作を行う者が、法第五条第三項各号のいずれか又は法第四十二条第一号若しくは第二号に該当する者でないこと。

二　臨時に開設するアマチュア局の無線設備の操作をその操作ができる資格を有する無線従事者の指揮の下に行う場合であつて、総務大臣が別に告示する条件に適合するとき。

2 前項第一号に規定する無線設備の操作を指揮する無線従事者は、当該無線設備の操作を行う者が無線技術に対する理解と関心を深めるとともに、当該操作に関する知識及び技能を習得できるよう、適切な働きかけに努めるものとする。

第三十四条の十一～第三十五条の二 （省 略）

（無線従事者の配置）

第三十六条

1 （省 略）

2 前項に規定するもののほか、無線局には当該無線局の無線設備の操作を行い、又はその監督を行うために必要な無線従事者を配置しなければならない。

第六節 目的外通信等

第三十六条の二 （省 略）

（免許状の目的等にかかわらず運用することができる通信）

第三十七条 次に掲げる通信は、法第五十二条第六号の通信とする。この場合において、第一号の通信を除くほか、船舶局についてはその船舶の航行中、航空機局についてはその航空機の航行中又は航行の準備中に限る。ただし、運用規則第四十条第一号及び第三号並びに第百四十二条第一号の規定の適用を妨げない。

一 無線機器の試験又は調整をするために行う通信

二～二十三 （省 略）

二十四 電波の規正に関する通信

二十五 法第七十四条第一項に規定する通信の訓練のために行う通信

二十六・二十七 （省 略）

二十八 災害救助法（昭和二十二年法律第百十八号）第十一条の規定による通信

二十九 （省 略）

三十 災害対策基本法第五十七条又は第七十九条（大規模地震対策特別措置法（昭和五十三年法律第七十三号）第二十条又は第二十六条第一項において準用する場合を含む。）の規定による通信

三十一 （省 略）

三十二 治安維持の業務をつかさどる行政機関の無線局相互間で行う治安維持に関し急を要する通信であつて、総務大臣が別に告示するもの

三十三 人命の救助又は人の生命、身体若しくは財産に重大な危害を及ぼす犯罪の捜査若しくはこれらの犯罪の現行犯人若しくは被疑者の逮捕に関し急を要する通信（他の電気通信系統によつては、当該通信の目的を達することが困難である場合に限る。）

三十四 （省 略）

第七節 業務書類等

（備付けを要する業務書類）

第三十八条 法第六十条の規定により無線局に備え付けておかなければならない書類は、次の表の上欄の無線局につき、それぞれ同表の下欄に掲げるとおりとする。

無線局	業務書類
一 船舶局及び船舶地球局	(一) 免許状 (二) （省 略） (三) 免許規則第十二条（同規則第二十五条第一項において準用する場合を含む。以下この表において同じ。）の変更の申請書の添付書類及び届書の添付書類の写し（再免許を受けた無線局にあつては、最近の再免許後における変更に係るもの）(1) (四)～(十) （省 略）
二～四 （省 略）	（省 略）

五　アマチュア局	(一)　免許状 (二)　無線局の免許の申請書の添付書類の写し（再免許を受けた無線局にあつては、最近の再免許の申請に係るもの）(1)（人工衛星に開設するアマチュア局及び人工衛星に開設するアマチュア局の無線設備を遠隔操作するアマチュア局（以下この項において「人工衛星等のアマチュア局」という。）の場合に限る。） (三)　一の項の(三)に掲げる書類　(1)（人工衛星等のアマチュア局の場合に限る。）
六〜八（省　略）	
九　その他の無線局	(一)　免許状 (二)　一の項の(二)及び(三)に掲げる書類　(1)（簡易無線局の場合を除く。）

注一　(1)を付した書類は、免許規則第八条第二項（同規則第十二条第三項、第十五条の四第二項、第十五条の五第二項、第十五条の六第二項及び第十九条第二項において準用する場合を含む。）の規定により総務大臣又は総合通信局長が提出書類の写しであることを証明したもの（同規則第八条第二項ただし書の規定により申請者に返したものとみなされた提出書類の写しに係る電磁的記録を含む。）とする。

二・三　（省　略）

2　船舶局、無線航行移動局又は船舶地球局にあつては、前項の免許状は、主たる送信設備のある場所の見やすい箇所に掲げておかなければならない。ただし、掲示を困難とするものについては、その掲示を要しない。

3　遭難自動通報局（携帯用位置指示無線標識のみを設置するものに限る。）、船上通信局、陸上移動局、携帯局、無線標定移動局、携帯移動地球局、陸上を移動する地球局であつて停止中にのみ運用を行うもの又は移動する実験試験局（宇宙物体に開設するものを除く。）、アマチュア局（人工衛星に開設するものを除く。）、簡易無線局若しくは気象援助局にあつては、第一項の規定にかかわらず、その無線設備の常置場所（VSAT地球局にあつては、当該VSAT地球局の送信の制御を行う他の一の地球局（以下「VSAT制御地球局」という。）の無線設備の設置場所とする。）に同項の免許状を備え付けなければならない。

4　第一項の規定による無線局（船舶局、無線航行移動局及び船舶地球局を除く。）の免許状の備付けは、当該免許状をスキャナにより読み取る方法その他これに類する方法により作成した電磁的記録をその写しとし、当該写しを無線局（前項に規定する場合にあつては、その無線設備の常置場所）に備え付けた電子計算機その他の機器に必要に応じ直ちに表示させることをもつてこれに代えることができる。

5〜10　（省　略）

11　無線従事者は、その業務に従事しているときは、免許証（法第三十九条又は法第五十条の規定により船舶局無線従事者証明を要することとされた者については、免許証及び船舶局無線従事者証明書）を携帯していなければならない。

（時計、業務書類等の省略）

第三十八条の二　法第六十条ただし書の規定により、時計、無線業務日誌及び前条に規定する書類の全部又は一部について、その備付けを省略できる無線局は、総務大臣が別に告示する。

2　（省　略）

第三十八条の三　法第六十条の規定により無線局に備え付けなければならない無線業務日誌又は第三十八条に規定する書類であつて、当該無線局に備え付けておくことが困難であるか又は不合理であるものについては、総務大臣が別に指定する場所（登録局にあつては、登録人の住所）に備え付けておくことができる。この場合において、同条第四項の規定は、この項の規定により総務大臣が別に指定する場所に備え付ける免許状又は登録状について準用する。

2　前項の場合において、総務大臣が無線局ごとに備え付ける必要がないと認めるものについては、同一の免許人等に属する一の無線局に備え付けたものを共用することができる。

3　前項の規定は、二以上の無線局が無線設備を共用している場合の当該無線局に備え付けなければならない時計、無線業務日誌又は第三十八条に規定する書類（次項において「時計等」という。）について準用する。

4　（省　略）

5　前各項の無線局その他必要な事項は、総務大臣が別に告示する。

第三十八条の四　（省　略）

（無線局検査結果通知書等）

第三十九条　総務大臣又は総合通信局長は、法第十条第一項、法第十八条第一項又は法第七十三条第一項本文、同項ただし書き、第五項若しくは第六項の規定による検査を行い又はその職員に行わせたとき（法第十条第二項、法第十八条第二項又は法第七十三条第四項の規定により検査の一部を省略したときを含む。）は、当該検査の結果に関する事項を別表第四号に定める様式の無線局検査結果通知書により免許人等又は予備免許を受けた者に通知するものとする。

2　法第七十三条第三項の規定により検査を省略したときは、その旨を別表第四号の二に定める様式の無線局検査省略通知書により免許人に通知するものとする。

3　免許人等は、検査の結果について総務大臣又は総合通信局長から指示を受け相当の措置をしたときは、速やかにその措置の内容を総務大臣又は総合通信局長に報告しなければならない。

第四十条　（省　略）

第四十一条　（削　除）

第四十一条の二～第四十一条の二の五　（省　略）

（定期検査を行わない無線局）

第四十一条の二の六　法第七十三条第一項の総務省令で定める無線局は、次のとおりとする。

一～二十一　（省　略）

二十二　アマチュア局

二十三～二十五　（省　略）

二十六　特別業務の局（設備規則第四十九条の二十二に規定する道路交通情報通信を行う無線局及びアマチュア局に対する広報を送信する無線局に限る。）

第四十一条の三～第四十一条の六　（省　略）

（人工衛星局の無線設備の設置場所の変更命令を受けた免許人の報告）

第四十二条　法第七十一条第一項の規定により人工衛星局の無線設備の設置場所の変更の命令を受けた免許人は、同条第六項の規定により報告するときは、措置を講じた無線局の免許番号及び講じた措置の具体的内容を記載した文書を添付しなければならない。

第四十二条の二・第四十二条の三　（省　略）

（電波の発射の防止）

第四十二条の四　法第七十八条（法第四条の二第五項において準用する場合を含む。）の総務省令で定める電波の発射を防止するために必要な措置は、次の表の上欄に掲げる無線局の無線設備の区分に従い、それぞれ同表の下欄に掲げるとおりとする。ただし、当該無線設備のうち、設置場所（移動する無線局にあつては、移動範囲又は常置場所）、利用方法その他の事情により当該措置を行うことが困難なものであつて総務大臣が別に告示するものについては、同表の下段に掲げる措置に代え、別に告示する措置によることができる。

無線設備	必要な措置
一～五　（省　略）	（省　略）
六　その他の無線設備	空中線を撤去すること

（報告等）

第四十二条の五～第四十二条の九　（省　略）

（記載事項の変更）

第四十三条

1・2　（省　略）

3　移動する無線局（前二項に規定する無線局を除く。）の免許人又は特定無線局の包括免許人は、その住所（宇宙局及び包括免許に係る特定無線局であつて、その通信の相手方が人工衛星局であるものの場合に限る。）又はその局の無線設備の常置場所若しくはその局の包括免許に係る手続を行う包括免許人の事務所の所在地を変更したときは、できる限り速やかに、その旨を文書によつて、総務大臣又は総合通信局長に届け出なければならない。

4　社団（公益社団法人、その他これに準ずるものであつて、総務大臣が認めるものを除く。）であるアマチュア局の免許人は、その定款又は理事に関し変更しようとするときは、あらかじめ総合通信局長に届け出なければならない。

5　前各項の規定による届出書の様式は、別表第五号の四のとおりとする。

6　第一項から第三項までの規定による届出をしようとするときは、免許規則第四条又は第二十条の六第一項に定める無線局事項書を添付しなければならない。

7　第一項又は第二項の規定による届出をしようとする場合において、その届出が所有者の変更に係るものであるときは、変更後の所有者と免許人との関係を証する書面を添付しなければならない。

8　第四項の規定による届出をしようとするときは、免許規則第五条第二項第一号又は第三号に掲げる事項を記載した書類を添付しなければならない。

第四十三条の二〜第四十三条の六　（省　略）

第三章　高周波利用設備

第一節　通　則

（通信設備）

第四十四条　法第百条第一項第一号の規定による許可を要しない通信設備は、次に掲げるものとする。

一　電力線搬送通信設備（電力線に一〇kHz以上の高周波電流を重畳して通信を行う設備をいう。以下同じ。）であつて、次に掲げるもの

(1)　定格電圧六〇〇ボルト以下及び定格周波数五〇ヘルツ若しくは六〇ヘルツの単相交流若しくは三相交流を通ずる電力線を使用するもの又は直流を通ずる電力線を使用するもの（鋼船（鋼製の船舶をいう。以下同じ。）内で使用するものに限る。）であつて、その型式について総務大臣の指定を受けたもの

(2)　（省　略）

二　誘導式通信設備（線路に一〇kHz以上の高周波電流を流すことにより発生する誘導電波を使用して通信を行う設備をいう。以下同じ。）であつて、次に掲げるもの

(1)〜(3)　（省　略）

2　前項第一号の(1)の総務大臣の指定は、次に掲げる区分ごとに行う。

一　一〇kHzから四五〇kHzまでの周波数の搬送波を使用する次に掲げる電力線搬送通信設備（定格電圧一〇〇ボルト又は二〇〇ボルト及び定格周波数五〇ヘルツ又は六〇ヘルツの単相交流を通ずる電力線を使用するものに限る。）

(1)〜(3)　（省　略）

二　一般の需要に応じた電気の供給に係る分電盤であつて、一般送配電事業者（電気事業法第二条第一項第九号に規定する一般送配電事業者をいう。）が維持し、及び運用する電線路と直接に電気的に接続され引込口において設置されるものから負荷側において二MHzから三〇MHzまでの周波数の搬送波により信号を送信し、及び受信する電力線搬送通信設備（以下「広帯域電力線搬送通信設備」という。）であつて、次に掲げるもの

(1)　屋内広帯域電力線搬送通信設備（屋内（鋼船内を含む。）及び総務大臣が別に告示する場合においてのみ使用する広帯域電力線搬送通信設備をいう。以下同じ。）

(2)　コンセント（家屋の屋外に面する部分に設置されたコンセントであつて、屋内電気配線と直接に電気的に接続されたものに限る。）に直接接続される屋外の電力線又はこの電力線の状態と同様の電力線（屋内電気配線と直接に電気的に接続されたものに限る。）を使用し、かつ、屋内の電力線を使用する広帯域電力線搬送通信設備

（通信設備以外の許可を要する設備）

第四十五条　法第百条第一項第二号の規定による許可を要する高周波電流を利用する設備を次のとおり定める。

一～三（省　略）

第四十五条の二～第四十五条の三（省　略）

第二節　総務大臣による型式の指定

第四十六条～第四十六条の六の二（省　略）

第三節　製造業者等による型式の確認

第四十六条の七～第四十六条の十一（省　略）

第四節　安全装置

第四十七条～第五十条（省　略）

第四章　雑　則

第一節　電波天文業務等の受信設備の指定基準等

第五十条の二～第五十条の九（省　略）

第一節の二　審査請求及び訴訟

第五十条の十（省　略）

第二節　無線方位測定装置の保護

（届出を要する建造物等）

第五十一条　法第百二条の規定によつて届出を要する建造物又は工作物は、左の通りとする。

一　無線方位測定装置の設置場所から一キロメートル以内の地域に建設しようとする左に掲げるもの

(1)　送信空中線及び受信空中線（放送受信用の小型のもの及びこれに準ずるものを除く。）

(2)　架空線及び架空ケーブル（電力用、通信用、電気鉄道用その他これらに準ずるものを含む。）

(3)　建物（木造、石造、コンクリート造その他の構造のものを含む。）但し、高さが無線方位測定装置の設置場所における仰角二度未満のものを除く。

(4)　左に掲げるもの。但し、高さが前(3)の但書の範囲のものを除く。

㈠　鉄造、石造及び木造の塔及び柱並びにこれらの支持物件

㈡　煙突

㈢　避雷針

(5)　鉄道、軌道及び索道

二　無線方位測定装置の設置場所から五〇〇メートル以内の地域に相当の距離にわたつて埋設する水道管、ガス管、電力用ケーブル、通信用ケーブルその他これらに準ずる埋設物件

第五十一条の二（省　略）

第二節の二　適正な運用の確保が必要な無線局

第二節の二の一　指定無線設備等

（指定無線設備）

第五十一条の二の二　法第百二条の十三第一項の規定により指定する無線設備は、次に掲げるものとする。

一　二六・一MHzを超え二八MHz未満の周波数の電波を送信に使用する無線電話の無線設備であつて、次に掲げる無線設備以外のもの

(1)　二七・五二四MHzの周波数の電波を使用する注意信号発生装置を備え付けている無線設備

(2) 航空機に施設された無線設備
二 一四四MHzを超え一四六MHz以下又は四三〇MHzを超え四四〇MHz以下の周波数の電波を送信に使用する無線電話の無線設備
三 (省 略)

(契約締結前における告知の方法)
第五十一条の三 法第百二条の十四第一項の総務省令で定める方法は、次のとおりとする。
一 相手方と対面して販売する場合には、相手方の見やすいように掲示し、又は映像面に表示し、若しくは書面により提示すること。
二 相手方と対面しないで販売する場合には、指定無線設備についての広告に、相手方の見やすいように表示すること。

(契約締結時に交付する書面)
第五十一条の四 法第百二条の十四第二項の規定により交付する書面には日本工業規格Z八三〇五に規定する八ポイント以上の大きさの文字及び数字を用いなければならない。

第五十一条の四の二・五十一条の四の三 (省 略)

第二節の三 電波有効利用促進センター

第五十一条の五~五十一条の九 (省 略)

第二節の四 削 除

第五十一条の九の二及び五十一条の九の三 削 除

第二節の五 電波利用料の徴収等

第五十一条の九の四・第五十一条の九の五 (省 略)

(同等の機能を有する無線局との均衡を著しく失することとなる無線局)
第五十一条の九の六 法別表第六備考第十号の総務省令で定める無線局は、次に掲げるものとする。
一 法別表第六の一の項に掲げる無線局(設備規則第四十九条の十六に規定する特定ラジオマイク及び設備規則第四十九条の十六の二に規定するデジタル特定ラジオマイクの陸上移動局を除く。)のうち、次に掲げる周波数の電波を使用するもの
(1) (省 略)
(2) アマチュア無線局が使用する電波の周波数
(3) (省 略)
二・三 (省 略)

第五十一条の九の七~第五十一条の十の五 (省 略)

(前納の申出)
第五十一条の十の六 免許人等は、法第百三条の二第十五項の規定により電波利用料を前納しようとするとき(次項に規定する場合を除く。)は、その年の応当日の前日までに、次に掲げる事項を記載した書面を総合通信局長に提出するものとする。
一 無線局の免許等の年月日及び免許等の番号
二 免許人等の氏名又は名称及び住所
三 無線局の種別
四 前納に係る期間
2 (省 略)
3 無線局の免許等を受けようとする者は、免許等を受けた場合において当該無線局に係る電波利用料を法第百三条の二第十三項の規定により前納しようとするときは、当該免許等の申請に併せて、次に掲げる事項を記載した書面を総合通信局長に提出するものとする。
一 無線局の免許の申請の年月日
二 申請者の氏名又は名称及び住所
三 無線局の種別
四 前納に係る期間
4 前三項の場合において、前納に係る期間は一年を単位とする。ただし、応当日から無線局の免許等の有効期間の満了日までの期間が一年に満たない場合はその期間とする。

（前納に係る還付の請求）

第五十一条の十一　法第百三条の二第十八項の規定による還付の請求は、別表第十二号の様式の還付請求書を総合通信局長に提出行わなければならない。

第五十一条の十一の二～第五十一条の十一の二の九　（省　略）

（口座振替の申出等）

第五十一条の十一の二の十　免許人等は、免許人等所属の無線局に係る電波利用料を法第百三条の二第二十三項に規定する方法（以下「口座振替」という。）により納付しようとするとき（再免許又は再登録を受けようとする場合であつて、当該無線局が再免許又は再登録を受けた場合において当該無線局に係る電波利用料を口座振替により納付しようとするときを含む。）は、当該電波利用料の納期限となる日から三十日前（法第百三条の二第二項前段に規定する電波利用料にあつては、九月三十日）までに、別表第十三号の様式（広域開設無線局が使用する広域使用電波に係る電波利用料（次項及び第五十一条の十五第二項において「広域使用電波に係る電波利用料」という。）にあつては、別表第十三号の二の様式）の申出書を提出することによつて、その旨を総合通信局長に申し出るものとする。

2　無線局の免許等を受けようとする者は、免許等を受けた場合において当該無線局に係る電波利用料を口座振替により納付しようとするとき（既に無線局の免許等を受けている者が再免許又は再登録を受けようとする場合であつて、当該無線局が再免許又は再登録を受けた場合において当該無線局に係る電波利用料を口座振替により納付しようとするときを除く。）は、当該免許等の申請に併せて、別表第十四条の様式（広域使用電波に係る電波利用料にあつては、別表第十三号の二の様式）の申出書を提出することによつて、その旨を総合通信局長に申し出るものとする。

3　（省　略）

4　前三項の口座振替による納付を希望する旨の申出（以下「口座振替の申出」という。）は、その後に納期限が到来する電波利用料（当該無線局が再免許又は再登録を受けた場合における当該無線局に係る電波利用料を含む。第五十一条の十一の五において同じ。）の納付についての口座振替の申出とみなす。

（口座振替の申出の承認等）

第五十一条の十一の三　総合通信局長は、次の各号のいずれかに該当しない場合には口座振替の申出を承認する。

一　口座振替の申出を行つた者（以下「申出人」という。）が申出人所属の無線局（当該口座振替の申出に係る無線局以外の無線局を含む。）に係る電波利用料を現に滞納している場合

二　無線局の免許等を受けようとする者が行う口座振替の申出であつて、第九条の規定により当該無線局の免許等の有効期間が次のいずれかである場合

(1)　免許等の申請者の申請により第七条から第八条までに規定する期間に満たない一定の期間

(2)　周波数割当計画による免許等に係る周波数を割り当てることが可能な期間が第七条から第八条までに規定する期間に満たない期間

三　申出に係る電波利用料の納付について前納の申出がされている場合

四　申出に係る電波利用料の納付について予納の申出がされている場合

第五十一条の十一の四　総合通信局長は、口座振替の申出を承認した場合は、その旨を申出人に通知する。

2　総合通信局長は、口座振替の申出を承認しないこととした場合は、その理由を記載した文書を申出人に送付する。

第五十一条の十一の五　口座振替による電波利用料の納付を行つた次の表の上欄に掲げる者が、その後に納期限が到来する電波利用料について口座振替による納付を行わないこととしようとするときは、同表の下欄に掲げる事項を記載した申出書を、総合通信局長に提出するものとする。

一　免許人等	(1)　無線局の免許等の年月日及び免許等の番号 (2)　氏名又は名称及び住所 (3)　無線局の種別
二　（省　略）	（省　略）

第五十一条の十一の六　総合通信局長は、次に掲げる場合には口座振替の申出の承認を取り消すことができる。

一　承認に係る電波利用料が法第百三条の二第二十四項に規定する期限までに納付されなかつたとき。

二　承認に係る電波利用料の納付について前納の申出がされたとき。

三　承認に係る電波利用料の納付について予納の申出がされたとき。

（口座振替による納付の期限）

第五十一条の十一の七　法第百三条の二第二十四項の総務省令で定める日は、同条第二十三項の金融機関において、当該電波利用料の納付に関し必要な事項について電磁的方法により記録されたもの（電子計算機による情報処理の用に供されるものをいう。）による通知を受けた日又は必要な事項を記載した書類が到達した日から四取引日を経過した最初の取引日とする。

2　前項に規定する取引日とは、当該金融機関の休日以外の日をいう。

第五十一条の十一の八～第五十一条の十一の十八　（省　略）

（納付の督促）

第五十一条の十二　法第百三条の二第二十五項の規定による電波利用料の納付の督促は、別表第十五号の様式の督促状を送達して行うものとする。

（証明書の携帯）

第五十一条の十三　法第百三条の二第二十六項の規定により滞納処分を行う職員は、その身分を示す証明書を携帯し、かつ、関係者の請求があるときは、これを提示しなければならない。

2　前項の証明書の様式は、別表第十六号に定めるものとする。

（延滞金の免除）

第五十一条の十四　法第百三条の二第二十七項ただし書の総務省令で定めるときは、次のとおりとする。

一　督促に係る電波利用料の額が千円未満であるとき。

二　法第百三条の二第二十七項本文の規定により計算した延滞金の額が百円未満であるとき。

第二節の六　混信等の許容の申出

第五十一条の十四の二　免許人等は、他の無線局からの混信その他の妨害を許容することができる場合には、その旨を総務大臣に申し出ることができる。

第三節　権限の委任

（権限の委任）

第五十一条の十五　法に規定する総務大臣の権限で次に掲げるものは、所轄総合通信局長（沖縄総合通信事務所長を含む。以下同じ。）に委任する。ただし、第二号の二の三、第三号、第五号の二及び第六号の二に掲げる権限は、総務大臣が自ら行うことがある。

一　法第四条、第五条（第四項を除く。）、第六条第一項、第七条から第十二条まで、第十四条第一項、第十五条、第十七条から第十九条まで、第二十条第二項から第六項まで、第九項及び第十項、第二十一条、第二十二条、第二十四条、第二十七条第一項、第二十七条の三第一項、第二十七条の四、第二十七条の五第一項及び第二項、第二十七条の六、第二十七条の八、第二十七条の九、第二十七条の十第一項、第二十七条の二十一第一項及び第二項、第二十七条の二十二から第二十七条の二十五まで、第二十七条の二十六（第三項を除く。）、第二十七条の二十七第二項、第二十七条の二十八、第二十七条の二十九第一項、第二十七条の三十、第二十七条の三十一、第二十七条の三十二第二項、第二十七条の三十三（第三項を除く。）、第二十七条の三十四、第二十七条の三十五、第三十九条第四項（法第五十一条（法第七十条の九第三項において準用する場合を含む。）及び第七十条の九第三項において準用する場合を含む。）、第七十条の七第二項（法第七十条の八第二項及び第七十条の九第二項において準用する場合を含む。）、第七十五条、第七十六条第一項（法第七十条の七第四項、第七十条の八第三項及び第七十条の九第三項において準用する場合を含む。）、第二項、第三項（法第七十条の七第四項及び第七十条の九第三項において準用する場合を含む。）及び第六項並びに第八十条の規定に基づく総務大

臣の権限であつて、次の無線局（法第五条第一項第二号に掲げる者の開設に係るものを除く。）に関するもの

(1)　固定局、地上一般放送局（エリア放送を行うものに限る。）、陸上局、移動局、無線測位局、ＶＳＡＴ地球局、船舶地球局、航空機地球局、携帯移動地球局、非常局、アマチュア局、簡易無線局、構内無線局、気象援助局、標準周波数局及び特別業務の局

(2)　(1)に掲げる無線局（アマチュア局を除く。）の行う無線通信業務に係る実用化試験局

一の二　（省　略）

二　法第十七条（無線設備の設置場所の変更及び無線設備の変更の工事に係る部分に限る。）及び第十八条の規定に基づく総務大臣の権限であつて、前号に掲げる無線局以外の無線局（法第五条第一項第二号に掲げる者の開設するもの及び基幹放送局を除く。）に関するもの

二の二　法第二十四条の二第一項、第二項及び第四項、第二十四条の二の二第一項、第二十四条の三、第二十四条の四第一項、第二十四条の五第一項、第二十四条の六第二項、第二十四条の七、第二十四条の八第一項、第二十四条の九第一項、第二十四条の十並びに第二十四条の十一の規定に基づく総務大臣の権限

二の二の二　法第二十五条第二項の規定に基づく混信又はふくそうに関する調査に係る総務大臣の権限

二の二の三　法第二十六条の二並びに第二十六条の三第六項及び第七項の規定に基づく総務大臣の権限

二の三　法第四十一条第一項、第四十二条及び第四十五条の規定に基づく総務大臣の権限であつて、第一級海上特殊無線技士、第二級海上特殊無線技士、第三級海上特殊無線技士、レーダー級海上特殊無線技士、航空特殊無線技士、第一級陸上特殊無線技士、第二級陸上特殊無線技士、第三級陸上特殊無線技士、国内電信級陸上特殊無線技士、第三級アマチュア無線技士及び第四級アマチュア無線技士の資格に関するもの（法第四十五条の規定に基づくもののうち、法第四十六条第一項の規定により、総務大臣が同項に規定する指定試験機関（以下「指定試験機関」という。）に同項に規定する試験事務（以下「試験事務」という。）を行わせることとした場合の当該試験事務に係る無線従事者国家試験に関するものを除く。）

二の四　法第四十一条第二項第二号、第四十八条第一項及び第七十九条第一項（免許の取消しに係る部分を除く。）の規定に基づく総務大臣の権限

二の五　（省　略）

三　法第七十一条の五、第七十二条、第七十三条（第七項を除く。）、第八十一条（法第七十条の七第四項、第七十条の八第三項及び第七十条の九第三項において準用する場合を含む。）及び第八十二条（法第百一条において準用する場合を含む。）の規定に基づく総務大臣の権限

四　法第百条第一項、第二項及び第四項並びに同条第五項において準用する法第十四条第一項、第十七条、第二十一条、第二十二条、第二十四条、第七十一条の五、第七十二条、第七十三条第五項、第七十六条第一項及び第八十一条の規定に基づく総務大臣の権限

五　法第百二条第一項の規定による届出を受理する総務大臣の権限

五の二　（省　略）

六　法百三条の二第五項から第八項まで、第十二項、第十三項、第十五項第三号、第十九号から二一一号まで、第二十三項及び第二十六項の規定に基づく総務大臣の権限

六の二　（省　略）

七　（省　略）

八　手数料令第二十一条第一項の規定に基づく総務大臣の権限

2　前項の所轄総合通信局長は、次の表の上欄に掲げる区分に従い、それぞれ同表の下欄に掲げる場所を管轄する総合通信局長とする。

一～三の八　（省　略）	（省　略）
四　移動する無線局（一の項から三の三項	その無線設備の常置場所（常置場所を船舶又は航空機とする無線局にあつては、当該船舶の主たる停

まで及び三の五の項に掲げる無線局を除く。）（十二の項に掲げる事項を除く。）	泊港又は当該航空機の定置場の所在地）
五　移動しない無線局（三の四の項及び三の五の項に掲げる無線局を除く。）（十二の項に掲げる事項を除く。）	その送信所（通信所又は演奏所があるときは、その通信所又は演奏所）の所在地
五の二　登録検査等事業者に関する事項	登録検査等事業の登録を受けようとする者若しくは登録検査等事業者の住所又はこれらの者が検査若しくは点検の事業を行う事務所の所在地
五の三　法第二十五条第二項に規定する混信又はふくそうに関する調査に係る無線局に関する情報の提供に関する事項	請求者が開設又は変更しようとする無線局の送信所の所在地（人工衛星の無線局にあつては、請求者の住所、移動する無線局にあつては常置場所）
五の四　法第二十六条の二に規定する電波の利用状況の調査及び法第二十六条の三に規定する電波の有効利用の程度の評価等に関する事項	一の項から五の項までの上欄に掲げる無線局の区分に従いそれぞれ下欄に掲げる場所
六　無線従事者の免許に関する事項	合格した法第四十一条第二項第一号の国家試験（その免許に係るものに限る。）の受験地（法附則第五項又は第六項の規定により無線従事者の免許を受けたものとみなされた者であつて、昭和三十年六月一日に免許の更新を受けたものの当該免許については、同日における本籍地）、終了した法第四十一条第二項第二号の養成課程の主たる実施の場所（その場所が外国の場合にあつては、当該養成課程を実施した者の主たる事務所の所在地。七の項において同じ。）、同条第二項第三号の無線通信に関する科目を修めて卒業した同号の学校（当該科目を修めて学校教育法（昭和二十二年法律第二十六号）第八十七条の二に規定する前期課程を修了した専門職大学を含む。）の所在地又は終了した従事者規則第三十三条に規定する認定講習課程の主たる実施の場所。ただし、申請者の住所とすることを妨げない。
七　法第四十一条第二項第二号の無線従事者の養成課程	その養成課程の主たる実施の場所（その場所が外国の場合にあつては、当該養成課程を実施した者の主たる事務所の所在地）
八　無線従事者国家試験に関する事項	その無線従事者国家試験の施行地
八の二・八の三（省　略）	（省　略）
九　無線従事者又は船舶局無線従事者証明を受けた者の業務の従事の停止	その無線従事者又はその船舶局無線従事者証明を受けた者の住所又は居所（現に免許を受けている無線局の無線設備の操作に係るものであるときは、当該無線局につき一の項から四の項までの上欄に掲げる無線局の区分に従いそれぞれ下欄に掲げる場所）
十（省　略）	（省　略）

十一　法第百二条第一項に規定する建造物又は工作物	その主たるものの施行地
十二～十五　（省　略）	（省　略）

3　無線局の送信装置のある場所が前項の表の下欄に掲げる場所と異なる場合において、同項に規定する総合通信局長が当該無線局の検査を行なうことが著しく不適当であるときは、第一項第一号、第二号、第三号又は第六号に掲げる総務大臣の権限（無線局の検査に係るものに限る。）が委任されることとなる所轄総合通信局長は、前項の規定にかかわらず、当該無線局の送信装置のある場所を管轄する総合通信局長とする。

4　法第四条の二第二項、第四項及び第六項の規定による届出を行う者又は無線従事者の免許を受けようとする者の住所が本邦内にない場合における第一項の所轄総合通信局長は、第二項の規定に係わらず、関東総合通信局長とする。

5　アマチュア局（人工衛星に開設するアマチュア局及び人工衛星に開設するアマチュア局の無線設備を遠隔操作するアマチュア局を除く。以下この項において同じ。）に係る申請について、申請に係る無線局に関する第二項の表の下欄に掲げる場所と申請に係る無線従事者の免許に関する同表の下欄に掲げる場所とが異なる場合であつて、当該申請がこれらのいずれかの場所を管轄する総合通信局長に同時に提出されるときにおける第一項の所轄総合通信局長は、第二項の規定にかかわらず、当該アマチュア局の無線設備の常置場所（常置場所を船舶又は航空機とする無線局にあつては、当該船舶の主たる停泊港又は当該航空機の定置場の所在地）又は当該アマチュア局の送信所（通信所又は演奏所があるときは、その通信所又は演奏所）の所在地を管轄する総合通信局長とする。

6　法第二十四条の十三第一項、同条第二項において準用する法第二十四条の二第二項及び第四項、第二十四条の三、第二十四条の四第一項、第二十四条の五第一項、第二十四条の六第二項、第二十四条の七第一項及び第二項、第二十四条の八第一項、第二十四条の九第一項及び第二十四条の十一並びに第二十四条の十三第三項の規定に基づく総務大臣の権限は、関東総合通信局長に委任する。ただし、当該権限は、総務大臣が自ら行うことがある。

第四節　書類提出

（書類の提出）

第五十二条　法及び法の規定に基づく命令の規定により総務大臣に提出する書類であつて、次の表の上欄に掲げるものに関するものは同表の下欄に掲げる場所を管轄する総合通信局長を、その他のもの（法第二十五条第二項に規定する終了促進措置に係る無線局に関する情報の提供に関するもの、法第二十七条の十三第一項に規定する開設指針の制定の申出に関するもの、法第二十七条の十四第一項に規定する特定基地局の開設計画の認定に関するもの、無線設備の機器の型式検定に関するもの、法第三十八条の二第一項に規定する無線設備の技術基準の策定等の申出（法第百条第五項において準用する場合を含む。第二項において同じ。）に関するもの並びに法第三十八条の五第一項に規定する登録証明機関、法第三十八条の三十一第二項に規定する承認証明機関、法第三十九条の二第一項に規定する指定講習機関、法第四十六条第一項に規定する指定試験機関、法第七十一条の三第一項に規定する指定周波数変更対策機関、法第七十一条の三の二第一項に規定する登録周波数終了対策機関、法第百二条の十七第一項に規定するセンター及び法第百二条の十八第一項に規定する指定較正機関に関するものを除く。）は、前条第一項に規定する所轄総合通信局長（以下「所轄総合通信局長」という。）を経由して総務大臣に提出するものとし、法及び法の規定に基づく命令の規定により総合通信局長に提出する書類は、所轄総合通信局長に提出するものとする。ただし、法第四条の三の規定に基づく呼出符号又は呼出名称の指定の申請に関する書類及び法第八十三条第一項に規定する審査請求書は、総務大臣に直接提出することを妨げない。

一～二の六（省略）	（省略）
三 法第五十六条第一項に規定する指定に係る受信設備	その受信設備の設置場所
三の二 四（省略）	（省略）

2～5（省略）

第五十二条の二 削除

第五十二条の三・第五十二条の四 （省略）

第五章 経過規定

（旧法による局の免許の有効期間）

第五十三条 法附則第九項に規定する無線局の免許の有効期間は、左の各号に掲げる無線局の種別ごとに、法施行の日から起算してそれぞれ下記に掲げる期間とする。

一 放送局 三年
二 放送中継局 三年
三 船舶局 三年
四 海岸局 一年六箇月
五 基地局 二年
六 陸上移動局 二年
七 簡易無線局 二年
八 実験局（実用化試験局を含む。） 一年
九 その他の局 二年六箇月

2 旧法（これに基づく命令を含む。）の規定に基づいて免許（施設の許可をいう。）を与えられた無線局であつて免許の有効期間が前項の期間に満たないものは、前項の規定に拘わらず有効期間はその経過によつて満了するものとする。

別表第一号・別表第一号の二 （省略）

別表第一号の三 許可を要しない工事設計の軽微な事項（第10条第1項関係）

第1 設備又は装置の工事設計の全部について変更する場合（設備又は装置の全部について変更の工事をする場合を含む。）

工事設計のうち軽微なものとするもの	適用の条件
1～13	（省略）
14 多重端局装置、撮像装置（テレビジョン伝送装置を含む。）、ステレオ端局装置、超短波音声多重端局装置、超短波文字多重端局装置、無線呼出局端局装置、秘話装置、模写電送装置、印刷電信装置、テレメーター付加装置、変調信号処理装置等の符号変換装置及び交換機の工事設計	当該部分の全部について削る場合又は改める場合若しくは追加する場合に限る。ただし、次に掲げる場合を除く。 1 副搬送波周波数、最高変調周波数又は偏移周波数に変更を来すこととなる場合 2 通信路実装数が増加することとなる場合（多重無線設備（時分割多重方式のみを使用するもの及びヘテロダイン中継方式又は直接中継方式により中継を行う無線局のものに限る。）を除く。）
15	（省略）

16　電源設備（1の項から6の項までに掲げる設備又は装置のものを除く。）の工事設計	当該部分の全部について削る場合又は改める場合若しくは追加する場合（いずれも電気的特性を低下させることとなる場合を除く。）に限る。
17　空中線（1の項から6の項まで及び9の項に掲げる設備又は装置のものを除く。）の工事設計のうち次に掲げるもの	
(1)（省　略）	（省　略）
(2) (1) 以外の空中線の工事設計	当該部分の全部について削る場合又は改める場合若しくは追加する場合（いずれも型式、構成、高さ、位置、指向方向又は電気的特性に変更を来すこととなる場合を除く。）に限る。
18　給電線（1の項、4の項及び5の項に掲げる設備のものを除く。）、空中線共用装置及び給電線共用装置の工事設計のうち次に掲げるもの	
(1) 放送局及び無線航行陸上局の送信設備に係るものの工事設計	（省　略）
(2) (1) 以外のものの工事設計	当該部分の全部について削る場合又は改める場合若しくは追加する場合（いずれも空中線に供給される電力又は受信機入力の変更が（±）1デシベルを超えることとなる場合その他電気的特性を低下させることとなる場合を除く。）に限る。
19 ～ 20	（省　略）
21　その他総務大臣が別に告示する工事設計	

注　第10条第2項の規定により準用する場合においては、工事設計のうち軽微なものとするものの欄中「工事設計」とあるのは「変更の工事」と、適用の条件の欄中「削る場合」とあるのは「撤去する場合」と、「改める場合」とあるのは「取り替える場合」と、「追加する場合」とあるのは「増設する場合」と、「に係る工事設計に改める場合」とあるのは「に取り替える場合」と、「に係る工事設計を追加する場合」とあるのは「を増設する場合」と、「新たな工事設計として追加する場合」とあるのは「新たに附設する場合」とそれぞれ読み替えるものとする。

第2　設備又は装置の工事設計の一部について変更する場合（設備又は装置の一部分について変更の工事をする場合を含む。）

工事設計のうち軽微なものとするもの	適用の条件
1 次に掲げる部品に係る工事設計 (1) (省 略) (2) 第1の8の項に掲げる送信機及び10の項に掲げる受信機の部品（法第13条第2項の義務航空機局に設置する当該装置の継電器で周波数の切換えに使用するものを除く。） (3) 第1の11の項から20の項までに掲げる装置の部品	次に掲げる条件に適合する場合に限る。 1 当該部品の属する設備又は装置の性能を低下させない場合であること（送信機の回路（低周波回路を除く。）に使用する電子管、半導体製品（集積回路及び記憶部品を含む。）に係る工事設計を改める場合にあつては、その性能に変更を来すこととならない場合に限る。）。 2 発振の回路方式又は変調の回路方式に変更を来さない場合であること。ただし、電波の型式、周波数又は空中電力の指定の一部の削除に伴う部品に係る工事設計を削る場合又は改める場合であつて、当該変更に係る部分以外の部分の電気的特性に変更を来すこととならない場合を除く。 3 電波の型式，周波数又は空中線電力の指定の変更に伴う場合でないこと。ただし、次に掲げる場合を除く。 (1) 電波の型式、周波数又は空中線電力の指定の一部の削除に伴う部品に係る工事設計を削る場合又は改める場合であつて、当該変更に係る部分以外の部分の電気的特性に変更を来すこととならない場合 (2) (省 略) 4 第1に規定する当該部品の属する設備又は装置の工事設計の変更の適用の条件に抵触することとならない場合であること。
2 その他総務大臣が別に告示する工事設計	

注 第10条第2項の規定により準用する場合においては、工事設計のうち軽微なものとするものの欄中「工事設計」とあるのは「変更の工事」と、適用の条件の欄中「に係る工事設計を改める場合」とあるのは「を取り替える場合」と、「に係る工事設計を削る場合」とあるのは「を撤去する場合」と、「追加する場合」とあるのは「増設する場合」とそれぞれ読み替えるものとする。

別表第一号の四 (省 略)

別表第二号 変更検査を要しない場合（第十条の四関係）

一 無線設備の設置場所の変更で次に掲げるものの場合
(1)～(3) (省 略)
(4) 総務大臣が別に告示する無線設備を使用するアマチュア局（人工衛星に開設するアマチュア局及び人工衛星に開設するアマチュア局の無線設備を遠隔操作するアマチュア局を除く。）に係るもの
(5) (省 略)

二 無線設備の変更の工事のうち第十条第二項の規定により軽微なものとされるもの以外のものであつて、次に掲げるものの場合
(1)～(6) (省 略)
(7) 附属装置に係る変更の工事で次の一に該当するもの
ア 多重端局装置、テレビジョン伝送装置、無線呼出局用端局装置、模写

電送装置、印刷電信装置（狭帯域直接印刷電信装置を除く。）、秘話装置、テレメーター付加装置、変調信号処理装置等の符号変換装置交換機又はチャネル選択補助装置の取替え又は増設（いずれも新たに付設する場合を含む。）の工事（いずれも占有周波数帯幅が増大することとなるものにあつては、総務大臣又は総合通信局長が法第十七条第一項の許可に際し、当該変更の工事について検査を要しない旨を申請者に対して通知したものに限る。）

イ　（省　略）

(8)～(11)　（省　略）

(12)　無線設備の設置場所を同じくする二以上の無線局において、その一の無線局の無線設備の一部を他の無線局の無線設備として共通に使用する場合における当該他の無線局の無線設備の変更の工事

(13)・(14)　（省　略）

(15)　無線設備の設置場所を同じくする二以上の無線局のうち、一部の無線局を廃止し（当該一部の無線局の免許の有効期間が満了する場合を含む。）、当該一部の無線局の無線設備の全部を他の無線局の無線設備としてそのまま継続使用する場合における当該他の無線局の無線設備の変更の工事

(16)・(17)　（省　略）

(18)　(1)から(17)までに類する無線設備の変更の工事であつて、総務大臣が別に告示するもの

別表第二号の二～別表第二号の二の五　（省　略）

別表第二号の三　（省　略）

別表第二号の二～別表第二号の二の五　（省　略）

別表第二号の三　（省　略）

別表第二号の三の三　電波の強度の値の表（第21条の4関係）

第1

周波数	電界強度の実効値（V/m）	磁界強度の実効値（A/m）	電力密度の実効値（mW/cm²）
100kHzを超え3MHz以下	275	$2.18f^{-1}$	
3MHzを超え30MHz以下	$824f^{-1}$	$2.18f^{-1}$	
30MHzを超え300MHz以下	27.5	0.0728	0.2
300MHzを超え1.5GHz以下	$1.585f^{1/2}$	$f^{1/2}/237.8$	f/1500
1.5GHzを超え300GHz以下	61.4	0.163	1

注1　fは、MHzを単位とする周波数とする。

注2　電界強度、磁界強度及び電力束密度は、それらの6分間における平均値とする。

注3　人体が電波に不均一にばく露される場合その他総務大臣がこの表によることが不合理であると認める場合は、総務大臣が別に告示するところによるものとする。

注4　同一場所若しくはその周辺の複数の無線局が電波を発射する場合又は一の無線局が複数の電波を発射する場合は、電界強度及び磁界強度については各周波数の表中の値に対する割合の自乗和の値、また電力束密度については各周波数の表中の値に対する割合の和の値がそれぞれ1を超えてはならない。

第2

周波数	電界強度の実効値（V/m）	磁界強度の実効値（A/m）	磁束密度の実効値（T）
10kHzを超え10MHz以下	83	21	2.7×10^{-5}

注１　電界強度、磁界強度及び磁束密度は、それらの時間平均を行わない瞬時の値とする。

注２　人体が電波に不均一にばく露される場合その他総務大臣がこの表によることが不合理であると認める場合は、総務大臣が別に告示するところによるものとする。

注３　同一場所若しくはその周辺の複数の無線局が電波を発射する場合又は一の無線局が複数の電波を発射する場合は、電界強度、磁界強度及び磁束密度表中の値に対する割合の和の値、又は国際規格等で定められる合理的な方法により算出された値がそれぞれ１を超えてはならない。

別表第二号の四～別表第二号の六　（省　略）

別表第三号　無線従事者選解任届の様式（第34条の4関係）（総務大臣又は総合通信局長がこの様式に代わるものとして認めた場合は、それによることができる。）

主任無線従事者
無　線　従　事　者 選（解）任届

年　　月　　日

総　務　大　臣　殿

住所
氏名又は名称

次のとおり 主任無線従事者／無　線　従　事　者 を選（解）任したので、電波法
第39条第4項
第51条において準用する同法第39条第4項
第70条の9第3項において準用する同法第39条第4項
第70条の9第3項において準用する同法第51条において準用する同法第39条第4項
の規定により届けます。

従事する無線局の免許等の番号、識別信号及び無線設備の設置場所	

1　選任又は解任の別			
2　同上年月日			
3　主任無線従事者又は無線従事者の別			
4　主任無線従事者が監督を行う無線設備の範囲			
5　主任無線従事者が無線局の監督以外の業務を行うときはその業務の概要			
（ふりがな） 6　氏名			
7　住所			
8　資格			
9　免許証の番号			
10　無線従事者免許の年月日			
11　船舶局無線従事者証明の番号			
12　船舶局無線従事者証明の年月日			
13　無線設備の操作又は監督に関する業務経歴の概要			

長辺

短　　辺　　　　（日本工業規格A列4番）

注1　第51条の15第1項第1号に掲げる無線局に係る場合は、所轄総合通信局長あてとすること。
2　不要の文字は抹（まつ）消すること。
3　3の欄は、主任無線従事者である場合に限り、「主任」と記入すること。
4　解任の場合は、1から3まで及び6の欄以外の欄の記載を省略することができる。
5　社団のアマチュア局にあつては、この様式にかかわらず、適宜の用紙に無線従事者の氏名、無線従事者免許証の番号（第34条の8に規定する外国政府が付与する資格を有する者については、その資格名）を記載して届け出ることができる。ただし、公益社団法人その他これに準ずるものであって、総務大臣が認めるものは、当該事項のうち総務大臣が認めるものの記載を省略することができる。

別表第四号　（第 39 条第 1 項関係）

第 1　法第 10 条第 1 項、法第 18 条第 1 項又は法第 73 条第 1 項本文、同項ただし書、第 5 項もしくは第 6 項の規定による検査（法第 10 条第 2 項、法第 18 条第 2 項又は法第 73 条第 4 項の規定によりその一部が省略されたものを除く。）の結果通知書の様式

第　　号
年　月　日

無 線 局 検 査 結 果 通 知 書

（免許人等又は予備免許を受けた者）殿

（何）総合通信局長 印

識別信号		検査職員の所属	
免許等の番号			
検査年月日	年　月　日	検査職員の官職氏名	
検査地			
検査の判定	合格又は不合格	不合格の理由	
指示事項			

注　指示事項欄に記載がある場合は、電波法施行規則第 39 条第 3 項の規定により、当該指示に対応してとった措置の内容を速やかに報告してください。

（長辺）　短辺（日本工業規格 A 列 4 番）

注 1　「（何）総合通信局長」とある部分は、沖縄総合通信事務所にあつては沖縄総合通信事務所長とする。

2　（省　略）

第 2　（省　略）

別表第四号の二～第四号の四　（省　略）

別表第五号　（省　略）

別表第五号の二・別表第五号の三　（省　略）

別表第五号の四　記載事項等の変更届出書の様式（第 43 条第 5 項関係）（総務大臣又は総合通信局長がこの様式に代わるものとして認めた場合は、それによることができる。）

記載事項等変更届出書

年　　月　　日

総務大臣殿（注 1）

□電波法施行規則第 43 条第 1 項、第 2 項又は第 3 項の規定により、記載事項を変更したので、別紙の書類を添えて下記のとおり届け出ます。

□電波法施行規則第 43 条第 4 項の規定により、定款又は理事に関し変更するので、別紙の書類を添えて下記のとおり届け出ます。

（注 2）

記

1　届出者（注 3）

住所	都道府県－市区町村コード［　　　　　　　　］
	〒（　　　－　　　）
氏名又は名称及び代表者氏名	フリガナ

2　免許を受けた無線局に関する事項（注 4）

①　無線局の種別及び局数	
②　識別信号	
③　免許の番号	

3　届出の内容に関する連絡先

所属、氏名	フリガナ
電話番号	
電子メールアドレス	

注 1　第 51 条の 15 第 1 項第 1 号に掲げる無線局に係る場合は、同条に規定する所轄総合通信局長に宛てること。

2　該当する□にレ印を付けること。

3　1 の欄は、次によること。

(1)　住所の欄は、日本工業規格 JIS X0401 及び X0402 に規定する都道府県コード及び市区町村コード（以下この別表において「都道府県コード」という。）、郵便番号並びに住所（届出者が法人又は団体の場合は、本店又は主たる事務所の所在地）を記載すること。ただし、都道府県コードが不明の場合は、コードの欄への記載を要しない。また、都道府県コードを記載した場合は、都道府県及び市区町村の記載は要しない。

(2) 届出者が外国人である場合は、住所については、国籍及び日本における居住地を記載すること。

(3) 法人又は団体の場合は、その商号又は名称並びに代表者の役職名及び氏名を記載すること。ただし、届出者が国の機関、地方公共団体、法律により直接に設立された法人及び特別の設立行為をもつて設立された法人の場合は、代表者の氏名の記載を要しない。

(4) 代理人による届出の場合は、届出者に関する必要事項を記載するほか、これに準じて当該代理人に関する必要事項を枠下に記載すること。この場合においては、委任状を添付すること。ただし、包括委任状の番号が通知されている場合は、当該番号を記載することとし、委任状の添付は要しない。

4 2の欄は、次によること。

(1) ①の欄は、免許規則第2条第1項に掲げる無線局の種別を記載し、免許規則第15条の2の2第1項又は第2項の規定により一括して申請する場合は、無線局の種別ごとの局数を併せて記載すること。

(2) ②の欄は、現に免許を受けている無線局(包括免許の場合を除く。)に指定されている識別信号を①の欄の記載事項に対応して記載すること。

(3) ③の欄は、現に免許を受けている無線局の免許の番号を記載すること。

5 届出書の用紙は、日本工業規格A列4番とし、該当欄に全部を記載することができない場合は、その欄に別紙に記載する旨を記載し、この様式に定める規格の用紙に適宜記載すること。

別表第五号の五〜八 (省 略)

別表第六号〜第十一号の四 (省 略)

別表第十二号（第51条の11関係）（総務大臣がこの様式に代わるものとして認めた場合は、それによることができる。）

還　付　請　求　書

年　　月　　日

（何）　総合通信局長（注1）　殿

請求者（注2）　郵便番号
住　　所
氏名又は名称

下記のとおり、電波法第103条の2第18項の規定により電波利用料の還付を請求します。

記

長辺

<table>
<tr><td rowspan="5">還付の請求に係る無線局に関する事項</td><td colspan="2">免許等の年月日</td><td></td></tr>
<tr><td colspan="2">免許等の番号</td><td></td></tr>
<tr><td colspan="2">(整理番号)
免許人等の氏名又は名称</td><td></td></tr>
<tr><td colspan="2">免許人等の住所</td><td></td></tr>
<tr><td colspan="2">無線局の種別</td><td></td></tr>
<tr><td>還付の請求に係る期間</td><td colspan="3">年　　月　　日から　　年　　月　　日まで</td></tr>
<tr><td rowspan="6">還付金の払渡しを受ける方法及び払渡しを希望する機関</td><td rowspan="3">口座振込
（注3）</td><td>金融機関名</td><td>銀行・金庫　　本店・支店</td></tr>
<tr><td>口座の種別</td><td>普 預金・当座預金・　　預金</td></tr>
<tr><td>口座番号</td><td></td></tr>
<tr><td rowspan="3">窓口支払</td><td colspan="2">銀行・金庫　　本店・支店</td></tr>
<tr><td colspan="2">郵便局</td></tr>
<tr><td colspan="2">（何）総合通信局
総務部財務課（注4）</td></tr>
<tr><td>還付金額</td><td colspan="3">円</td></tr>
</table>

短　　辺　　　　（日本工業規格A列4番）

注1　沖縄県の区域においては、沖縄総合通信事務所長とする。

2　代理人による還付請求書の提出の場合は、請求者に関する必要事項を記載するほか、これに準じて当該代理人に関する必要事項を記載すること。

3　口座振込欄は、銀行又は金庫に預金口座がある者であつてその口座振込の方法で電波利用料の還付の払渡しを希望する者が記載すること。この場合において、振込を希望する銀行又は金庫の名称、口座の種別及び口座番号を正確に記載し、その口座の種別が普通預金又は当座預金であるときは該当するものを○で囲むこと。

4　信越、北陸及び四国総合通信局長あてのものにあっては、（何）総合通信局総務部財務室とし、沖縄総合通信事務所長あてのものにあっては、沖縄総合通信事務所総務課とする。

別表第十二号の二～別表第十二号の四　（省　略）

別表第十三号（第51条の11の2の10第1項関係）（総務大臣がこの様式に代わるものとして認めた場合は、それによることができる。）

電波利用料口座振替納付申出書（既設局用）

総合通信局長
沖縄総合通信事務所長　殿

年　月　日

私は、下記2に記載する無線局に係る電波利用料を口座振替により納付したいので電波法第103条の2第23項の規定により申し出ます。
承認されたときは、納入告知書は、下記1の金融機関あて送付してください。

記

1　金融機関名及び口座番号
（注：申出人（免許人等）御本人の口座を指定してください。）

ゆうちょ銀行以外の金融機関	銀　行 （　）		本店 支店 （　）
	銀行コード	支店コード	預金口座　① 普通　② 当座
ゆうちょ銀行	種目コード　1 6 6	契約種目コード　3 0	通帳記号　1　　　0　の　通帳番号（右詰めで記入してください）

フリガナ		
住　所	〒　－	
フリガナ		届出印
口座名義人		印
電話番号	（　－　－　）	

2　口座振替による納付を希望する無線局の免許等の番号及び申出局数

第　号	第　号
第　号	第　号
第　号	第　号
第　号	第　号
第　号	第　号
第　号	第　号
第　号	第　号
第　号	第　号
第　号	第　号
第　号	第　号
第　号	第　号
第　号	第　号
第　号	第　号
第　号	第　号
	合計　局

※以下の欄は記入しないこと

総合通信局等使用欄			
受付	免許等の番号確認	システム登記	照合

18.6cm

17.6cm

注1　1の欄は、ゆうちょ銀行以外の金融機関欄又はゆうちょ銀行欄のどちらかに記載すること。

2　2の欄には、免許人等所属の無線局のうち口座振替による電波利用料の納付を希望する無線局の免許等の番号及びその局数を記載すること（免許人等所属のすべての無線局に係る電波利用料について口座振替による納付を希望する場合も当該免許等の番号を記載すること。）。局数が多い場合は、適宜別紙を作成し免許等の番号を記載すること。

なお、再免許又は再登録を受けようとする場合であつて、再免許又は再登録を受けた場合における当該無線局に係る電波利用料の口座振替による納付を希望するときは、当該無線局の現在の免許等の番号を記入すること。

別表第十三号の二　（省　略）

別表第十四号（第51条の11の2の10第2項関係）（総務大臣がこの様式に代わるものとして認めた場合は，それによることができる。）

総合通信局長
沖縄総合通信事務所長　殿

電波利用料口座振替納付申出書（新設局用）

年　月　日

申出人	フリガナ 住所　〒　-
	フリガナ 氏名
	電話番号（　－　－　）
上記以外の連絡先	電話番号（　－　－　）

私は、今回本申出書提出と同時に無線局免許等申請を行った無線局に係る電波利用料を口座振替により納付したいので、電波法103条の2第23項により申し出ます。
承認された場合には、納入告知書は、下記の金融機関あて送付してください。

記

金融機関名及び口座番号
（注：申出人（免許人等）御本人の口座を指定してください。）

ゆうちょ銀行以外の金融機関			
銀行（　）			本店 支店（　）
銀行コード	支店コード	預金口座	①普通　②当座
フリガナ			
口座名義人			

ゆうちょ銀行							
種目コード				契約種別コード	フリガナ	
1	6	6	3	0	口座名義人	
通帳記号						通帳番号（右詰めで記入してください）
1				0	の	

※　以下の欄は記入しないこと

総合通信局等使用欄		
受付整理番号及び無線局数		
受付整理番号		合計　局

受付	免許等の番号等確認	システム登記	照合

21.0cm

19.8cm

注　ゆうちょ銀行以外の金融機関欄又はゆうちょ銀行欄のどちらかに記載すること。

別表第十四号の二　（省　略）

別表第十五号（第51条の12関係）（総務大臣又は総合通信局長がこの様式に代わるものとして認めた場合は、それによることができる。）

第　　号

督　促　状

住所
氏名又は名称

年度	（部）	（款）	（項）	（目）
金　額	円			
納付目的				
指定期限	年　月　日			
納付場所	日本銀行本店、支店、代理店又は歳入代理店			

さきに、あなたに対して納入の告知をした上記の金額は、納入期限（　年　月　日）までに完納されておりませんので至急納付してください。指定期限を過ぎても完納されないときは、財産差押処分をします。
※なお、納入告知書に記載したところにより計算した延滞金を併せて納付してください。

年　月　日

（歳入徴収官）

（官職）　（氏名）　印

長辺

短辺　（日本工業規格A列4番）

注　※は、第51条の14各号に該当するものについては記載しない。

別表第十六号（第 51 条の 13 第 2 項関係）

（表　面）

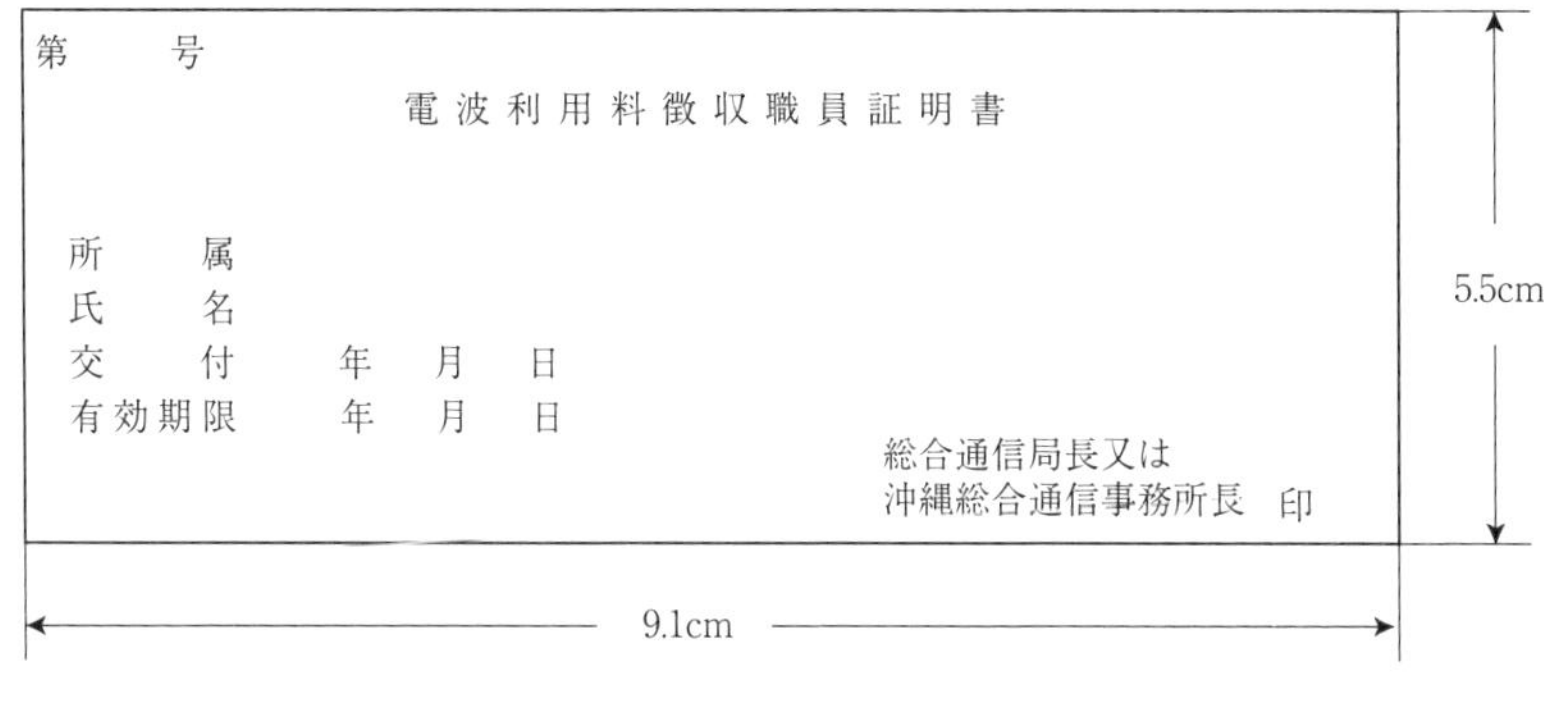

第　　　号

電 波 利 用 料 徴 収 職 員 証 明 書

所　　属
氏　　名
交　　付　　　年　　月　　日
有効期限　　　年　　月　　日

総合通信局長又は
沖縄総合通信事務所長　印

（裏　面）

この証明書を携帯する職員は、電波法（昭和25年法律第131号）第103条の2第25項の規定による督促に係る電波利用料及び同条第27項の規定による延滞金を国税滞納処分の例により処分する権限を有する。

電波法抜粋

第103条の2第26項　総務大臣は、前項の規定による督促を受けた者がその指定の期限までにその督促に係る電波利用料及び次項の規定による延滞金を納めないときは、国税滞納処分の例により、これを処分する。（以下略）

別図第一号～別図第十二号　（省　略）

○無線局（基幹放送局を除く。）の開設の根本的基準

昭和二十五年九月十一日―電波監理委員会規則第十二号
最終改正　令和三年三月十日―総務省令第十七号

（目　的）

第一条　この規則は、無線局（基幹放送局を除く。）の開設の根本的基準を定めることを目的とする。

（用語の意義）

第二条　この規則中の次に掲げる用語の意義は、本条に示すとおりとする。

一　（省　略）

一の二　「根本的基準」とは、無線局（放送局を除く。）の開設の免許に関する基本的方針をいう。

二～四　（省　略）

五　「簡易無線業務用無線局」とは、簡易な無線通信業務を行うために開設する無線局をいう。

第三条～第六条　（省　略）

（アマチユア局）

第六条の二　アマチユア局は、次の各号の条件を満たすものでなければならない。

一　その局の免許を受けようとする者は、次のいずれかに該当するものであること。

(1)　アマチユア局の無線設備の操作を行うことができる無線従事者の資格を有する者

(2)　施行規則第三十四条の八の資格を有する者

(3)　アマチユア業務の健全な普及発達を図ることを目的とする社団であつて、次の要件を満たすもの

㈠　営利を目的とするものでないこと。

㈡　目的、名称、事務所、資産、理事の任免及び社員の資格の得喪に関する事項を明示した定款が作成され、適当と認められる代表者が選任されているものであること。

㈢　(1)又は(2)に該当する者であつて、アマチユア業務に興味を有するものにより構成される社団であること。

二　その局の無線設備は、免許を受けようとする者が個人であるときはその者の操作することができるもの、社団であるときはそのすべての構成員がそのいずれかの無線設備につき操作をすることができるものであること。ただし、移動するアマチユア局の無線設備は、空中線電力が五〇ワット以下のものであること。

三　その局は、免許人以外の者の使用に供するものでないこと。

四　その局を開設する目的、通信の相手方の選定及び通信事項が法令に違反せず、かつ、公共の福祉を害しないものであること。

五　その局を開設することが既設の無線局等の運用又は電波の監視に支障を与えないこと。

第六条の三～第十条　（省　略）

附　則　〔平成二十七年十二月二十五日　省令第百七号〕

この省令は、公布の日から施行する。

○無線局免許手続規則

昭和二十五年十一月三十日―電波監理委員会規則第十五号
最終改正　令和五年九月二十五日―総務省令第十七号

目次

第一章　総則（第一条）
第二章　無線局の免許手続
第一節　免許の附与までの手続（第二条―第十四条）
第一節の二　無線局の簡易な免許手続（第十五条―第十五条の六）
第二節　再免許の手続（第十六条―第二十条）
第二節の二　免許の承継の手続　（省　略）（第二十条の二―第二十条の三の三）
第二節の三　特定無線局の免許手続の特例　（省　略）（第二十条の四―第二十条の十二）
第二節の四　アマチュア局の様式の特例（第二十条の十三）
第三節　免許状（第二十一条―第二十三条）
第三章　無線局の免許後の手続（第二十三条の二―第二十五条の三）
第四章　特定基地局の開設計画の認定の手続　（省　略）（第二十五条の四―第二十五条の八）
第五章　無線局の登録手続　（省　略）（第二十五条の九―第二十五条の三十四）
第六章　許可の手続　（省　略）（第二十六条―第三十一条）
第七章　無線局の運用等の特例に係る手続　（省　略）（第三十一条の二―第三十一条の五）
第八章　雑則（第三十二条）
附　則

第一章　総　則

（目　的）

第一条　この規則は、別に定めるものを除くほか、法の規定に基づく免許（承認を含む。以下同じ。）、登録、認定、許可（承認を含む。以下同じ。）及び届出の手続に関する事項を定めることを目的とする。

第二章　無線局の免許手続

第一節　免許の附与までの手続

（免許の単位）

第二条　無線局の免許の申請は、次に掲げる無線局の種別に従い、送信設備の設置場所（移動する無線局のうち、人工衛星局については人工衛星、船舶局、遭難自動通報局（携帯用位置指示無線標識のみ設置するものを除く。）、航空機局、無線航行移動局、人工衛星局、船舶地球局及び航空機地球局以外のものについては送信装置とする。）ごとに行わなければならない。

一～七　（省　略）

八　アマチュア局

九・十　（省　略）

2～8　（省　略）

9　移動する無線局のうち、構内無線局であつて総務大臣が別に告示するもの、アマチュア局、ラジオ・ブイの局であつて総務大臣が別に告示するもの、簡易無線局であつて総務大臣が別に告示するもの及び送信装置ごとに申請することが不合理であると認められる無線局については、第一項の規定にかかわらず、二以上の送信装置を含めて単一の無線局として申請することができる。

第二条の二・第二条の三　（省　略）

（申 請 書）

第三条　法第六条の規定により無線局の免許を受けようとする者は、次に掲げる事項（第三号及び第四号に掲げる事項にあつては、希望する場合に限る。）を記載した申請書を総務大臣又は総合通信局長（沖縄総合通信事務所長を含む。以下同じ。）に提出しなければならない。

一　無線局の免許を受けようとする者の氏名又は名称及び住所並びに法人にあつては、その代表者の氏名

二　免許を受けようとする無線局の種別及び局数

三　希望する識別信号（アマチュア局を除く。）

四　希望する免許の有効期間

2　前項の申請書の様式は、別表第一号のとおりとする。ただし、アマチュア局（人工衛星に開設するアマチュア局及び人工衛星に開設するアマチュア局の無線設備を遠隔操作するアマチュア局（以下「人工衛星等のアマチュア局」という。）を除く。）にあつては、第二十条の十三に定める様式によることができる。

（添付書類）

第四条　法第六条の規定により前条の申請書に添付する書類は、無線局事項書及び工事設計書とし、無線局事項書には無線設備の工事設計に係る事項以外の事項を、工事設計書には無線設備の工事設計に係る事項をそれぞれ記載するものとする。

2　無線局事項書及び工事設計書の様式は、次の表に掲げるとおりとする。ただし、アマチュア局（人工衛星等のアマチュア局を除く。）にあつては、第二十条の十三に定める様式によることができる。

区分	無線局事項書及び工事設計書の様式	
	無線局事項書の様式	工事設計書の様式
一～十（省略）	（省略）	（省略）
十一～十二（省略）	（省略）	（省略）
十三　アマチュア局	別表第二号の三第3	

（資料の提出）

第五条

1　（省略）

2　無線局根本基準第六条の二第一号(3)に該当する者がアマチュア局の免許を申請するときは、次に掲げる事項を記載した書類を第四条第一項の無線局事項書及び工事設計書に添えて提出しなければならない。ただし、公益社団法人その他これに準ずる者であつて、総務大臣が認めるものは、当該事項のうち総務大臣が認めるものの記載を省略することができる。

一　定款

二　社団の構成員に関する事項

(1)　氏名

(2)　無線従事者免許証の番号

三　理事の氏名、住所、生年月日及び略歴

3　本邦の国籍を有しない人がアマチュア局の免許の申請をする場合において、申請者が次の各号に掲げる者であるときは、それぞれ当該各号に掲げる書類を、第三条の申請書に添えて提出しなければならない。

一　アマチュア局の無線設備の操作を行うことができる無線従事者の資格を有しない者　　法第四十条第一項第五号に掲げる資格に相当する資格を付与した国の政府が発給した当該資格に関する証明書

二　本邦に永住することを許可された者　　その許可の事実を証する書面

4・5　（省略）

第六条・第七条　（省略）

（添付書類の写しの提出部数）

第八条　次の表の上欄に掲げる無線局の免許の申請をしようとする者は、免許の申請書及び添付書類に、次の表の上欄に掲げる区分に従い、それぞれ同表の下欄に掲げる通数の書類を添えて総務大臣又は総合通信局長に提出しなければならない。ただし、総務大臣又は総合通信局長が写しの提出部

数を減じ、又はその提出を要しないこととしたときは、この限りでない。

区分	書類
一 基幹放送局、地上一般放送局、標準周波数局、特別業務の局、固定局、海岸局、航空局、無線呼出局、陸上移動中継局、陸上局、移動局、無線標識局、無線航行陸上局、無線標定陸上局、無線測位局、特定実験試験局、実験試験局、人工衛星局、宇宙局、海岸地球局、航空地球局、携帯基地地球局、船舶地球局（電気通信業務を行うことを目的とするものに限る。）、航空機地球局、地球局、アマチュア局（人工衛星等のアマチュア局に限る。）及び気象援助局	無線局事項書及び工事設計書の写し　二通
二 非常局、基地局、携帯基地局、船舶局、船舶地球局（電気通信業務を行うことを目的とするものを除く。）、遭難自動通報局、航空機局、船上通信局、無線航行移動局及び無線標定移動局	無線局事項書及び工事設計書の写し　一通

2 総務大臣又は総合通信局長は、免許の申請につき法第八条第一項の規定により予備免許を与えたときは、前項の規定による写しのうち一通について提出書類の写しであることを証明して申請者に返すものとする。ただし、免許の申請が、電子申請等（施行規則第三十八条第六項の電子申請等をいう。以下同じ。）である場合は、当該申請につき予備免許を与えたときは、前項の規定による写しについて提出書類の写しであることを証明して申請者に返したものとみなす。

第八条の二・第八条の三　（省　略）

（不適法な申請書等）

第九条　無線局の免許の申請書又は添附書類が不適法（違式な記載を含む。）なものであると認めるときは、相当な期間を定めて、申請者に補正を求めるものとする。

2 前項の規定は、無線局の免許に係るその他の申請の場合に準用する。

（予備免許の付与の通知）

第十条　法第八条第一項の規定により無線局の予備免許を与えたときは、申請者に対しその旨を文書をもつて通知する。

（予備免許の付与の際に指定する周波数等の表示）

第十条の二　法第八条第一項の規定により指定する周波数で船舶局、航空機局、陸上移動業務の無線局又は携帯移動業務の無線局に係るものは、総務大臣が別に告示する記号により表示することがある。

2〜3　（省　略）

4 第八条第一項の規定により指定する電波の型式、周波数及び空中線電力であつてアマチュア局（人工衛星等のアマチュア局を除く。以下この項において同じ。）に係るものは、アマチュア局について指定することが可能な電波の型式、周波数及び空中線電力を一括して表示する記号として総務大臣が別に告示するものにより表示するものとする。

（空中線電力の指定）

第十条の三　法第八条第一項第四号の空中線電力の指定は、次の表の上欄に掲げる区分に従い、それぞれ同表の下欄に掲げるとおり行うものとする。

区分	空中線電力
一〜五（省　略）	（省　略）
六 その他の無線局	当該無線局が送信に際して使用できる最大の値の空中線電力

（工事落成期限の延長）

第十一条　法第八条第二項の規定により工事落成の期限の延長を求めようとするときは、次に掲げる事項を記載した申請書にその写し二通を添えて総務大臣又は総合通信局長に提出して行うものとする。

一 無線局の予備免許を受けた者の氏名又は名称及び住所並びに法人にあつては、その代表者の氏名

二 無線局の種別及び局数
三 識別信号
四 予備免許の年月日及び予備免許通知書（第十条の規定により通知する文書をいう。以下同じ。）の番号
五 工事落成の期限
六 希望する延長期限及び延長する理由
2 前項の申請書の様式は、別表第三号のとおりとする。
3 第八条第一項ただし書及び第二項の規定は、第一項の規定により申請を行う場合に準用する。
4 総務大臣又は総合通信局長は、第一項の申請があつた場合において、工事落成の期限を延長することが相当と認めるときは、申請者に対しその旨を通知する。

（工事設計等の変更の申請及び届出）

第十二条 次の各号に該当する場合は、申請書又は届出書に第四条第二項の表の上欄に掲げる無線局の区分に従い、同表の下欄に掲げる無線局事項書又は工事設計書を添えて総務大臣又は総合通信局長に提出して行うものとする。
一 法第九条第一項の規定により工事設計変更の許可を受けようとする場合
二 法第九条第二項の規定により工事設計変更の届出をしようとする場合
三 法第九条第四項の規定により無線局の目的、通信の相手方、通信事項、放送事項、放送区域、無線設備又は基幹放送の業務に用いられる電気通信設備の設置場所の変更の許可を受けようとする場合
四 （省 略）
五 法第八条の予備免許を受けた者が法第十九条の指定の変更の申請をしようとする場合
2 前項の申請書又は届出書の様式は、別表第四号のとおりとする。ただし、アマチュア局（人工衛星等のアマチュア局を除く。）にあつては、第二十条の十三に定める様式によることができる。
3 （省 略）
4 第八条の規定は、第一項及び前項の規定による申請又は届出を行う場合に準用する。
5 総務大臣又は総合通信局長は、第一項第一号の申請があつた場合において、法第九条第三項の規定に合致し、又は第一項第三号若しくは第五号の申請による変更が相当と認めるときは、申請者に対し変更を許可する旨又は指定の変更をする旨を通知する。

（工事の落成届）

第十三条 法第十条の規定による工事の落成の届出は、次に掲げる事項（第六号に掲げる事項にあつては、希望する場合に限る。）を記載した届出書を総務大臣又は総合通信局長に提出して行うものとする。
一 無線局の予備免許を受けた者の氏名又は名称及び住所並びに法人にあつては、その代表者の氏名
二 無線局の種別及び局数
三 識別信号
四 予備免許の年月日及び予備免許通知書の番号
五 工事落成の年月日
六 検査を希望する日（法第十条第二項に基づき検査の一部を省略する場合を除く。）
2 前項の届出書の様式は、別表第三号の二のとおりとする。
3 法第十条第二項で定める書類は、第一項の届出書に添えて提出しなければならない。

（拒否の通知）

第十四条 申請を審査した結果により又は工事の落成の届出がないことにより若しくは落成後の検査を行つた結果により免許を拒否したときは、申請者に対してその旨を理由を記載した文書をもつて通知する。
2 前項の規定は、無線局の免許に係るその他の申請の場合に準用する。

第一節の二 無線局の簡易な免許手続

（記載事項の省略）

第十五条 次に掲げる無線局の免許を申請しようとするときは、法第六条に

規定する記載事項のうち、次の区分に従い、それぞれ下記の事項の記載を省略することができる。

一～四　（省　略）

五　アマチュア局（人工衛星等のアマチュア局を除く。）　開設を必要とする理由、通信の相手方、希望する運用許容時間及び運用開始の予定期日

六～九　（省　略）

2～4　（省　略）

（工事設計書の記載の省略）

第十五条の二　現に免許を受けている無線局を廃止し、当該無線局の無線設備の全部をそのまま継続使用して他の無線局を開設しようとする場合であつて、開設しようとする無線局が次の表の条件に適合する無線局又は総務大臣が特に支障がないと認めた無線局であるときは、当該無線局の免許の申請に係る工事設計の内容が現に免許を受けている無線局のものと同一であるときに限り、当該工事設計書にその旨を記載して、その記載を省略することができる。

開設しようとする無線局の区別	条　件
一　船舶を無線設備の設置場所又は常置場所とする無線局	その船舶の主たる停泊港の所在地と現に免許を受けている無線局がある船舶の主たる停泊港の所在地が同一総合通信局の管轄区域内にあること。
二　航空機を無線設備の設置場所又は常置場所とする無線局	その航空機の定置場の所在地と現に免許を受けている無線局がある航空機の定置場の所在地が同一総合通信局の管轄区域内にあること。
三　移動する無線局（一の項及び二の項に掲げるものを除く。）	その無線設備の常置場所（宇宙物体に開設するものにあつては、申請者の住所とする。）と現に免許を受けている無線局の無線設備の常置場所（宇宙物体に開設するものにあつては、免許人の住所とする。）が同一総合通信局の管轄区域内にあること。
四　移動しない無線局	その無線設備の設置場所と現に免許を受けている無線局の無線設備の設置場所が同一であること。

第十五条の二の二　（省　略）

（工事設計書の記載の簡略）

第十五条の三　免許の申請書に添付する工事設計書は、既に免許の申請書が提出された無線局の無線設備の工事設計の内容と工事設計の内容が同一である無線設備を使用する無線局の免許の申請をしようとする場合（航空機局に係る申請の場合にあつては、既に免許の申請書が提出された無線局の無線設備を使用するときに限る。）は、その旨を記載して工事設計の内容が同一である部分（船舶局の場合にあつては、既に免許の申請書が提出された無線局の無線設備を使用するときを除き、添付図面に係る部分に限る。）の記載を省略することができる。ただし、記載を省略しようとする無線局の無線設備の設置場所（船舶又は航空機を無線設備の設置場所又は常置場所とする無線局にあつては当該船舶の主たる停泊港又は当該航空機の定置場の所在地、宇宙物体に開設する無線局にあつては申請者の住所、VSAT地球局にあつてはVSAT制御地球局の無線設備の設置場所、その他の移動する無線局にあつては当該無線局の無線設備の常置場所とする。以下この項において同じ。）を管轄する総合通信局と既に免許の申請書が提出された無線局の無線設備の設置場所を管轄する総合通信局が異なる場合においては、記載を省略する旨、当該無線局の免許の番号等を工事設計書に記載すること

によつて、工事設計の内容が同一である部分の記載を省略することができる。
2　前項の規定は、法第九条第一項又は第二項の規定による工事設計の変更の申請又は届出の場合に準用する。
3　（省　略）
4　免許の申請書に添付する工事設計書は、総務大臣が別に告示する適合表示無線設備を使用する無線局の免許の申請をしようとする場合は、当該設備の技術基準に係る部分の記載を省略することができる。

（適合表示無線設備使用無線局の免許手続の簡略）
第十五条の四　総務大臣又は総合通信局長は、法第七条の規定により適合表示無線設備のみを使用する無線局の免許の申請を審査した結果、その申請が同条第一項各号又は第二項各号に適合していると認めるときは、電波の型式及び周波数、呼出符号（標識符号を含む。以下同じ。）又は呼出名称、空中線電力並びに運用許容時間を指定して、無線局の免許を与える。
2　第八条第二項の規定は、前項の申請につき無線局の免許を与えた場合に準用する。
3　法第八条に規定する予備免許、法第九条に規定する工事設計の変更、法第十条に規定する落成後の検査及び第十一条に規定する免許の拒否の各手続は、第一項の免許については、適用しない。

（遭難自動通報無線局等の免許手続の簡略）
第十五条の五　総務大臣又は総合通信局長は、法第七条の規定により、次に掲げる無線局の免許の申請を検査した結果、その申請が同条第一項各号又は第二項各号に適合していると認めるときは、電波の型式及び周波数、呼出符号又は呼出名称、空中線電力並びに運用許容時間を指定して、無線局の免許を与える。
一　遭難自動通報局であつて、第十五条の三第三項の規定により工事設計書の一部の記載を省略することができるもの
二　アマチュア局（人工衛星等のアマチュア局を除く。）であつて、適合表示無線設備その他の総務大臣が別に告示する無線設備のみを使用するもののうち、当該無線設備の送信機に附属装置（当該送信機の外部入力端子に接続するものであつて、当該接続により当該送信機に係る無線設備の電気的特性（電波の型式に係るものを除く。）に変更を来さないものに限る。）を接続するもの。
三　前二号以外の無線局であつて、総務大臣が別に告示するもの
2　第八条第二項の規定は、前項の申請につき無線局の免許を与えた場合に準用する。
3　法第八条に規定する予備免許、法第九条に規定する工事設計の変更、法第十条に規定する落成後の検査及び法第十一条に規定する免許の拒否の各手続は、第一項の免許については、適用しない。
第十五条の六　（省　略）

第二節　再免許の手続

（再免許の申請）
第十六条　再免許を申請しようとするときは、第三条第一項各号（第三号を除く。）に掲げる事項のほか識別信号、免許の番号及び免許の年月日を記載した申請書を総務大臣又は総合通信局長に提出して行わなければならない。
2　前項の申請書の様式は、別表第一号のとおりとする。ただし、アマチュア局（人工衛星等のアマチュア局を除く。）にあつては、第二十条の十三に定める様式によることができる。

（添附書類等）
第十六条の二　前条の申請書には、次に掲げる事項を記載した書類を添付しなければならない。
一　免許の番号
二　継続開設を必要とする理由（遭難自動通報局を除く。）
三　希望する電波の型式、周波数の範囲及び空中線電力
四　希望する運用許容時間（第十五条第一項の規定により申請書にその記載の省略を受けた無線局を除く。）
五～九　（省　略）
2～6　（省　略）

（添付書類の提出の省略）

第十六条の三　地上一般放送局、簡易無線局、構内無線局、気象援助局、標準周波数局、特別業務の局、固定局、基地局、携帯基地局、無線呼出局、陸上移動中継局、陸上局、船舶局、遭難自動通報局、陸上移動局、航空機局、携帯局、船上通信局、移動局、無線標識局、無線航行移動局、無線標定陸上局、無線標定移動局、無線測位局、特定実験試験局、アマチュア局（人工衛星等のアマチュア局を除く。）、携帯基地地球局、携帯移動地球局及び地球局の再免許を申請しようとする場合であつて、その申請書の添付書類に記載することとなる内容が、現に受けている免許に係る申請書の添付書類の内容（免許の有効期間中に変更があつた場合は、当該変更後のもの）と同一である場合は、前条の規定にかかわらず、第十六条に規定する申請書にその旨を記載して当該申請書に添付する書類の提出を省略することができる。

（工事設計書等の提出の省略等）

第十七条　無線局の再免許の申請をしようとする場合であつて、免許の有効期間中において再免許の申請の時までに当該無線局の無線設備の工事設計の内容に変更がなかつたとき又は当該無線局の無線設備の工事設計の内容に変更があつた場合において第四条第二項の表に掲げる区分に従い全部の事項について記載した工事設計書（船上通信局、特定船舶局、遭難自動通報局及び無線航行移動局については、無線局事項書及び工事設計書）を当該変更の許可の申請若しくは届出に際し提出したときは、第十六条の二の規定により申請書に添付すべき工事設計書の提出（船上通信局、特定船舶局、遭難自動通報局及び無線航行移動局については、工事設計に係る部分の記載）を省略することができる。この場合においては、申請書に添付する無線局事項書（船上通信局、特定船舶局、遭難自動通報局及び無線航行移動局については、無線局事項書及び工事設計書）にその旨を記載しなければならない。

（申請の期間）

第十八条　再免許の申請は、次の各号に掲げる無線局の種別に従い、それぞれ当該各号に掲げる期間に行わなければならない。ただし、免許の有効期間が一年以内である無線局については、その有効期間満了前一箇月までに行うことができる。

一　アマチュア局（人工衛星等のアマチュア局を除く。）　免許の有効期間満了前一箇月以上六箇月を超えない期間

二　特定実験試験局　免許の有効期間満了前一箇月以上三箇月を超えない期間

三　前二号に掲げる無線局以外の無線局　免許の有効期間満了前三箇月以上六箇月を超えない期間

2　前項の規定にかかわらず、再免許の申請が総務大臣が別に告示する無線局に関するものであつて、当該申請を電子申請等により行う場合にあつては、免許の有効期間満了前一箇月以上六箇月を超えない期間に行うことができる。

3　前二項の規定にかかわらず、免許の有効期間満了前一箇月以内に免許を与えられた無線局については、免許を受けた後直ちに再免許の申請を行わなければならない。

（審査及び免許の付与）

第十九条　総務大臣又は総合通信局長は、法第七条の規定により再免許の申請を審査した結果、その申請が同条第一項各号又は第二項各号に適合していると認めるときは、申請者に対し、次に掲げる事項を指定して、無線局の免許を与える。

一　電波の型式及び周波数

二　識別信号

三　空中線電力

四　運用許容時間

2　第八条第二項の規定は、前項の申請につき無線局の免許を与えた場合に準用する。

（省略する手続）

第二十条　法第八条に規定する予備免許、法第九条に規定する工事設計等の変更、法第十条に規定する落成後の検査及び法第十一条に規定する免許の拒否の各手続は、再免許については、適用しない。

第二節の二 免許の継承の手続

第二十条の二～第二十条の三の三 （省　略）

第二節の三 特定無線局の免許手続の特例

第二十条の四～第二十条の十二 （省　略）

第二節の四 アマチュア局の様式の特例

（アマチュア局の様式の特例）

第二十条の十三 次の表の上欄に掲げるアマチュア局（人工衛星等のアマチュア局を除く。以下この条において同じ。）の申請又は届出は、中欄に掲げる申請書又は届出書の様式並びに無線局事項書及び工事設計書の様式の区分に応じ、それぞれ下欄の様式によることができるものとする。

アマチュア局	様式	様式の特例
一 空中線電力五〇ワット以下の適合表示無線設備のみを使用するアマチュア局であつて移動するもの（個人が開設するものに限る。）	別表第一号（無線局の免許申請に限る。）及び別表第二号の三第3	別表第十三号第1
	別表第四号及び別表第二号の三第3	別表第十三号第2
二 アマチュア局	別表第一号（無線局の再免許申請に限る。）	別表第十四号第1
	別表第四号	別表第十四号第2

第三節 免　許　状

（様式等）

第二十一条 法第十四条の免許状の様式は、別表第六号から別表第六号の三までのとおりとする。

2～4 （省　略）

5 第十条の二第四項の規定はアマチュア局（人工衛星等のアマチュア局を除く。）に係る免許状に電波の型式、周波数及び空中線電力を記載する場合に準用する。

6 （省　略）

第二十一条の二 （省　略）

（免許状の訂正）

第二十二条 免許人は、法第二十一条の免許状の訂正を受けようとするときは、次に掲げる事項を記載した申請書を総務大臣又は総合通信局長に提出しなければならない。

一 免許人の氏名又は名称及び住所並びに法人にあつては、その代表者の氏名

二 無線局の種別及び局数

三 識別信号（包括免許に係る特定無線局を除く。）

四 免許の番号又は包括免許の番号

五 訂正を受ける箇所及び訂正を受ける理由

2 前項の申請書の様式は、別表第六号の五のとおりとする。

3 第一項の申請があつた場合において、総務大臣又は総合通信局長は、新たな免許状の交付による訂正を行うことがある。

4 総務大臣又は総合通信局長は、第一項の申請による場合のほか、職権により免許状の訂正を行うことがある。

5 免許人は、新たな免許状の交付を受けたときは、遅滞なく旧免許状を返さなければならない。

（免許状の再交付）

第二十三条　免許人は、免許状を破損し、汚し、失つた等のために免許状の再交付の申請をしようとするときは、次に掲げる事項を記載した申請書を総務大臣又は総合通信局長に提出しなければならない。
一　免許人の氏名又は名称及び住所並びに法人にあつては、その代表者の氏名
二　無線局の種別及び局数
三　識別信号（包括免許に係る特定無線局を除く。）
四　免許の番号又は包括免許の番号
五　再交付を求める理由
2　前項の申請書の様式は、別表第六号の八のとおりとする。
3　前条第五項の規定は、第一項の規定により免許状の再交付を受けた場合に準用する。ただし、免許状を失つた等のためにこれを返すことができない場合は、この限りでない。

第三章　無線局の免許後の手続

第二十三条の二～第二十四条の二　（省　略）

（無線局の廃止の届出）
第二十四条の三　法第二十二条又は法第二十七条の十第一項の規定による無線局の廃止の届出は、当該無線局又は包括免許に係る全ての特定無線局を廃止する前に、次に掲げる事項を記載した文書を総務大臣又は総合通信局長に提出して行うものとする。ただし、災害等により運用が困難となつた無線局又は包括免許に係る全ての特定無線局に係る当該届出は、当該無線局又は特定無線局の廃止後遅滞なく、当該災害等により無線局の運用が困難となつた日に廃止した旨及びその理由並びに次に掲げる事項を記載した届出を総務大臣又は総合通信局長に提出して行うことができる。
一　免許人の氏名又は名称及び住所並びに法人にあつてはその代表者の氏名
二　無線局の種別及び局数
三　識別信号（包括免許に係る特定無線局を除く。）
四　免許の番号又は包括免許の番号
五　廃止する年月日（この項ただし書の規定により提出した場合には、廃止した年月日）
六　識別信号（パーソナル無線及び包括免許に係る特定無線局を除く。）
2　前項ただし書の届出に係る無線局又は特定無線局に係る返納された免許状は、当該無線局又は特定無線局が廃止された日から一月以内に返納されたものとみなす。

第二十四条の四・第二十四条の五　（省　略）

（無線局の変更の申請等）
第二十五条　第十二条の規定は、法第十七条の規定による許可の申請若しくは届出又は法第十九条の規定による指定の変更の申請を行う場合に準用する。
2　（省　略）
3　第十五条の三第一項、第三項及び第四項の規定は、法第十七条の規定による無線設備の変更の工事の許可の申請又は届出を行う場合に準用する。
4　法第十七条第一項の規定により無線設備の設置場所の変更又は無線設備の変更の工事の許可を受けた免許人は、当該変更をしたとき又は当該工事を完了したときは、次に掲げる事項（第七号に掲げる事項にあつては、希望する場合に限る。）を記載した届出書を総務大臣又は総合通信局長に届け出なければならない。
一　免許人の氏名又は名称及び住所並びに法人にあつては、その代表者の氏名
二　無線局の種別及び局数
三　識別信号
四　免許の番号
五　変更の許可の年月日及び変更許可通知書（第一項において準用する第十二条第五項の規定により通知する文書をいう。以下同じ。）の番号
六　設置場所変更の年月日又は工事完了の年月日
七　検査を希望する日（法第十八条第一項ただし書に該当する場合及び同条第二項に基づき検査の一部を省略する場合を除く。）
5　前項の届出書の様式は、別表第三号の二のとおりとする。

6　法第十八条第二項で定める書類は、第四項の届出書に添えて提出しなければならない。
7　（省　略）

第二十五条の二　（省　略）

第二十五条の三　手数料令第四条の規定による手数料は、第二十五条第四項に規定する届出書に当該手数料の額に相当する収入印紙を貼つて納めるものとする。

第四章　特定基地局の開設計画の認定の手続

第二十五条の四～第二十五条の八　（省　略）

第五章　無線局の登録手続

第二十五条の九～第二十五条の三十四　（省　略）

第六章　許可の手続

第一節　高周波利用設備の許可手続

（設置許可の申請）

第二十六条　法第百条第一項の許可の申請は、次の各号に掲げる設備の種別に従い、第一号又は第二号に掲げる設備にあつては通信系統ごとに、第三号から第六号までに掲げる設備にあつては設備の設置場所（移動する設備にあつてはその設備）ごとに行わなければならない。

一　電力線搬送通信設備（施行規則第四十四条第一項第一号に規定する電力線搬送通信設備をいう。以下同じ。）

二～六　（省　略）

2～4　（省　略）

第二十七条～第三十条　（省　略）

第二節　外国の無線局等の運用の許可手続

第三十一条　（省　略）

第七章　無線局の運用の特例に係る手続

第三十一条の二～第三十一条の四　（省　略）

第八章　雑　則

（免許状等の送付に要する費用）

第三十二条　無線局の免許の申請その他法の規定による申請又は届出をする者が、申請又は届出に対する処分に関する書類の送付を希望するときは、当該申請者又は届出をする者は、総務大臣又は総合通信局長に当該書類の送付に要する費用を納めなければならない。この場合において、当該費用は、郵便切手又は民間事業者による信書の送達に関する法律（平成十四年法律第九十九号）第二条第六項に規定する一般信書便事業者若しくは同条第九項に規定する特定信書便事業者による同条第二項に規定する信書便の役務に関する料金の支払いのために使用することができる証票により納めるものとする。

別表第一号 無線局の免許申請書及び再免許申請書の様式（第３条第２項及び第16条第２項関係）（総務大臣又は総合通信局長がこの様式に代わるものとして認めた場合は、それによることができる。）

無線局免許（再免許）申請書

年　　月　　日

総務大臣　殿（注１）

収入印紙貼付欄 （注２）

□電波法第６条の規定により、無線局の免許を受けたいので、無線局免許手続規則第４条に規定する書類を添えて下記のとおり申請します。
□無線局免許手続規則第16条第１項の規定により、無線局の再免許を受けたいので、第16条の２の規定により、別紙の書類を添えて下記のとおり申請します。
□無線局免許手続規則第16条第１項の規定により、無線局の再免許を受けたいので、第16条の３の規定により、添付書類の提出を省略して下記のとおり申請します。
（注３）

記（注４）

1　申請者（注５）

住　所	都道府県－市区町村コード［　　　　　　　　　］
	〒（　　　－　　　）
氏名又は名称及び代表者氏名	フリガナ

2　電波法第５条に規定する欠格事由（注６）

開設しようとする無線局	無線局の種類（法第５条第２項各号）	□該当 □該当しない
外国性の有無	国籍等（同条第１項第１号から第３号まで）	□有　□無
	代表者及び役員の割合（同項第４号）	□有　□無
	議決権の割合（同号）	□有　□無
相対的欠格事由	処分歴等（同条第３項）	□有　□無
一部の基幹放送をする無線局の欠格事由	国籍等（同条第４項第１号）	□有　□無
	処分歴等（同号）	□有　□無
	特定役員（同項第２号）	□有　□無
	議決権の割合（同項第２号及び第３号）	□有　□無
	役員の処分歴（同項第４号）	□有　□無

3　免許又は再免許に関する事項（注７）

①　無線局の種別及び局数	
②　識別信号	
③　免許の番号	
④　免許の年月日	
⑤　希望する免許の有効期間	
⑥　備考	

4　電波利用料（注８）

①　電波利用料の前納（注９）

電波利用料の前納の申出の有無	□有　　　　　□無
電波利用料の前納に係る期間	□無線局の免許の有効期間まで前納します（電波法第13条第２項に規定する無線局を除く。）。 □その他（　　　　年）

②　電波利用料納入告知書送付先（法人の場合に限る。）（注10）

□１の欄と同一のため記載を省略します。

住　所	都道府県－市区町村コード〔　　　　　　　〕
	〒（　　　－　　　）
部署名	フリガナ

5 申請の内容に関する連絡先

所属、氏名	フリガナ
電話番号	
電子メールアドレス	

注１　施行規則第51条の15第１項第１号に掲げる無線局に係る申請をする場合は、同条に規定する所轄総合通信局長に宛てること。

２　収入印紙については、次によること。

(1)　複数の無線局を申請する場合は、３①の欄の記載事項に対応した手数料の内訳を３⑥の欄に記載すること。

（記載例）　10W　１局 ×6,700 円
　　　　　　1W　１局 ×3,500 円
　　　　　　　合　計　10,200 円

(2)　第８条の２の規定により合算した額に相当する収入印紙を貼付する場合は、申請書の余白に当該合算した額の内訳を記載すること。

(3)　収入印紙貼付欄に全部を貼付できない場合は、その欄に別紙に貼付する旨を記載し、日本工業規格A列4番の用紙に貼付すること。

3　該当する□に✓印を付けること。

4　各欄の記載は次の表のとおりとし、記載を要しない記載事項及び記載欄は必要に応じて削除することができる。

区　別	記載する欄	備　考
1　免許の申請の場合	1　2　3（①　②　⑤　⑥）4　5	
2　再免許の申請の場合	1　2　3　4（注）　5	（注）　②にあつては、電波利用料納入告知書送付先に変更がある場合に限る。

5　1の欄は、次によること。

(1)　住所の欄は、日本工業規格JIS X0401及びX0402に規定する都道府県コード及び市区町村コード（以下この別表において「都道府県コード」という。）、郵便番号並びに住所（申請者が法人又は団体の場合は、本店又は主たる事務所の所在地）を記載すること。ただし、都道府県コードが不明の場合は、コードの欄への記載を要しない。また、都道府県コードを記載した場合は、都道府県及び市区町村の記載は要しない。

(2)　申請者が外国人である場合は、住所については、国籍及び日本における居住地を記載すること。

(3)　法人又は団体の場合は、その商号又は名称並びに代表者の役職名及び氏名を記載すること。ただし、申請者が国の機関、地方公共団体、法律により直接に設立された法人又は特別の法律により特別の設立行為をもつて設立された法人の場合は、代表者の氏名の記載を要しない。

(4)　代理人による申請の場合は、申請者に関する必要事項を記載するほか、これに準じて当該代理人に関する必要事項を枠下に記載すること。この場合においては、委任状を添付すること。ただし、包括委任状の番号が通知されている場合は、当該番号を記載することとし、委任状の添付は要しない。

6　2の欄は、次によること。

(1)　法第5条に規定する欠格事由について、該当する□に✓印を付けること。ただし、開設しようとする無線局の種類が法第5条第2項各号のいずれかに該当する場合には、外国性の有無の欄の記載は要しない。基幹放送（受信障害対策中継放送、衛星基幹放送及び移動受信用地上基幹放送を除く。以下この注において同じ。）をする無線局以外の無線局については、一部の基幹放送をする無線局の欠格事由の欄の記載は要しない。また、基幹放送をする無線局については、外国性の有無及び相対的欠格事由の欄の記載は要しない。なお、申請者が個人の場合は、国籍等の欄及び処分歴等の欄に限つて記載すること。

(2)　外国性の有無の欄に記載をした場合は、議決権の数等を証する書類（例：株式分布状況表、株主名簿、有価証券報告書等の議決権の数の状況が分かる資料）を添付すること（衛星基幹放送又は移動受信用地上基幹放送をする無線局を除く。）。

7　3の欄は、次によること。

(1) ①の欄は、第2条第1項に掲げる無線局の種別を記載し、第15条の2の2第1項又は第2項の規定により一括して申請する場合は、無線局の種別ごとの局数を併せて記載すること。この場合において、基幹放送局にあつては、第2条第5項第4号に掲げる基幹放送の種類による区分を付記すること。

(2) ②の欄は、現に免許を受けている無線局に指定されている識別信号を、①の欄の記載事項に対応して記載すること。免許の申請(アマチュア局を除く。)の場合において、希望する識別信号があるときは、その旨を記載すること。

(3) ③の欄及び④の欄は、現に免許を受けている無線局について、①の欄の記載事項に対応して記載すること。

(4) ⑤の欄は、施行規則第9条の規定による免許の有効期間を希望する場合に限り、その期間を記載すること。

(5) ⑥の欄は、次によること。

ア 2の欄が「有」に該当する場合は、その内容について記載すること。

イ 認定開設者が認定計画に従つて開設する特定基地局の申請をする場合は、認定計画の認定の番号及び認定の年月日を記載すること。

ウ 固定局の免許の申請を行う場合であつて、法第102条の2第1項に規定する伝搬障害防止区域の指定を希望する場合は、その旨を記載すること。

エ その他必要な事項がある場合は、その内容について記載すること。

8 法第103条の2第14項本文に該当する場合は、記載を要しない。

9 施行規則第51条の10の6第3項の規定による電波利用料の前納に係る記載は、次によること。

(1) 電波利用料の前納の申出の有無について、該当する□に✓印を付けること。なお、前納の申出をした場合、口座振替により納付することはできない。

(2) 電波利用料の前納に係る期間については、前納を希望する場合に限り記載することとし、該当する□に✓印を付けること。その他に該当する場合は、無線局の免許の有効期間のうち、1年を単位とする期間を記載すること。ただし、法第13条第2項に規定する義務船舶局又は義務航空機局の無線局の免許を受けようとする者は、その他の□に✓印を付け、1年を単位とする期間を記載すること。

10 電波利用料納入告知書について、1の欄と異なる住所にある申請者と同一法人の部署に送付を希望する場合に限り、注5に準じて記載すること。

11 申請に対する処分に係る書類の送付を希望するときは、申請者又は代理人の住所の郵便番号、住所及び氏名を記載し、送付に要する郵便切手又は民間事業者による信書の送達に関する法律(平成14年法律第99号)第2条第6項に規定する一般信書便事業者若しくは同条第9項に規定する特定信書便事業者による同条第2項に規定する信書便の役務に関する料金の支払のために使用することができる証票(以下「郵便切手等」という。)を貼付した返信用封筒を申請書に添付すること。この場合において、封筒は、当該書類を封入し得るもの(書類を折らずに送付することを希望する場合は、相当の大きさのもの)とする。

12 申請書の用紙は、日本工業規格A列4番とし、該当欄に全部を記載することができない場合は、その欄に別紙に記載する旨を記載し、この別表に定める規格の用紙に適宜記載すること。

別表第一号の二～別表第一号の四　（省　略）

別表第二号第１～別表第二号第５　（省　略）

別表第二号の二第１～別表第二号の二第８　（省　略）

別表第二号の三第１～別表第二号の三第２　（省　略）

別表第二号の三第３　アマチュア局の無線局事項書及び工事設計書の様式（第４条、第12条関係）（総合通信局長がこの様式に代わるものとして認めた場合は、それによることができる。）

人工衛星等のアマチュア局のうち、人工衛星に開設するアマチュア局の無線設備を遠隔操作するものについては、別表第二号第２及び別表第二号の二第５の様式のとおりとし、人工衛星に開設するものについては別表第二号第５及び別表第二号の二第８のとおりとする。

1枚目

長辺

無線局事項書及び工事設計書				
1　免許の番号		A第　　　　　号		
2　申請(届出)の区分		□開設　□変更		
3　個人／社団(クラブ)の別		□個人　□社団(クラブ)		
4　住　所		都道府県―市区町村コード　〔　　　　　　　　〕		
		〒(　　　―　　)		
		電話番号(　　　　)　　　―		
		国籍　〔　　　　　　　　〕		
5　氏名又は名称及び代表者氏名		フリガナ		
6　工事落成の予定期日		□予備免許の日から＿＿月目の日 □日付指定：＿＿.＿＿.＿＿		
7　無線従事者免許証の番号				
		□無線従事者免許同時申請	同時申請の資格	
			国家試験受験番号	
			修了証明書の番号	
8　無線局の目的・通信事項		アマチュア業務用・アマチュア業務に関する事項		
9　呼出符号				
10　無線設備の設置場所又は常置場所	住所	都道府県―市区町村コード　〔　　　　　　　　〕		
11　移動範囲		□移動する(陸上、海上及び上空)　　□移動しない		
12　電波の型式並びに希望する周波数及び空中線電力		□指定可能な全ての電波の型式、周波数及び空中線電力		
13　変更する欄の番号		□4・5　□7　□9　□10　□11　□12　□15		
14　備考				
15 工事設計書	第　送信機	変更の種別	□取替　□増設　□撤去　□変更	
		適合表示無線設備の番号		
		発射可能な電波の型式及び周波数の範囲		
		変調方式コード		
		終段管	名称個数	電圧 V
		定格出力(W)		
	第　送信機	変更の種別	□取替　□増設　□撤去　□変更	
		適合表示無線設備の番号		
		発射可能な電波の型式及び周波数の範囲		
		変調方式コード		
		終段管	名称個数	電圧 V
		定格出力(W)		
	送信空中線の型式			
	周波数測定装置の有無	周波数測定装置	□有	□無
		施行規則第11条の3第7号の装置	□有	
	添付図面	□送信機系統図		
	その他の工事設計	□電波法第3章に規定する条件に合致する。		

短　　辺　　　　（日本産業規格A列4番）

注1 各欄の記載は、次の表のとおりとする。

区 別	記 載 す る 欄	備 考
1 免許の申請の場合	2(注) 3 4 5 6 7 10 11 12 14 15	(注) 開設に該当する。
2 法第9条第1項若しくは第2項又は第17条の規定による工事設計の変更又は無線設備の変更の工事の許可の申請又は届出の場合	1(注1) 2(注2) 3 4 5 9 13 15	(注1) 免許後の変更の場合に限る。 (注2) 変更に該当する。
3 法第9条第4項又は第17条第1項の規定による無線設備の設置場所又は移動範囲の変更の申請の場合	1(注1) 2(注2) 3 4 5 9 10 11 13	(注1) 免許後の変更の場合に限る。 (注2) 変更に該当する。
4 法第19条の規定による変更の申請の場合	1(注1) 2(注2) 3 4 5 7(注3) 9(注4) 12(注3) 13 14	(注1) 免許後の変更の場合に限る。 (注2) 変更に該当する。 (注3) この欄の変更の場合に限る。 (注4) この欄の変更をしない場合に限る。
5 施行規則第43条第3項の規定による無線設備の常置場所の変更の届出の場合	1 2(注) 3 4 5 9 10 13	(注) 変更に該当する。

2 1の欄は、現に免許を受けている無線局の免許の番号を記載すること。

3 2の欄は、免許の申請を行う場合又は変更の申請若しくは届出を行う場合の区別により、該当する□に✓印を付けること。

4　3の欄は、個人又は社団（クラブ）の区別により、該当する□に✓印を付けること。
5　4の欄は、次によること。
（1）　日本産業規格JIS X0401及びX0402に規定する都道府県コード及び市区町村コード（以下この別表において「都道府県コード」という。）、郵便番号並びに住所（申請者が社団の場合は主たる事業所の所在地、申請者が外国人である場合は日本における居住地）を記載すること。ただし、都道府県コードが不明の場合は、コードの欄への記載を要しない。また、都道府県コードを記載した場合は、都道府県及び市区町村の記載は要しない。
（2）　申請者が外国人である場合に限り、国籍の欄に当該者の国籍を記載すること。
6　5の欄は、申請者が個人の場合は氏名を、社団の場合はその名称及び代表者の氏名（公益社団法人その他これに準ずるものであつて総務大臣が認めるものの場合は代表者の氏名を除く。）を記載し、それぞれにフリガナを付けること。
7　6の欄は、該当する□に✓印を付け、該当事項を記載すること。ただし、第15条第1項の規定の適用がある無線局、適合表示無線設備のみを使用する無線局又は第15条の5第1項に掲げる無線局の場合は記載を要しない。なお、日付指定の場合は、「H28.12.21」のように記載すること。
8　7の欄は、申請者が保有する無線従事者免許証の番号を記載し、施行規則第34条の8に規定する外国政府の証明書を保有するものについては、その証明書による資格及びその資格の取得国名を記載すること。ただし、申請者が社団（公益社団法人その他これに準ずるものであつて総務大臣が認めるものを除く。）の場合はその代表者の無線従事者免許証の番号を記載すること（当該社団が開設する無線局の最上級の無線従事者資格が代表者以外の者である場合は、14の欄に当該者の氏名及び無線従事者免許証の番号を記載すること。）。

また、無線従事規則第46条に基づく無線従事者の免許又は第50条に基づく免許証再交付の申請と同時に申請する場合(社団の場合を除く。)においては□に✓印を付けるとともに、同時に申請する無線従事者資格及び国家試験受験番号又は養成課程修了証明書の番号を記載すること。この場合において、申請者は、無線従事者免許証の番号の欄について、総合通信局長による補正に同意したものとみなす。
9　9の欄は、現に指定されている呼出符号を記載すること。
10　10の欄は、次によること。
（1）　無線設備の設置場所又は常置場所の欄は、無線設備の設置場所又は常置場所を「何県何市何町○－○－○何内」のように記載すること。ただし、都道府県コードが不明の場合はコードの欄への記載を要しない。また、都道府県コードを記載した場合は、都道府県及び市区町村の記載は要しない。なお、無線設備の設置場所又は常置場所と4の欄の住所が同一の場合は、記載を省略することができる。
（2）　船舶を常置場所とするものにあつては、その船舶が主に停泊する場所の住所、その停泊する港の名称及び船舶名を記載すること。
（3）航空機を常置場所とするものにあつては、その航空機の定置場の住所、定置場の名称及び航空機の登録記号を記載すること。
11　11の欄は、希望する移動範囲について、該当する□に✓印を付けること。
12　12の欄は、指定可能な全ての電波の型式、周波数及び空中線電力を希望するときは、□に✓印を付けること。また、申請者が社団の場合であつて、当該社団が開設する無線局の最上級の無線従事者資格によらず指定を希望する場合は、14の欄に第10条の2の規定に基づく記号を「希望する周波数等の記号 ○○○」のように記載すること。

13 13の欄は、該当する□に✓印を付けること。

14 14の欄は、次によること。

(1) 免許の申請の場合

ア 申請者が現にアマチュア局を開設しているときは、その免許の番号及び呼出符号を記載すること。

イ 申請者が過去にアマチュア局を開設していた場合であつて、そのアマチュア局に指定されていた呼出符号の指定を希望する場合は、その呼出符号を記載すること。ただし、当該アマチュア局の廃止の日又は免許の有効期間満了の日から5年を経過している場合は、その呼出符号が指定されていた旨を証する書面を添付すること。

(2) 遠隔操作を行う場合

遠隔操作を行うこと及びその方法(専用線、リモコン局又はインターネットの利用のいずれかをいう。)を記載するとともに、工事設計として次に掲げる要件に適合することを説明した書類を添付すること。ただし、電波の送信の地点(無線設備の設置場所又は常置場所に限る。)及び無線設備の操作を行う地点のいずれもが免許人が所有又は管理する一の構内である場合であつて、免許人以外の者が無線設備をみだりに取り扱うことのないよう措置するなど無線局の適正な運用の確保について免許人により適切な監督が行われているときは、当該記載及び書類の添付を要しない。

ア 電波の発射の停止を確認することができること。

イ 免許人以外の者がインターネットの利用により、無線設備を操作することができないよう措置しているものであること。

ウ インターネットの利用による運用中は、免許人が常に無線設備を監視及び制御するための具体的措置がなされていること。

(3) 他の無線局の免許人等との間で混信その他の妨害を防止するために必要な措置に関する契約を締結しているときは、その契約の内容を記載すること。ただし、第15条第2項の規定により記載を省略する場合には、その旨及びその契約の内容が同一である無線局の免許の番号を記載すること。

(4) その他参考になる事項がある場合は、その事項を記載すること。

15 15の欄は、次によること。

(1) 2以上の送信機を有する場合は、第1送信機、第2送信機等と表示して各送信機ごとに該当する事項を記載するものとし、全部を記載することができない場合は、その欄に別紙に記載する旨を記載し、この別表に定める規格の用紙に適宜記載すること。

(2) 変更の種別の欄は、変更の申請又は届出の場合に限り、変更する送信機において該当する□に✓印を付けること。

(3) 第15条の2又は第15条の3第1項(同条第2項、第16条の2第6項及び第25条第3項において準用する場合を含む。)の規定により工事設計の全部又は一部を省略する場合は、発射可能な電波の型式及び周波数の範囲の欄にその旨及び第15条の3第1項ただし書の規定による場合は既に申請を提出した総合通信局の名称を記載すること。この場合においては、工事設計の内容が同一である無線局の免許の番号、識別信号等を記載すること。

(4) 第15条の3第1項の規定により工事設計の一部の記載を省略する場合は、該当欄にその旨を記載すること。

(5) 適合表示無線設備の番号の欄は、当該機器が適合表示無線設備である場合には、技術基準適合証明番号又は工事設計認証番号を記載すること。

(6) 第15条の3第4項(第16条の2第6項及び第25条第3項において準用する場合を含む。以下この別表において同じ。)の規定の適用がある無線局の場合は、発射可能な電波の型式及び周波数の範囲の欄、変調方式の欄、終段管の欄及び定格出力の欄の記載を要しない。

(7) 無線設備の機器が、免許の申請の場合において第15条の5第1項第2号に該当するものであるときはその事実を証する書面を添付すること。また、変更の申請又は届出の場合において施行規則別表第1号の3第1の21の項若しくは同表第2の2の項又は別表第2号第1項第1号に該当するものであるときは、その事実を証する書面を添付すること。

(8) 工事設計の変更又は無線設備の変更の工事の許可の申請又は届出をするときは、変更に係る部分について当該変更後の事項を記載すること。

(9) 変調方式コードの欄は、無線局種別等コード表により該当するコードを記載すること。ただし、無線電信の場合は記載を要しない。

(10) 終段管の欄は、終段部の真空管(半導体を含む。)の名称及び個数並びに終段陽極(これに該当するものを含む。)の電圧を記載すること。

(11) 定格出力の欄は、当該送信機の出力端子における出力規格の値を記載すること。

(12) 送信空中線の型式の欄は、移動する無線局の場合は記載を要しない。

(13) 周波数測定装置(施行規則第11条の3第7号の装置を含む。)について記載するものとし、該当する□に✓印を付けること。ただし、26.175MHzを超える周波数の電波のみを使用する送信機の場合又は空中線電力が10W以下の送信機のみの場合は、記載を要しない。

(14) 送信機系統図として、半導体、真空管又は集積回路の名称及び用途並びに発振周波数から発射電波の周波数を合成する方法を記載したものを、この別表に定める規格の用紙を用いて提出するものとし、□に✓印を付けること。また、附属装置がある場合は、その諸元及び送信機との関係を記載すること。

ただし、第15条の3第4項の規定の適用がある無線局の場合は、送信機系統図の提出を要しない。

また、送信機に接続する附属装置(当該送信機の外部入力端子に接続するものであつて、当該接続により当該送信機に係る無線設備の電気的特性(電波の型式に係るものを除く。)に変更を来さないものに限る。)は、□に✓印を付けることを要さず、送信機系統図(附属装置の諸元を含む。)の提出を要しない。

(15) その他の工事設計の欄は、この別表の記載事項以外の工事設計について、法第3章に規定する条件に合致している場合は、□に✓印を付けること。

別表第二号の四〜別表第二号の五 (省　略)

別表第三号 (省　略)

別表第三号の二 工事落成、設置場所変更又は変更工事完了に係る届出書の様式（第13条第2項及び第25条第5項関係）（総務大臣又は総合通信局長がこの様式に代わるものとして認めた場合は、それによることができる。）

工事落成等届出書

年 月 日

総務大臣 殿（注1）

収入印紙貼付欄 （注２）

□電波法第10条の規定により、工事が落成したので、下記のとおり届け出ます。
□無線局免許手続規則第25条第4項の規定により、無線設備の設置場所を変更したので、下記のとおり届け出ます。
□無線局免許手続規則第25条第4項の規定により、無線設備の変更の工事が完了したので、下記のとおり届け出ます。
（注3）

記

1 届出者（注4）

住 所	都道府県－市町村コード［ ］
	〒（ － ）
氏名又は名称及び代表者氏名	フリガナ

2 工事落成、設置場所変更又は変更工事完了に係る事項（注5）

① 無線局の種別及び局数	
② 識別信号	
③ 免許の番号	
④ 予備免許の年月日及び予備免許通知書の番号又は変更の許可の年月日及び変更許可通知書の番号	
⑤ 工事落成の年月日、設置場所変更の年月日又は変更工事完了の年月日	
⑥ 検査を希望する日	

3　届出の内容に関する連絡先

所属、氏名	フリガナ
電話番号	
電子メールアドレス	

注1　施行規則第51条の15第1項第1号に掲げる無線局に係る届出をする場合は、同条に規定する所轄総合通信局長に宛てること。

2　収入印紙については、収入印紙貼付欄に全部を貼付できない場合は、その欄に別紙に貼付する旨を記載し、日本工業規格A列4番の用紙に貼付すること。

3　該当する□に✓印を付けること。

4　1の欄は、次によること。

(1) 住所の欄は、日本工業規格JIS X0401及びX0402に規定する都道府県コード及び市区町村コード（以下この別表において「都道府県コード」という。）、郵便番号並びに住所（届出者が法人又は団体の場合は、本店又は主たる事務所の所在地）を記載すること。ただし、都道府県コードが不明の場合は、コードの欄への記載を要しない。また、都道府県コードを記載した場合は、都道府県及び市区町村の記載は要しない。

(2) 届出者が外国人である場合は、住所の欄については、国籍及び日本における居住地を記載すること。

(3) 法人又は団体の場合は、その商号又は名称並びに代表者の役職名及び氏名を記載すること。ただし、届出者が国の機関、地方公共団体、法律により直接に設立された法人又は特別の法律により特別の設立行為をもつて設立された法人の場合は、代表者の氏名の記載を要しない。

(4) 代理人による届出の場合は、届出者に関する必要事項を記載するほか、これに準じて当該代理人に関する必要事項を枠下に記載すること。この場合においては、委任状を添付すること。ただし、包括委任状の番号が通知されている場合は、当該番号を記載することとし、委任状の添付は要しない。

5　2の欄は、次によること。

(1) ①の欄は、第2条第1項に掲げる無線局の種別を記載し、複数の無線局について一括して届出を行う場合は、無線局の種別ごとの局数を併せて記載すること。この場合において、基幹放送局にあつては、第2条第5項第4号に掲げる基幹放送の種類による区分を付記すること。

(2) ②の欄は、届出に係る無線局に指定されている識別信号を記載すること。

(3) ③の欄は、設置場所変更の届出又は変更工事完了の届出の場合に限り、現に免許を受けている無線局の免許の番号を記載すること。

(4) ④の欄は、工事落成の届出の場合は予備免許の年月日及び予備免許通知書の番号を記載し、設置場所変更の届出又は変更工事完了の届出の場合は変更の許可の年月日及び変更許可通知書の番号を記載すること。なお、年月日は、「H28. 12. 21」のように記載すること。

(5) ⑤の欄は、工事落成の届出の場合は工事が落成した年月日を記載し、設置場所変更の届出の場合は無線設備の設置場所を変更した年月日を記載し、変更工事完了の届出の場合は無線設備の変更の工事が完了した年月日を記載すること。なお、年月日は、「H28. 12. 21」のように記載すること。

(6) ⑥の欄は、総務大臣が職員を派遣して検査を行う場合であつて、検査を希望する日がある場合に限り、当該希望する日を記載すること。なお、年月日は、「H28. 12. 21」のように記載すること。

6 届出書の用紙は、日本工業規格 A 列 4 番とし、該当欄に全部を記載することができない場合は、その欄に別紙に記載する旨を記載し、この別表に定める規格の用紙に適宜記載すること。

別表第三号の三～別表第三号の五 (省 略)

別表第四号 無線局の変更等申請書及び変更届出書の様式(第 12 条第 2 項及び第 25 条第 1 項関係)(総務大臣又は総合通信局長がこの様式に代わるものとして認めた場合は、それによることができる。)

無線局変更等申請書及び届出書

年 月 日

総務大臣 殿(注 1)

□電波法第 9 条第 1 項又は第 4 項の規定により、無線局の工事設計等の変更の許可を受けたいので、無線局免許手続規則第 12 条第 1 項に規定する書類を添えて下記のとおり申請します。

□電波法第 9 条第 2 項又は第 5 項の規定により、無線局の工事設計等を変更したので、無線局免許手続規則第 12 条第 1 項に規定する書類を添えて下記のとおり届け出ます。

□電波法第 17 条第 1 項の規定により、無線局の変更等の許可を受けたいので、無線局免許手続規則第 25 条第 1 項において準用する第 12 条第 1 項に規定する書類を添えて下記のとおり申請します。

□電波法第 17 条第 2 項又は第 3 項の規定により、許可を要しない無線設備の軽微な変更工事をしたので、無線局免許手続規則第 25 条第 1 項において準用する第 12 条第 1 項に規定する書類を添えて下記のとおり届け出ます。

□電波法第 19 条の規定により、無線局の周波数等の指定の変更を受けたいので、無線局免許手続規則第 25 条第 1 項において準用する第 12 条第 1 項に規定する書類を添えて下記のとおり申請します。

(注 2)

記

1 申請(届出)者(注 3)

住 所	都道府県－市区町村コード[ ]
	〒(－)
氏名又は名称及び代表者氏名	フリガナ

2　変更の対象となる無線局に関する事項（注4）

①　無線局の種別及び局数	
②　識別信号	
③　免許の番号	
④　備考	

3　申請（届出）の内容に関する連絡先

所属、氏名	フリガナ
電話番号	
電子メールアドレス	

注1　施行規則第51条の15第1項第1号又は第2号に掲げる無線局に係る変更の申請又は届出をする場合は、同条に規定する所轄総合通信局長に宛てること。

2　該当する□に✓印を付けること。

3　1の欄は、次によること。

(1) 住所の欄は、日本工業規格JIS X0401及びX0402に規定する都道府県コード及び市区町村コード（以下この別表において「都道府県コード」という。）、郵便番号並びに住所（申請（届出）者が法人又は団体の場合は、本店又は主たる事務所の所在地）を記載すること。ただし、都道府県コードが不明の場合は、コードの欄への記載を要しない。また、都道府県コードを記載した場合は、都道府県及び市区町村の記載は要しない。

(2) 申請（届出）者が外国人である場合は、住所の欄については、国籍及び日本における居住地を記載すること。

(3) 法人又は団体の場合は、その商号又は名称並びに代表者の役職名及び氏名を記載すること。ただし、申請（届出）者が国の機関、地方公共団体、法律により直接に設立された法人又は特別の法律により特別の設立行為をもって設立された法人の場合は、代表者の氏名の記載を要しない。

(4) 代理人による申請（届出）の場合は、申請（届出）者に関する必要事項を記載するほか、これに準じて当該代理人に関する必要事項を枠下に記載すること。この場合においては、委任状を添付すること。ただし、包括委任状の番号が通知されている場合は、当該番号を記載することとし、委任状の添付は要しない。

4　2の欄は、次によること。

(1)　①の欄は、第2条第1項に掲げる無線局の種別を記載し、第25条第7項において準用する第15条の2の2第1項又は第2項の規定により一括して申請（届出）する場合は、無線局の種別ごとの局数を併せて記載すること。この場合において、基幹放送局にあつては、第2条第5項第4号に掲げる基幹放送の種類による区分を付記すること。

(2)　②の欄は、現に予備免許又は免許を受けている無線局に指定されている識別信号（識別信号の指定の変更の申請の場合にあっては、希望する識別信号）を記載すること。

(3)　③の欄は、現に免許を受けている無線局の免許の番号（予備免許を受けているものにあつては、予備免許通知書の番号）を記載すること。

(4)　④の欄の記載は、次のよること。

ア　認定開設者が認定計画に従つて開設する特定基地局の申請（届出）をする場合は、認定計画の認定の番号及び認定の年月日を記載すること。なお、年月日は、「H28. 12. 21」のように記載すること。

イ　2以上の無線局について1の免許状の交付を受けている場合に当該無線局の一部について変更するときは、免許状に記載された免許番号の範囲を記載すること。

ウ　その他必要な事項がある場合は、その内容について記載すること。

5　申請に対する処分に係る書類の送付を希望するときは、申請者又は代理人の住所の郵便番号、住所及び氏名を記載し、送付に要する郵便切手等を貼付した返信用封筒を申請書に添付すること。この場合において、封筒は、当該書類を封入し得るもの（書類を折らずに送付することを希望する場合は、相当の大きさのもの）とする。

6　申請（届出）書の用紙は、日本工業規格A列4番とし、該当欄に全部を記載することができない場合は、その欄に別紙に記載する旨を記載し、この別表に定める規格の用紙に適宜記載すること。

別表第四号の二〜別表第四号の三　（省　略）

別表第五号〜別表第五号の三　（省　略）

別表第六号の三 アマチュア局に交付する免許状の様式（第21条第1項関係）

第1 人工衛星等のアマチュア局及び法第五条第1項各号に掲げる者が開設するアマチュア局以外のアマチュア局

無線局免許状

		免許の番号		識別信号	
氏名又は名称					
免許人の住所					
無線局の種別		無線局の目的		運用許容時間	
免許の年月日		免許の有効期間			
通信事項				通信の相手方	
移動範囲					
無線設備の設置／常置場所					
電波の型式、周波数及び空中線電力					
備考					

法律に別段の定めがある場合を除くほか、この無線局の無線設備を使用し、特定の相手方に対して行われる無線通信を傍受してその存在若しくは内容を漏らし、又はこれを窃用してはならない。

年　月　日

（何）総合通信局長（注）　印

短辺

長辺

（日本産業規格A列5番）

注 沖縄県の区域においては、沖縄総合通信事務所長とする。

第2 人工衛星等のアマチユア局及び法第五条第1項各号に掲げる者が開設するアマチュア局

別表第六号の二の様式とし、法第五条第1項各号に掲げる者が開設するアマチュア局については、全ての事項を英語で併記する。

別表第六号・別表第六号の二及び別表第六号の四～別表第十二号 （省　略）

別表第十三号第１ アマチュア局（空中線電力が 50W 以下の適合表示無線設備のみを使用するものであつて移動するもの（個人が開設するものに限る。））の無線局免許申請書並びに無線局事項書及び工事設計書の様式（第 20 条の 13 関係）（総合通信局長がこの様式に代わるものとして認めた場合は、それによることができる。）

アマチュア局免許申請書並びに無線局事項書及び工事設計書(特例様式)

年　　月　　日

(何)総合通信局長(注1)殿

収入印紙をはるところ (この欄にはりきれないときは、別紙にはると書いて、日本産業規格A列4番の用紙にはってください。) (必要額を超えて収入印紙をはっている場合は、申請書の余白に「過納承諾　氏名」のように記入してください。)

アマチュア無線を　はじめたいので　申請します。
(電波法第6条の規定により、無線局の免許を受けたいので、無線局免許手続規則第4条に規定する書類を添えて下記のとおり申請します。)

記

1　申請者(注2)

住　所	〒(　　　—　　　)
	国籍(外国人のみ記載)〔　　　　　　〕
氏　名	フリガナ

2　電波法第5条に規定する欠格事由(注3)

電波法又は放送法に基づく処分歴等(同条第3項)	□有　　□無

3　免許に関する事項(注4)

①　無線局の種別及び局数	アマチュア局　1局
②　希望する免許の有効期間	□5年 □　　年　　月　　日まで(5年未満の希望する日)
③　備考	

4　電波利用料の前納(2年目以降の前払)(注5)

①　電波利用料の前納の申出の有無	□有　　　□無(毎年納付)
②　電波利用料の前納に係る期間	□無線局の免許の有効期間まで前納します(5年分納付)。 □3年(4年分納付)　□2年(3年分納付) □1年(2年分納付)

5 申請の内容に関する連絡先

氏　名	フリガナ □上記1と同じ
電話番号	
電子メールアドレス	

無線局事項書及び工事設計書（注6）

6 免許の番号		※記載不要　A第　　号		
7 申請（届出）の区分		開設		
8 住所及び氏名		上記1と同じ		
9 無線従事者免許証の番号				
		□無線従事者免許同時申請	同時申請の資格	
			国家試験受験番号	
			修了証明書の番号	
10 無線局の目的・通信事項		アマチュア業務用・アマチュア業務に関する事項		
11 呼出符号		※記載不要		
12 無線設備の常置場所	住所	□上記1及び8の住所と同じ		
13 移動範囲		移動する（陸上、海上及び上空）		
14 電波の型式並びに希望する周波数及び空中線電力		□指定可能な全ての電波の型式、周波数及び空中線電力		
15 備　考				

16 工事設計書	第　　送信機	適合表示無線設備の番号	
	第　　送信機	適合表示無線設備の番号	
	第　　送信機	適合表示無線設備の番号	
	第　　送信機	適合表示無線設備の番号	
	第　　送信機	適合表示無線設備の番号	
	その他の工事設計	□電波法第3章に規定する条件に合致する。	

備考　この様式は、次の全てに当てはまるアマチュア局に限り使用することができる。
（1）　空中線電力が50W以下の無線設備を使用するもの
（2）　適合表示無線設備のみを使用するもの

(3) 移動するもの
(4) 個人が開設するもの
(5) 人工衛星等のアマチュア局でないもの

注1 所轄総合通信局長を記載すること。なお、沖縄県の区域においては、沖縄総合通信事務所長とする。

2 1の欄は、次によること。

(1) 住所の欄は、郵便番号及び住所を記載すること。

(2) 申請者が外国人である場合は、住所の欄に日本における居住地を記載すること。また、国籍の欄に当該者の国籍を記載すること。

(3) 代理人による申請の場合は、申請者に関する必要事項を記載するほか、これに準じて当該代理人に関する必要事項を枠下に記載すること。この場合においては、委任状を添付すること。ただし、包括委任状の番号が通知されている場合は、当該番号を記載することとし、委任状の添付は要しない。

3 2の欄は、法第5条第3項に規定する欠格事由（電波法又は放送法に基づく処分歴等）の有無について、該当する□に✓印を付けること。

4 3の欄は、次によること。

(1) ②の欄は、該当する□に✓印を付けること。5年未満の免許の有効期間を希望する場合は、その期間を記載すること。

(2) ③の欄は、次によること。

ア 2の欄が「有」に該当する場合は、その内容について記載すること。

イ その他必要な事項がある場合は、その内容について記載すること。

5 4の欄は、施行規則第51条の10の6第3項の規定による電波利用料の前納について、次により記載すること。

(1) ①の欄は、電波利用料の前納の申出の有無について、該当する□に✓印を付けること。なお、前納の申出をした場合、口座振替により納付することはできない。

(2) ②の欄は、①の欄が「有」に該当する場合は、電波利用料の前納に係る期間について記載することとし、無線局の免許の有効期間のうち該当する□に✓印を付けること。

6 無線局事項書及び工事設計書に係る記載は、次によること。

(1) 9の欄は、申請者が保有する無線従事者免許証の番号を記載し、施行規則第34条の8に規定する外国政府の証明書を保有するものについては、その証明書による資格及びその資格の取得国名を記載すること。ただし、無線従事者規則第46条に基づく無線従事者の免許の申請又は第50条に基づく免許証再交付の申請と同時に申請する場合は、□に✓印を付けるとともに、同時に申請する無線従事者資格及び国家試験受験番号又は養成課程修了証明書の番号を記載すること。この場合において、申請者は、無線従事者免許証の番号の欄について、総合通信局長による補正に同意したものとみなす。

(2) 12の欄は、次によること。

ア 無線設備の常置場所の欄は、無線設備の常置場所を「何県何市何町○－○－○何内」のように記載すること。なお、無線設備の常置場所と1及び8の欄の住所が同一の場合は、□に✓印を付けることにより記載を省略することができる。

イ 船舶を常置場所とするものにあつては、その船舶が主に停泊する場所の住所、その停泊する港の名称及び船舶名を記載すること。

ウ　航空機を常置場所とするものにあつては、その航空機の定置場の住所、定置場の名称及び航空機の登録記号を記載すること。

(3)　14の欄は、指定可能な全ての電波の型式、周波数及び空中線電力を希望するときは、□に✓印を付けること。

(4)　15の欄は、次によること。

ア　申請者が現にアマチュア局を開設しているときは、その免許の番号及び呼出符号を記載すること。

イ　申請者が過去にアマチュア局を開設していた場合であつて、そのアマチュア局に指定されていた呼出符号の指定を希望する場合は、その呼出符号を記載すること。ただし、当該アマチュア局の廃止の日又は免許の有効期間満了の日から5年を経過している場合は、その呼出符号が指定されていた旨を証する書面を添付すること。

ウ　遠隔操作を行う場合は、遠隔操作を行うこと及びその方法（専用線、リモコン局又はインターネットの利用のいずれかをいう。）を記載するとともに、工事設計として次に掲げる要件に適合することを説明した書類を添付すること。ただし、電波の送信の地点（無線設備の設置場所又は常置場所に限る。）及び無線設備の操作を行う地点のいずれもが免許人が所有又は管理する一の構内である場合であつて、免許人以外の者が無線設備をみだりに取り扱うことのないよう措置するなど無線局の適正な運用の確保について免許人により適切な監督が行われているときは、当該記載及び書類の添付を要しない。

a　電波の発射の停止を確認することができること。

b　免許人以外の者がインターネットの利用により、無線設備を操作することができないように措置しているものであること。

c　インターネットの利用による運用中は、免許人が常に無線設備を監視及び制御するための具体的措置がなされていること。

エ　他の無線局の免許人等との間で混信その他の妨害を防止するために必要な措置に関する契約を締結しているときは、その契約の内容を記載すること。ただし、第15条第2項の規定により記載を省略する場合には、その旨及びその契約の内容が同一である無線局の免許の番号を記載すること。

オ　周波数測定装置を備え付けている場合は、その旨を記載すること。ただし、26.175MHzを超える周波数の電波のみを使用する送信機の場合又は空中線電力が10W以下の送信機のみの場合は、記載を要しない。また、施行規則第11条の3第7号の装置を備え付けていない場合は、その旨を記載すること。

カ　その他参考になる事項がある場合は、その事項を記載すること。

(5)　16の欄は、次によること。

ア　2以上の送信機を有する場合は、第1送信機、第2送信機と表示して送信機ごとに、その適合表示無線設備の番号の欄に技術基準適合証明番号又は工事設計認証番号を記載すること。

イ　その他の工事設計の欄は、この無線局事項書及び工事設計書の記載事項以外の工事設計について、法第3章に規定する条件に合致している場合は、□に✓印を付けること。

7　無線局免許状等の申請に対する処分に係る書類の送付を希望するときは、申請者又は代理人の住所の郵便番号、住所及び氏名を記載し、送付に要する郵便切手等を貼付した返信用封筒を申請書に添付すること。この場合において、封筒は、当該書類を封入し得るもの（書類を折らずに送付することを希望する場合は、相当の大きさのもの）とする。

8　申請書並びに無線局事項書及び工事設計書の用紙は、日本産業規格Ａ列４番とし、該当欄に全部を記載することができない場合は、その欄に別紙に記載する旨を記載し、この別表に定める規格の用紙に適宜記載すること。

別表第十三号第２　アマチュア局（空中線電力が50W以下の適合表示無線設備のみを使用するものであつて移動するもの（個人が開設するものに限る。））の無線局変更等申請書及び届出書並びに無線局事項書及び工事設計書の様式（第20条の13関係）（総合通信局長がこの様式に代わるものとして認めた場合は、それによることができる。）

アマチュア局変更等申請書及び届出書並びに無線局事項書及び工事設計書（特例様式）

年　月　日

（何）総合通信局長（注1）殿

以下のことについて、アマチュア局の変更の許可を受けたい（変更した）ので、下記のとおり申請（届出）します。

（申請（届出）にあたり、無線局免許手続規則第12条第1項（第25条第1項において準用する場合を含む。）に規定する書類を添えます。）

□無線設備の増設・取替・撤去（電波法第17条）

□電波の型式並びに周波数及び空中線電力（一括して表示する記号）の変更（電波法第19条）（無線従事者免許証の番号の変更を伴う場合を含む。）

□免許人住所の変更（電波法第21条）

□無線設備の常置場所の変更（施行規則第43条）

□呼出符号の変更（電波法第19条）

□その他の変更（　　　　　　）

（注2）

記

1　申請（届出）者（注3）

住　所	〒（　　－　　）
	国籍（外国人のみ記載）〔　　〕
氏　名	フリガナ

2　変更の対象となる無線局に関する事項（注4）

①　無線局の種別及び局数	アマチュア局　1局
②　呼出符号	
③　免許の番号	A第　　　号
④　備考	

3　申請（届出）の内容に関する連絡先

氏　名	フリガナ
	□上記1と同じ
電話番号	

電子メールアドレス	

無線局事項書及び工事設計書(注5)

<table>
<tr><td colspan="3">4 免許の番号</td><td colspan="6">上記2③と同じ</td></tr>
<tr><td colspan="3">5 申請(届出)の区分</td><td colspan="6">変更</td></tr>
<tr><td colspan="3">6 住所及び氏名</td><td colspan="6">上記1と同じ</td></tr>
<tr><td colspan="3" rowspan="4">7 無線従事者免許証の番号</td><td colspan="6"></td></tr>
<tr><td rowspan="3">□無線従事者免許同時申請</td><td colspan="5">同時申請の資格</td></tr>
<tr><td colspan="5">国家試験受験番号</td></tr>
<tr><td colspan="5">修了証明書の番号</td></tr>
<tr><td colspan="3">8 無線局の目的・通信事項</td><td colspan="6">アマチュア業務用・アマチュア業務に関する事項</td></tr>
<tr><td colspan="3">9 呼出符号</td><td colspan="6"></td></tr>
<tr><td colspan="2">10 無線設備の常置場所</td><td>住所</td><td colspan="6">□上記1及び6の住所と同じ</td></tr>
<tr><td colspan="3">11 移動範囲</td><td colspan="6">移動する(陸上、海上及び上空)</td></tr>
<tr><td colspan="3">12 電波の型式並びに希望する周波数及び空中線電力</td><td colspan="6">□指定可能な全ての電波の型式、周波数及び空中線電力</td></tr>
<tr><td colspan="3">13 変更する欄の番号</td><td>□6</td><td>□7</td><td>□9</td><td>□10</td><td>□12</td><td>□15</td></tr>
<tr><td colspan="2">14 備 考</td><td colspan="7"></td></tr>
<tr><td rowspan="11">15 工事設計書</td><td rowspan="2">第 送信機</td><td colspan="3">変更の種別</td><td colspan="4">□取替 □増設 □撤去</td></tr>
<tr><td colspan="3">適合表示無線設備の番号</td><td colspan="4"></td></tr>
<tr><td rowspan="2">第 送信機</td><td colspan="3">変更の種別</td><td colspan="4">□取替 □増設 □撤去</td></tr>
<tr><td colspan="3">適合表示無線設備の番号</td><td colspan="4"></td></tr>
<tr><td rowspan="2">第 送信機</td><td colspan="3">変更の種別</td><td colspan="4">□取替 □増設 □撤去</td></tr>
<tr><td colspan="3">適合表示無線設備の番号</td><td colspan="4"></td></tr>
<tr><td rowspan="2">第 送信機</td><td colspan="3">変更の種別</td><td colspan="4">□取替 □増設 □撤去</td></tr>
<tr><td colspan="3">適合表示無線設備の番号</td><td colspan="4"></td></tr>
<tr><td rowspan="2">第 送信機</td><td colspan="3">変更の種別</td><td colspan="4">□取替 □増設 □撤去</td></tr>
<tr><td colspan="3">適合表示無線設備の番号</td><td colspan="4"></td></tr>
<tr><td colspan="3">その他の工事設計</td><td colspan="5">□電波法第3章に規定する条件に合致する。</td></tr>
</table>

備考1 この様式は、次の全てに当てはまるアマチュア局に限り使用することができる。

備考1 この様式は、次の全てに当てはまるアマチュア局に限り使用することができる。

(1) 空中線電力が50W以下の無線設備を使用するもの

(2) 適合表示無線設備のみを使用するもの

(3) 移動するもの

(4) 個人が開設するもの

(5) 人工衛星等のアマチュア局でないもの

2 無線従事者免許証の番号の変更は、無線従事者資格の変更の場合に限る。なお、無線従事者免許証の再交付による番号の変更の場合は、届出を要しない。

注1 所轄総合通信局長を記載すること。なお、沖縄県の区域においては、沖縄総合

通信事務所長とする。

2　該当する□に✓印を付けること。

3　1の欄は、次によること。

(1)　住所の欄は、郵便番号及び住所を記載すること。

(2)　申請（届出）者が外国人である場合は、住所の欄に日本における居住地を記載すること。また、国籍の欄に当該者の国籍を記載すること。

(3)　代理人による申請（届出）の場合は、申請（届出）者に関する必要事項を記載するほか、これに準じて当該代理人に関する必要事項を枠下に記載すること。この場合においては、委任状を添付すること。ただし、包括委任状の番号が通知されている場合は、当該番号を記載することとし、委任状の添付は要しない。

4　2の欄は、次によること。

(1)　②の欄は、現に免許を受けている無線局に指定されている呼出符号を記載すること。

(2)　③の欄は、現に免許を受けている無線局の免許の番号を記載すること。

(3)　④の欄は、その他必要な事項がある場合は、その内容について記載すること。

5　無線局事項書及び工事設計書に係る記載は、次によること。

(1)　4の欄は、現に免許を受けている無線局の免許の番号を記載すること。

(2)　7の欄は、申請者が保有する無線従事者免許証の番号を記載し、施行規則第34条の8に規定する外国政府の証明書を保有するものについては、その証明書による資格及びその資格の取得国名を記載すること。ただし、無線従事者規則第46条に基づく無線従事者の免許の申請又は第50条に基づく免許証再交付の申請と同時に申請する場合は、□に✓印を付けるとともに、同時に申請する無線従事者資格及び国家試験受験番号又は養成課程修了証明書の番号を記載すること。この場合において、申請者は、無線従事者免許証の番号の欄について、総合通信局長による補正に同意したものとみなす。

(3)　10の欄は、次によること。

ア　無線設備の常置場所の欄は、無線設備の常置場所を「何県何市何町○－○－○何内」のように記載すること。なお、無線設備の常置場所と1及び6の欄の住所が同一の場合は、□に✓印を付けることにより記載を省略することができる。

イ　船舶を常置場所とするものにあつては、その船舶が主に停泊する場所の住所、その停泊する港の名称及び船舶名を記載すること。

ウ　航空機を常置場所とするものにあつては、その航空機の定置場の住所、定置場の名称及び航空機の登録記号を記載すること。

(4)　12の欄は、指定可能な全ての電波の型式、周波数及び空中線電力を希望するときは、□に✓印を付けること。

(5)　13の欄は、該当する□に✓印を付けること。

(6)　14の欄は、次によること。

ア　申請者が過去にアマチュア局を開設していた場合であつて、そのアマチュア局に指定されていた呼出符号の指定を希望する場合は、その呼出符号を記載すること。ただし、当該アマチュア局の廃止の日又は免許の有効期間満了の日から5年を経過している場合は、その呼出符号が指定されていた旨を証する書面を添付すること。

イ　遠隔操作を行う場合は、遠隔操作を行うこと及びその方法（専用線、リモコン局又はインターネットの利用のいずれかをいう。）を記載するとともに、工事設計として次に掲げる要件に適合することを説明した書類を添付すること。ただし、電波の送信の地点（無線設備の設置場所又は常置場所に限る。）及び無線設備の操作を行う地点のいずれもが免許人が所有又は管理する一の構内である場合であつて、免許人以外の者が無線設備をみだりに取り扱うことのないよう措置するなど無線局の適正な運用の確保について免許人により適切な監督が行われているときは、当該記載及び書類の添付を要しない。

a　電波の発射の停止を確認することができること。

b　免許人以外の者がインターネットの利用により、無線設備を操作することができないように措置しているものであること。

c　インターネットの利用による運用中は、免許人が常に無線設備を監視及び制御するための具体的措置がなされていること。

ウ　他の無線局の免許人等との間で混信その他の妨害を防止するために必要な措置に関する契約を締結しているときは、その契約の内容を記載すること。ただし、第15条第2項の規定により記載を省略する場合には、その旨及びその契約の内容が同一である無線局の免許の番号を記載すること。

エ　周波数測定装置を備え付けている場合は、その旨を記載すること。ただし、26.175MHzを超える周波数の電波のみを使用する送信機の場合又は空中線電力が10W以下の送信機のみの場合は、記載を要しない。また、施行規則第11条の3第7号の装置を備え付けていない場合は、その旨を記載すること。

オ　その他参考になる事項がある場合は、その事項を記載すること。

(7)　15の欄は、次によること。

ア　2以上の送信機を有する場合は、第1送信機、第2送信機と表示して送信機ごとに該当する事項を記載すること。

イ　変更の種別の欄は、変更する送信機において該当する□に✓印を付けること。

ウ　適合表示無線設備の番号の欄は、技術基準適合証明番号又は工事設計認証番号を記載すること。

エ　変更に係る部分について、当該変更後の事項を記載すること。

オ　その他の工事設計の欄は、この無線局事項書及び工事設計書の記載事項以外の工事設計について、法第3章に規定する条件に合致している場合は、□に✓印を付けること。

6　無線局免許状等の申請（届出）に対する処分に係る書類の送付を希望するときは、申請（届出）者又は代理人の住所の郵便番号、住所及び氏名を記載し、送付に要する郵便切手等を貼付した返信用封筒を申請書に添付すること。この場合において、封筒は、当該書類を封入し得るもの（書類を折らずに送付することを希望する場合は、相当の大きさのもの）とする。

7　申請（届出）書並びに無線局事項書及び工事設計書の用紙は、日本産業規格A列4番とし、該当欄に全部を記載することができない場合は、その欄に別紙に記載する旨を記載し、この別表に定める規格の用紙に適宜記載すること。

別表第十四号第1　アマチュア局の再免許申請書（無線局事項書及び工事設計書の添付

を省略する場合に限る。）の様式（第20条の13関係）（総合通信局長がこの様式に代わるものとして認めた場合は、それによることができる。）

アマチュア局再免許申請書（特例様式）

年　月　日

（何）総合通信局長（注1）殿

収入印紙をはるところ （この欄にはりきれないときは、別紙にはると書いて、日本産業規格A列4番の用紙にはってください。） （必要額を超えて収入印紙をはっている場合は、申請書の余白に「過納承諾　氏名」のように記入してください。）

アマチュア無線を　引き続き　運用したいので　申請します。

（無線局免許手続規則第16条第1項の規定により、無線局の再免許を受けたいので、第16条の3の規定により、添付書類の提出を省略して下記のとおり申請します。）

記

1　申請者（注2）

住　所	〒（　　－　　）
	国籍（外国人のみ記載）〔　　　〕
氏名又は名称及び代表者氏名	フリガナ

2　電波法第5条に規定する欠格事由（注3）

電波法又は放送法に基づく処分歴等（法第5条第3項）	□有　□無

3　免許に関する事項（注4）

①　無線局の種別及び局数	アマチュア局　1局
②　呼出符号	
③　免許の番号	A第　　号
④　免許の年月日	年　月　日
⑤　希望する免許の有効期間	□5年 □　年　月　日まで（5年未満の希望する日）
⑥　備考	

4　電波利用料の前納（2年目以降の前払）（注5）

①　電波利用料の前納の申出の有無	□有　□無（毎年納付）
②　電波利用料の前納に係る期間	□無線局の免許の有効期間まで前納します（5年分納付）。 □3年（4年分納付）　□2年（3年分納付） □1年（2年分納付）

5　申請の内容に関する連絡先

氏　名	フリガナ
	□上記1と同じ
電話番号	
電子メールアドレス	

備考　この様式は、人工衛星局等のアマチュア局でないもの及び無線局事項書及び工事設計書の添付を省略するものに限り使用することができる。

注1　所轄総合通信局長を記載すること。なお、沖縄県の区域においては、沖縄総合通信事務所長とする。

備考 この様式は、人工衛星局等のアマチュア局でないもの及び無線局事項書及び工事設計書の添付を省略するものに限り使用することができる。

注1 所轄総合通信局長を記載すること。なお、沖縄県の区域においては、沖縄総合通信事務所長とする。

2 1の欄は、次によること。

(1) 住所の欄は、郵便番号及び住所を記載すること。

(2) 申請者が外国人である場合は、住所の欄に日本における居住地を記載すること。また、国籍の欄に当該者の国籍を記載すること。

(3) 申請者が個人の場合は氏名を、社団の場合はその名称及び代表者の氏名(公益社団法人その他これに準ずるものであつて総務大臣が認めるものの場合は代表者の氏名を除く。)を記載し、それぞれにフリガナを付けること。

(4) 代理人による申請の場合は、申請者に関する必要事項を記載するほか、これに準じて当該代理人に関する必要事項を枠下に記載すること。この場合においては、委任状を添付すること。ただし、包括委任状の番号が通知されている場合は、当該番号を記載することとし、委任状の添付は要しない。

3 2の欄は、法第5条第3項に規定する欠格事由(電波法又は放送法に基づく処分歴等)の有無について、該当する□に✓印を付けること。

4 3の欄は、次によること。

(1) ⑤の欄は、該当する□に✓印を付けること。5年未満の免許の有効期間を希望する場合は、その期間を記載すること。

(2) ⑥の欄は、次によること。

ア 2の欄が「有」に該当する場合は、その内容について記載すること。

イ その他必要な事項がある場合は、その内容について記載すること。

5 4の欄は、施行規則第51条の10の6第3項の規定による電波利用料の前納について、次により記載すること。

(1) ①の欄は、電波利用料の前納の申出の有無について、該当する□に✓印を付けること。なお、前納の申出をした場合、口座振替により納付することはできない。

(2) ②の欄は、①の欄が「有」に該当する場合は、電波利用料の前納に係る期間について記載することとし、無線局の免許の有効期間のうち該当する□に✓印を付けること。

6 無線局免許状等の申請に対する処分に係る書類の送付を希望するときは、申請者又は代理人の住所の郵便番号、住所及び氏名を記載し、送付に要する郵便切手等を貼付した返信用封筒を申請書に添付すること。この場合において、封筒は、当該書類を封入し得るもの(書類を折らずに送付することを希望する場合は、相当の大きさのもの)とする。

7 申請書の用紙は、日本産業規格A列4番とし、該当欄に全部を記載することができない場合は、その欄に別紙に記載する旨を記載し、この別表に定める規格の用紙に適宜記載すること。

○無線従事者規則

平成二年三月三十一日―郵政省令第十八号
最終改正 令和五年九月二十五日―総務省令第十七号

目 次

第一章 総則（第一条・第二条）
第二章 国家試験
第一節 試験の方法及び科目（第三条―第五条）
第二節 試験の一部免除（第六条―第八条）
第三節 試験の実施（第九条―第十二条）
第四節 学校等の認定（省 略）（第十三条―第十九条）
第三章 養成課程の認定（第二十条―第二十九条）
第三章の二 学校の卒業者に対する免許の要件等（省 略）（第三十条―第三十二条の五）
第四章 資格、業務経歴等による免許の要件等（省 略）（第三十三条―第四十四条）
第五章 免許（第四十五条―第五十二条）
第六章～第九章 （省 略）（第五十三条―第九十六条）
附 則

第一章 総 則

（目 的）

第一条 この規則は、別に定めるものを除くほか、無線従事者及び船舶局無線従事者証明に関し、法の委任に基づく事項及び法の規定を実施するために必要とする事項を定めることを目的とする。

（定 義）

第二条 この規則の規定の解釈に関しては、次の定義に従うものとする。

一 「国家試験」とは、法第四十四条に規定する無線従事者国家試験をいう。
二 「養成課程」とは、法第四十一条第二項第二号に規定する無線従事者の養成課程をいう。
三 「免許」とは、法第四十一条に規定する免許をいう。
四 「証明」とは、法第四十八条の二に規定する船舶局無線従事者証明をいう。
五 「指定講習機関」とは、法第三十九条の二に規定する指定講習機関をいう。
六 「指定試験機関」とは、法第四十六条に規定する指定試験機関をいう。

第二章 国家試験

第一節 試験の方法及び科目

（試験の方法）

第三条 国家試験は、第五条に規定する電気通信術の試験については実地により、その他の試験については筆記の方法又は電子計算機その他の機器を使用する方法によりそれぞれ行う。ただし、総務大臣又は総合通信局長（沖縄総合通信事務所長を含む。以下同じ。）が特に必要と認める場合は、他の方法によることができる。

第四条 削 除

（試験科目）

第五条 国家試験は、次の各号に掲げる無線従事者の資格に応じ、それぞれ当該各号に掲げる試験科目について行う。

一～十九 （省 略）
二十 第一級アマチュア無線技士
イ 無線工学
(1) 無線設備の理論、構造及び機能の概要
(2) 空中線系等の理論、構造及び機能の概要

（3） 無線設備及び空中線系等のための測定機器の理論、構造及び機能の概要
（4） 無線設備及び空中線系並びに無線設備及び空中線系等のための測定機器の保守及び運用の概要
ロ 法規
（1） 電波法及びこれに基づく命令の概要
（2） 通信憲章、通信条約及び無線通信規則の概要

二十一 第二級アマチュア無線技士
イ 無線工学
（1） 無線設備の理論、構造及び機能の基礎
（2） 空中線系等の理論、構造及び機能の基礎
（3） 無線設備及び空中線系等のための測定機器の理論、構造及び機能の基礎
（4） 無線設備及び空中線系並びに無線設備及び空中線系等のための測定機器の保守及び運用の基礎
ロ 法規
（1） 電波法及びこれに基づく命令の概要
（2） 通信憲章、通信条約及び無線通信規則の概要

二十二 第三級アマチュア無線技士
イ 無線工学
（1） 無線設備の理論、構造及び機能の初歩
（2） 空中線系等の理論、構造及び機能の初歩
（3） 無線設備及び空中線系等のための測定機器の理論、構造及び機能の初歩
（4） 無線設備及び空中線系並びに無線設備及び空中線系等のための測定機器の保守及び運用の初歩
ロ 法規
（1） 電波法及びこれに基づく命令の簡略な概要
（2） 通信憲章、通信条約及び無線通信規則の簡略な概要

二十三 第四級アマチュア無線技士
イ 無線工学
（1） 無線設備の理論、構造及び機能の初歩
（2） 空中線系等の理論、構造及び機能の初歩
（3） 無線設備及び空中線系の保守及び運用の初歩
ロ 法規
電波法及びこれに基づく命令の簡略な概要

2 前項各号に掲げる試験科目の試験の出題については、電波法施行令（平成十三年政令第二百四十五号）第三条に定める当該無線従事者の資格を有する者の行い、又はその監督を行うことができる無線設備の操作の範囲を考慮して行うものとする。

第二節 試験の一部免除

（科目合格者等に対する免除）

第六条 1 （省　略）

2 次の表の上欄に掲げる資格の国家試験において電気通信術の試験に合格点を得た者が当該電気通信術の試験の行われた月の翌月の初めから起算して三年以内（総務大臣が天災その他の非常事態により試験が行われなかったことその他特別の事情を考慮して別に告示して指定する者については、当該試験の行われた月の翌月の初めから起算して三年を経過した後において最初に行われる試験の実施日まで）に実施される同表の下欄に掲げる資格の国家試験を受ける場合は、申請により、当該電気通信術の試験を免除する。

電気通信術の試験に合格した資格	受験する資格
第一級総合無線通信士	第一級総合無線通信士 第二級総合無線通信士 第三級総合無線通信士 第一級海上無線通信士

	第二級海上無線通信士 第三級海上無線通信士 航空無線通信士
第二級総合無線通信士	第二級総合無線通信士 第三級総合無線通信士 航空無線通信士
第三級総合無線通信士	第三級総合無線通信士
第一級海上無線通信士、第二級海上無線通信士又は第三級海上無線通信士	（省　略）
航空無線通信士	（省　略）

第七条　（省　略）

（一定の資格を有する者に対する免除）

第八条　一定の無線従事者の資格を有する者が他の資格の国家試験を受ける場合は、申請により、別表第一号の区別に従って、国家試験の一部を免除する。

2・3　（省　略）

第三節　試験の実施

（試験の公示等）

第九条　国家試験を実施する日時、場所その他国家試験の実施に関し必要な事項は、総務大臣、総合通信局長又は指定試験機関があらかじめ公示する。ただし、総務大臣又は総合通信局長において公示する必要がないと認めた場合は、この限りでない。

2　指定試験機関が前項の規定による公示を行うときは、法第四十七条の五において準用する法第三十九条の五に規定する業務規程に定める方法により行わなければならない。

（試験の申請）

第十条　国家試験（指定試験機関がその試験事務を行うものを除く。）を受けようとする者は、別表第四号様式の申請書を総務大臣又は総合通信局長に提出しなければならない。この場合において、第七条の規定による試験の免除を申請する者は、初めて当該免除申請をする際に卒業証明書（学校教育法による専門職大学の前期課程を修了した者にあつては、終了証明書）及び科目履修証明書を、第八条第二項の規定による試験の免除を申請する者は別表第五号様式の経歴証明書をそれぞれ添付しなければならない。

2　指定試験機関がその試験事務を行う国家試験を受けようとする者は、当該指定試験機関が定めるところにより、申請書及び写真を当該指定試験機関に提出しなければならない。

（試験の通知）

第十一条　総務大臣、総合通信局長又は指定試験機関は、前条の申請のあつたときは、申請者に試験科目、日時及び場所を通知する。

（試験結果の通知）

第十二条　総務大臣、総合通信局長又は指定試験機関は、国家試験を受けた者にその試験の結果を無線従事者国家試験結果通知書により通知する。

第四節　学校等の認定

第十三条〜第十九条　（省　略）

第三章　養成課程の認定

（養成課程の対象）

第二十条　法第四十一条第二項第二号の総務省令で定める資格は、次のとおりとする。ただし、学校等の教育課程（一年以上のものに限る。）に無線通信に関する科目を開設して行う養成課程（以下「長期型養成課程」という。）については、第一号から第十二号までに掲げる資格とする。

一〜十二　（省　略）

十三　第二級アマチュア無線技士

十四　第三級アマチュア無線技士

十五　第四級アマチュア無線技士

（認定の基準）

第二十一条　法第四十一条第二項第二号の総務省令で定める認定の基準は、次のとおりとする。

一　次のいずれかに該当する者で、総合通信局長がその養成課程を確実に実施することのできるものと認めるものが実施するものであること。

イ　当該養成課程に係る資格の無線従事者の養成を業務とする者

ロ　その業務のために当該養成課程に係る資格の無線従事者の養成を必要とする者

二　養成課程を実施しようとする者が養成課程の実施に係る業務以外の業務を行っている場合には、その業務を行うことによって養成課程の実施に係る業務が不公正になるおそれがないものであること。

三　総合通信局長がその養成課程の運営を厳正に管理することのできる者と認める管理責任者（養成課程の運営を直接管理する責任者をいう。以下この章において同じ。）を置くものであること。

四　申請者、代表者、管理責任者及び講師等（設問解答、添削指導、質疑応答等による指導のみに従事する者を含む。以下同じ。）が、次の各号のいずれにも該当しないこと。

イ　法に規定する罪を犯して罰金以上の刑に処せられ、その執行を終わり、又はその執行を受けることがなくなった日から二年を経過しない者

ロ　法若しくは法に基づく命令又はこれらに基づく処分に違反して、法第七十六条第一項（法第七十条の七第四項、第七十条の八第三項及び第七十条の九第三項において準用する場合を含む。）又は第七十九条第一項及び第二項の規定による処分を受け、その処分の日から二年を経過していない者

ハ　（省　略）

五　（省　略）

六　養成課程の種別（その養成課程において養成しようとする無線従事者の資格の別をいう。以下同じ。）に応じ、別表第六号に掲げる授業科目及び授業時間（養成を受ける者の能力に鑑み、総合通信局長が特に他の授業時間によることが適当と認めた場合は、その授業時間）を設けるほか、総務大臣が別に告示する実施要領に準拠するものであること。

七　授業形態は同時受講型授業（イからハまでに掲げるものをいう。以下同じ。）又は同時・随時授業型授業（同時受講型授業及び随時受講型授業の組合せによる授業をいう。以下同じ）のいずれかに該当するものであること。

イ　集合形式で講師が対面により行う授業

ロ　電気通信回線を使用して、複数の教室等に対して同時に行う授業

ハ　授業の内容を電気通信回線を通じて送信することにより、当該授業を行う教室等以外の場所に対して同時に行う授業

ニ　電気通信回線を使用して行う授業（ロ及びハに掲げるものを除く。）であって、同時受講型授業に相当する教育効果を有するもの

ホ　電磁的方法（電子的方法、磁気的方法その他の人の知覚によっては認識することができない方法をいう。以下同じ。）による記録に係る記録媒体を使用して行う授業であって、同時受講型授業に相当する教育効果を有するもの

八　養成課程の種別及び担当する授業科目に応じ、別表第七号に掲げる無線従事者の資格を有する者（総合通信局長がこれと同等以上の知識及び技能を有するものと認めるものを含む。）で、その経歴等からみて総合通信局長が適当と認めるものが講師等として授業に従事するものであること。

九　（省　略）

十　電気通信術以外の授業科目の授業においては、標準教科書（当該科目の授業に適するものとして総務大臣が別に告示した教科書。以下同じ。）又はこれと同等以上の内容を有する教科書（電磁的方法により作成されたものにあっては、授業内容の進捗状況を管理する機能を有しているものに限る。以下同じ。）を使用するものであること（総合通信局長が特にその必要がないと認めた場合を除く。）。

十一　その養成課程の終了の際、総務大臣が別に告示するところにより、試験を実施して、当該試験に合格した者に限り、当該養成課程の修了証

明書を発行するものであること。

十二・十三　（省　略）

2・3　（省　略）

第二十二条～第二十九条　（省　略）

第三章の二　学校の卒業者に対する免許の要件等

第三十条～第三十二条の五　（省　略）

第四章　資格、業務経歴等による免許の要件等

第三十三条～第四十三条　（省　略）

第四十四条　削除

第五章　免　許

（免許を与えない者）

第四十五条　法第四十二条の規定により免許を与えない者は、次の各号のいずれかに該当する者とする。

一　法第四十二条第一号又は第二号に掲げる者（総務大臣又は総合通信局長が特に支障がないと認めたものを除く。）

二　視覚、聴覚、音声機能若しくは言語機能又は精神の機能の障害により無線従事者の業務を適正に行うに当たって必要な認知、判断及び意思疎通を適切に行うことができない者

2　前項（第一号を除く。）の規定は、同項第二号に該当する者であって、総務大臣又は総合通信局長がその資格の無線従事者が行う無線設備の操作に支障がないと認める場合は、適用しない。

3　第一項第二号に該当する者（精神の機能の障害により無線従事者の業務を適正に行うに当たって必要な認知、判断及び意思疎通を適切に行うことができない者を除く。）が次に掲げる資格の免許を受けようとするときは、前項の規定にかかわらず、第一項（第一号を除く。）の規定は適用しない。

一　第三級陸上特殊無線技士

二　第一級アマチュア無線技士

三　第二級アマチュア無線技士

四　第三級アマチュア無線技士

五　第四級アマチュア無線技士

（免許の申請）

第四十六条　免許を受けようとする者は、別表第十一号様式の申請書に次に掲げる書類を添えて、総務大臣又は総合通信局長に提出しなければならない。ただし、無線従事者の免許を受けていた者が、当該免許を取り消された後に再免許の申請を行うときは、第一号（その後氏名に変更を生じた場合を除く。）及び第四号から第六号までの書類の添付を要しない。

一　氏名及び生年月日を証する書類

二　医師の診断書（第四十五条第一項第二号に該当する者（同条第三項の規定により同条第一項（第一号を除く。）の規定を適用しない者を除く。）が免許を受けようとする場合であって、総務大臣又は総合通信局長が必要と認めるときに限る。）

三　写真（申請前六月以内に撮影した無帽、正面、上三分身、無背景の縦三〇ミリメートル、横二四ミリメートルのもので、裏面に申請に係る資格及び氏名を記載したものとする。第五十条において同じ。）一枚

四　法第四十一条第二項第二号に規定する認定を受けた養成課程の修了証明書（同号に該当する者が免許を受けようとする場合に限る。）

五・六　（省　略）

七　取消しの処分を受けた資格、免許証の番号及び取消しの年月日を記載した書類（無線従事者の免許を受けていた者が、当該免許を取り消された後に再免許の申請を行う場合に限る。）

2　免許を受けようとする者は、前項ただし書の場合を除き、次の各号のいずれかに該当するときは、前項第一号の書類の添付を要しない。

一　総務大臣が住民基本台帳法（昭和四十二年法律第八十一号）第三十条の

九の規定により、地方公共団体情報システム機構から免許を受けようとする者に係る同条に規定する機構保存本人確認情報（同法第七条第八号の二に規定する個人番号を除く。）の提供を受けるとき。

二　免許を受けようとする者が他の無線従事者免許証の交付を受けており、当該無線従事者免許証の番号を前項の申請書に記載するとき。

三・四（省　略）

（免許証の交付）

第四十七条　総務大臣又は総合通信局長は、免許を与えたときは、別表第十三号様式の免許証を交付する。

2　前項の規定により免許証の交付を受けた者は、無線設備の操作に関する知識及び技術の向上を図るように努めなければならない。

第四十八条・第四十九条　削　除

（免許証の再交付）

第五十条　無線従事者は、氏名に変更を生じたとき又は免許証を汚し、破り、若しくは失ったために免許証の再交付を受けようとするときは、別表第十一号様式の申請書に次に掲げる書類を添えて総務大臣又は総合通信局長に提出しなければならない。

一　免許証（免許証を失った場合を除く。）

二　写真一枚

三　氏名の変更の事実を証する書類（氏名に変更を生じたときに限る。）

（免許証の返納）

第五十一条　無線従事者は、免許の取消しの処分を受けたときは、その処分を受けた日から十日以内にその免許証を総務大臣又は総合通信局長に返納しなければならない。免許証の再交付を受けた後失った免許証を発見したときも同様とする。

2　無線従事者が死亡し、又は失そうの宣告を受けたときは、戸籍法（昭和二十二年法律第二百二十四号）による死亡又は失そう宣告の届出義務者は、遅滞なく、その免許証を総務大臣又は総合通信局長に返納しなければならない。

（無線従事者原簿）

第五十二条　法第四十三条の無線従事者原簿に記載する事項は、次のとおりとする。

一　無線従事者の資格別

二　免許の年月日及び免許証の番号

三　氏名及び生年月日

四　免許証を訂正され、又は再交付された者であるときは、その年月日

五　免許を取り消され、若しくは業務に従事することを停止された者又は法第九章の罪を犯し刑に処せられた者であるときは、その旨並びに理由及び年月日

六　その他総務大臣が必要と認める事項

第六章〜第九章（省　略）

第五十三条・第五十四条（省　略）

第五十五条　削　除

第五十六条〜第九十六条（省　略）

附　則〔平成三十年二月一日 省令第四号〕

（施行期日）

第一条　この省令は、平成三十年三月一日から施行する。

第二条　この省令の施行の際現に免許を受けている無線局については、この省令による改正後の施行規則第三十八条第一項又は第三項の規定にかかわらず、当該無線局の免許の有効期日が満了するまでは、なお従前の例によることができる。

附　則〔平成三十一年三月六日 省令第十四号〕

（施行期日）

この省令は、公布の日から施行する。

別表第四号様式 （第 10 条関係）

第１・第２ （省　略）

第３ 第一級海上特殊無線技士、第二級海上特殊無線技士、第三級海上特殊無線技士、レーダー級海上特殊無線技士、航空特殊無線技士、第一級陸上特殊無線技士、第二級陸上特殊無線技士、第三級陸上特殊無線技士、国内電信級陸上特殊無線技士、第一級アマチュア無線技士、第二級アマチュア無線技士、第三級アマチュア無線技士又は第四級アマチュア無線技士の資格の国家試験（指定試験機関がその試験事務を行うものを除く。）を受けようとする者

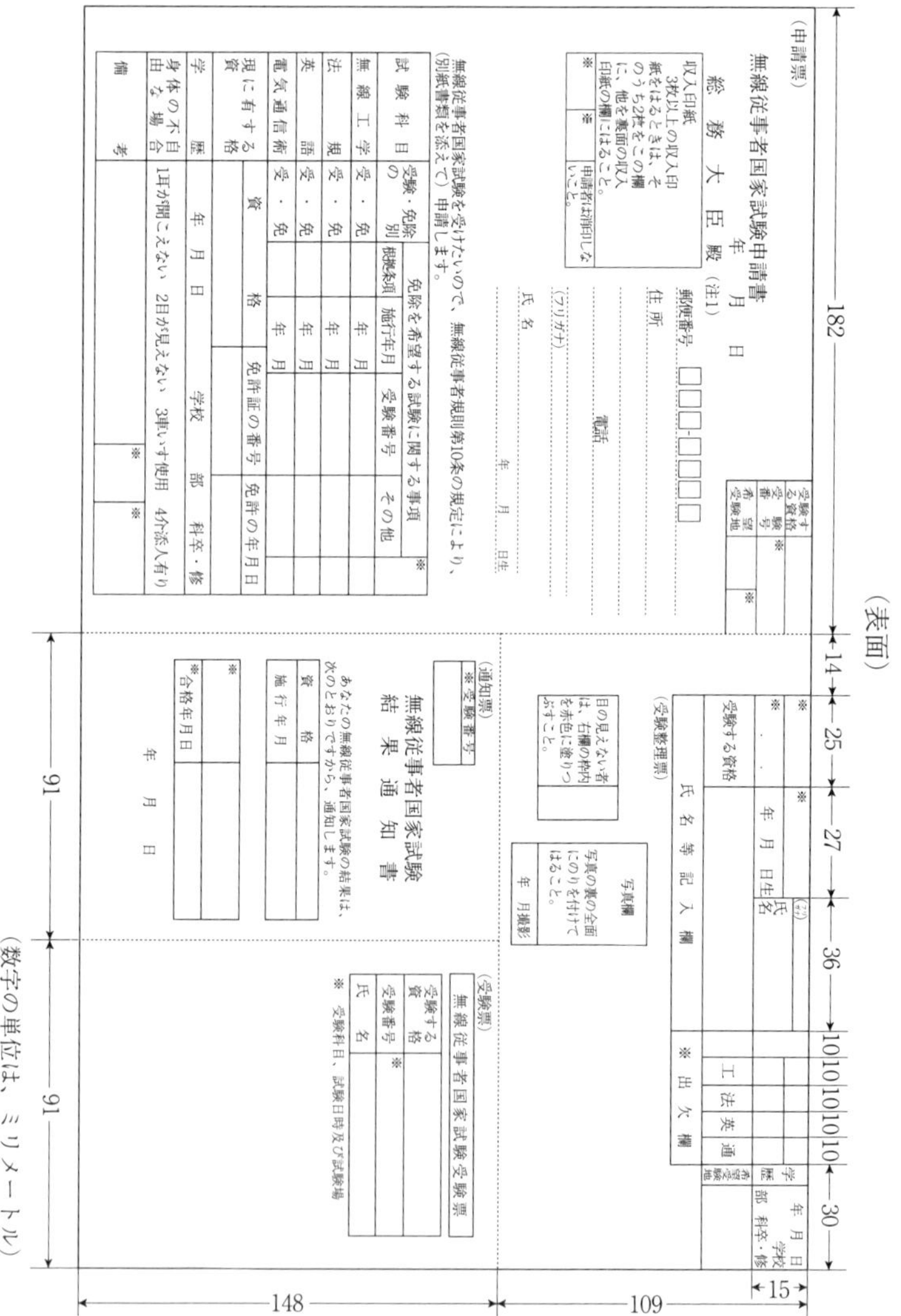

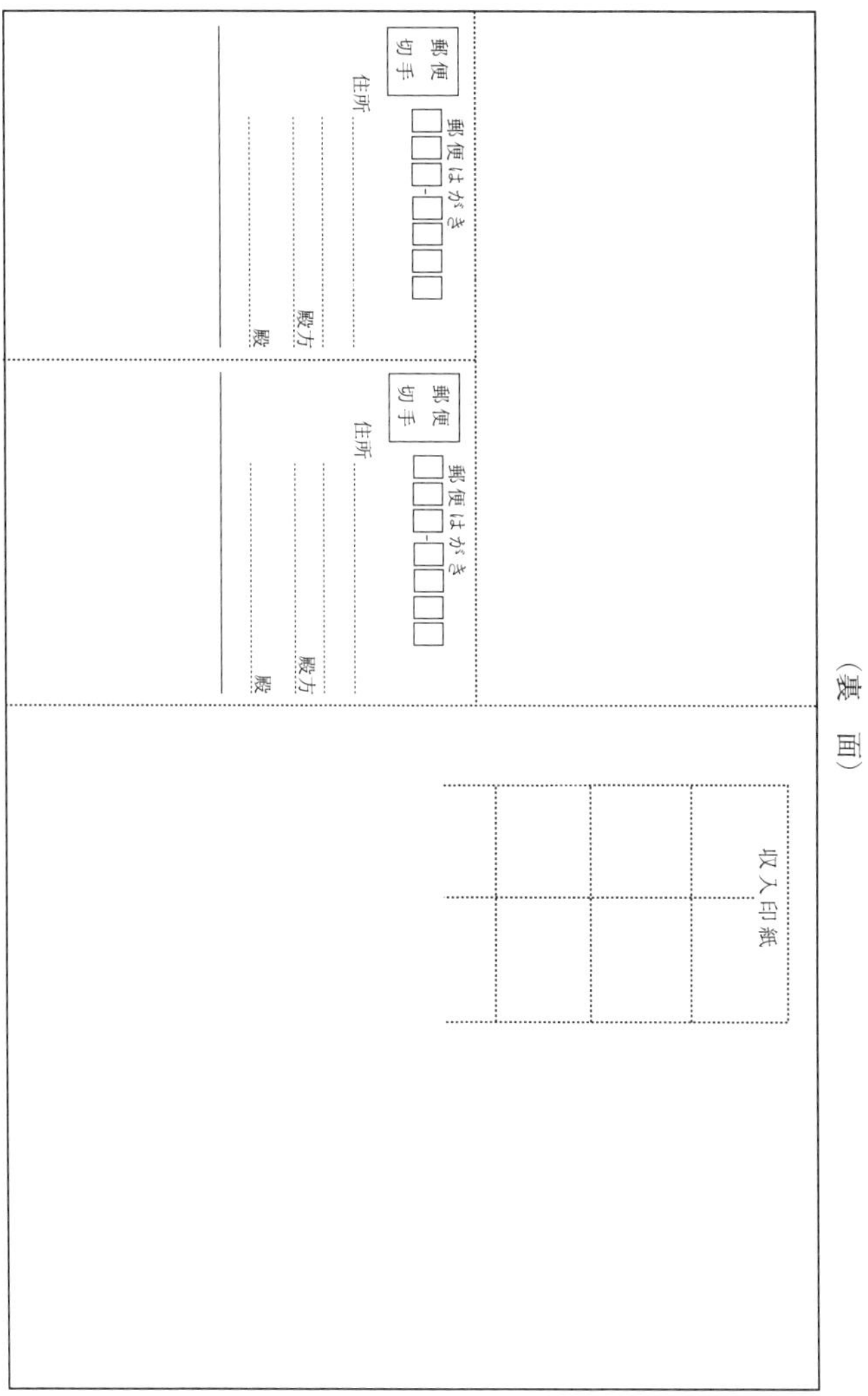
郵便切手
郵便はがき
住所
方
殿
殿
郵便切手
郵便はがき
住所
方
殿
殿
収入印紙

（裏　面）

注1　第一級海上特殊無線技士、第二級海上特殊無線技士、第三級海上特殊無線技士、レーダー級海上特殊無線技士、航空特殊無線技士、第一級陸上特殊無線技士、第二級陸上特殊無線技士、第三級陸上特殊無線技士、国内電信級陸上特殊無線技士、第三級アマチュア無線技士又は第四級アマチュア無線技士の資格の国家試験の受験の申請をする場合は、施行規則第 51 条の 15 第 1 項に規定する所轄総合通信局長あてとすること。

2　※印の欄は、記入しないこと。

3　受験・免除の別の欄、免除を希望する試験に関する事項の欄、現に有する資格の欄及び学歴の欄の記入については、第１の様式の注２から注５までに準ずること。

4　受験整理票にはる写真は、申請前６月以内に撮影した無帽、正面、上三分身、無背景の縦30ミリメートル、横24ミリメートルのものであること。

5　身体の不自由な場合の欄は、該当する事項の数字を○で囲むこと。

6　郵便葉書の郵便番号記入枠の色は、朱色又は金赤とする（黒、青系のインクを混入しないこと。）。

別表第五号様式　（第10条、第46条関係）（省　略）

別表第六号　（第二十一条関係）

養成課程の種別	授業科目	授業時間（注）
第三級海上無線通信士の養成課程	（省　略）	
第四級海上無線通信士の養成課程		
第一級海上特殊無線技士の養成課程		
第二級海上特殊無線技士の養成課程		
第三級海上特殊無線技士の養成課程		
レーダー級海上特殊無線技士の養成課程		
航空無線通信士の養成課程		
航空特殊無線技士の養成課程		
第一級陸上特殊無線技士の養成課程		
第二級陸上特殊無線技士の養成課程		
第三級陸上特殊無線技士の養成課程		
国内電信級陸上特殊無線技士の養成課程		
第二級アマチュア無線技士の養成課程	無線工学	三十五時間以上
	法規	二十七時間以上
第三級アマチュア無線技士の養成課程	無線工学	六時間以上
	法規	十時間以上
第四級アマチュア無線技士の養成課程	無線工学	四時間以上
	法規	六時間以上

注（省　略）

別表第七号（第二十一条関係）

養成課程の種別	担当科目	有することを必要とする無線従事者の資格
第三級海上無線通信士の養成課程	（省略）	（省略）
第四級海上無線通信士の養成課程		
第一級海上特殊無線技士の養成課程		
第二級海上特殊無線技士の養成課程		
第三級海上特殊無線技士の養成課程		
レーダー級海上特殊無線技士の養成課程		
航空無線通信士の養成課程		
航空特殊無線技士の養成課程		
第一級陸上特殊無線技士の養成課程		
第二級陸上特殊無線技士の養成課程		
第三級陸上特殊無線技士の養成課程	（省略）	（省略）
国内電信級陸上特殊無線技士の養成課程		
第二級アマチュア無線技士の養成課程	無線工学	第一級総合無線通信士、第一級陸上無線技術士又は第一級アマチュア無線技士
	法規	第一級総合無線通信士、第二級総合無線通信士又は第一級アマチュア無線技士
第三級アマチュア無線技士の養成課程	無線工学	第一級総合無線通信士、第一級陸上無線技術士又は第一級アマチュア無線技士
	法規	第一級総合無線通信士、第二級総合無線通信士又は第一級アマチュア無線技士
第四級アマチュア無線技士の養成課程	無線工学	第一級総合無線通信士、第一級陸上無線技術士、第二級陸上無線技術士又は第一級アマチュア無線技士
	法規	第一級総合無線通信士、第二級総合無線通信士又は第一級アマチュア無線技士

別表第七号の二〜別表第八号（省略）

別表第九号様式 削除

別表第十号（省略）

別表第十一号様式　（第 46 条、第 50 条関係）

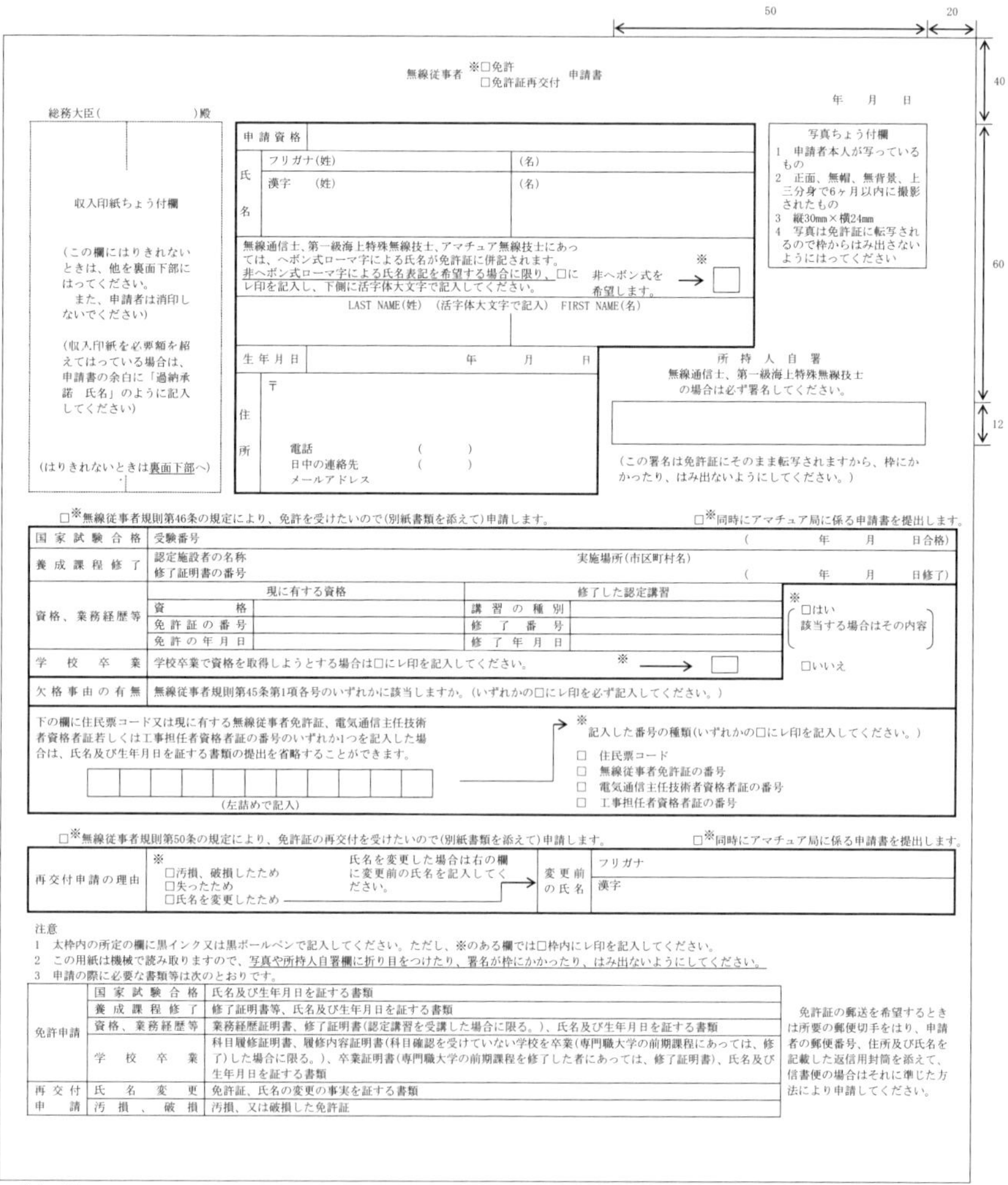

50　20　40　60　12

無線従事者 ※□免許 □免許証再交付 申請書

年　月　日

総務大臣（　　　　　　）殿

収入印紙ちょう付欄

（この欄にはりきれないときは、他を裏面下部にはってください。
また、申請者は消印しないでください）

（収入印紙を必要額を超えてはっている場合は、申請書の余白に「過納承諾　氏名」のように記入してください）

（はりきれないときは裏面下部へ）

申請資格		
氏名	フリガナ（姓）	（名）
	漢字　（姓）	（名）

無線通信士、第一級海上特殊無線技士、アマチュア無線技士にあっては、ヘボン式ローマ字による氏名が免許証に併記されます。
非ヘボン式ローマ字による氏名表記を希望する場合に限り、□にレ印を記入し、下側に活字体大文字で記入してください。　非ヘボン式を希望します。 ※→□

LAST NAME（姓）（活字体大文字で記入）FIRST NAME（名）

生年月日	年　月　日
住所	〒 電話　（　　） 日中の連絡先　（　　） メールアドレス

写真ちょう付欄
1　申請者本人が写っているもの
2　正面、無帽、無背景、上三分身で6ヶ月以内に撮影されたもの
3　縦30mm×横24mm
4　写真は免許証に転写されるので枠からはみ出さないようにはってください

所持人自署
無線通信士、第一級海上特殊無線技士の場合は必ず署名してください。

（この署名は免許証にそのまま転写されますから、枠にかかったり、はみ出ないようにしてください。）

□※無線従事者規則第46条の規定により、免許を受けたいので（別紙書類を添えて）申請します。　□※同時にアマチュア局に係る申請書を提出します。

国家試験合格	受験番号				（　年　月　日合格）
養成課程修了	認定施設者の名称 修了証明書の番号		実施場所（市区町村名）		（　年　月　日修了）
資格、業務経歴等	現に有する資格		修了した認定講習		※ □はい 該当する場合はその内容 □いいえ
	資格		講習の種別		
	免許証の番号		修了番号		
	免許の年月日		修了年月日		
学校卒業	学校卒業で資格を取得しようとする場合は□にレ印を記入してください。 ※→□				
欠格事由の有無	無線従事者規則第45条第1項各号のいずれかに該当しますか。（いずれかの□にレ印を必ず記入してください。）				

下の欄に住民票コード又は現に有する無線従事者免許証、電気通信主任技術者資格者証若しくは工事担任者資格者証の番号のいずれか1つを記入した場合は、氏名及び生年月日を証する書類の提出を省略することができます。

（左詰めで記入）

※記入した番号の種類（いずれかの□にレ印を記入してください。）
□　住民票コード
□　無線従事者免許証の番号
□　電気通信主任技術者資格者証の番号
□　工事担任者資格者証の番号

□※無線従事者規則第50条の規定により、免許証の再交付を受けたいので（別紙書類を添えて）申請します。　□※同時にアマチュア局に係る申請書を提出します。

再交付申請の理由	※ □汚損、破損したため □失ったため □氏名を変更したため	氏名を変更した場合は右の欄に変更前の氏名を記入してください。	変更前の氏名	フリガナ 漢字

注意
1　太枠内の所定の欄に黒インク又は黒ボールペンで記入してください。ただし、※のある欄では□枠内にレ印を記入してください。
2　この用紙は機械で読み取りますので、写真や所持人自署欄に折り目をつけたり、署名が枠にかかったり、はみ出ないようにしてください。
3　申請の際に必要な書類等は次のとおりです。

免許申請	国家試験合格	氏名及び生年月日を証する書類
	養成課程修了	修了証明書等、氏名及び生年月日を証する書類
	資格、業務経歴等	業務経歴証明書、修了証明書（認定講習を受講した場合に限る。）、氏名及び生年月日を証する書類
	学校卒業	科目履修証明書、履修内容証明書（科目確認を受けていない学校を卒業（専門職大学の前期課程にあっては、修了）した場合に限る。）、卒業証明書（専門職大学の前期課程を修了した者にあっては、修了証明書）、氏名及び生年月日を証する書類
再交付申請	氏名変更	免許証、氏名の変更の事実を証する書類
	汚損、破損	汚損、又は破損した免許証

免許証の郵送を希望するときは所要の郵便切手をはり、申請者の郵便番号、住所及び氏名を記載した返信用封筒を添えて、信書便の場合はそれに準じた方法により申請してください。

（数字の単位は、ミリメートル）　（用紙は日本産業規格A列4番・白色）

注　総務大臣又は総合通信局長がこの様式に変わるものとして認めた場合は、それによることができる。

別表第十二号様式　削　除

別表第十三号様式　（第47条関係）

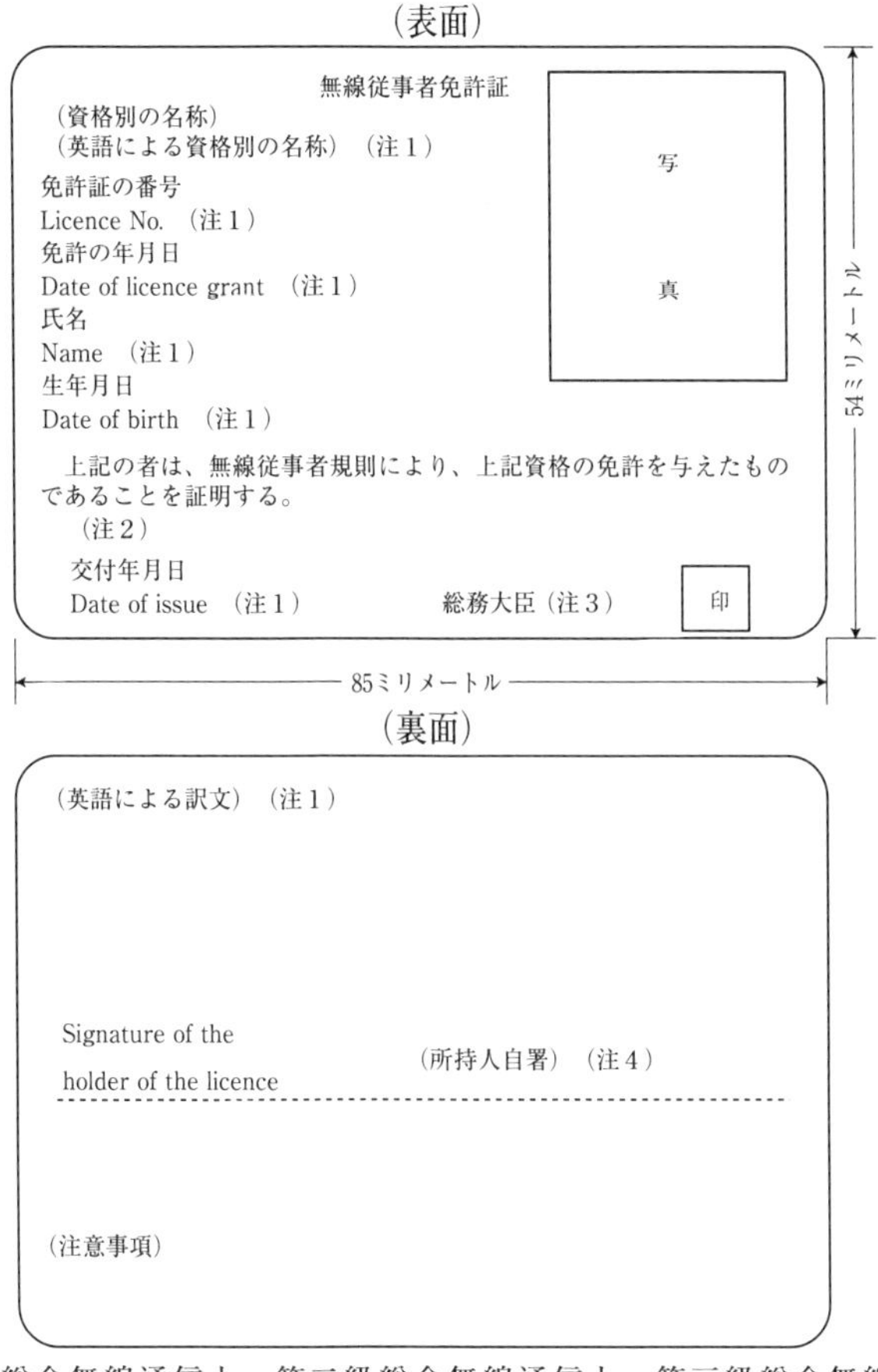

注１　第一級総合無線通信士、第二級総合無線通信士、第三級総合無線通信士、第一級海上無線通信士、第二級海上無線通信士、第三級海上無線通信士、第四級海上無線通信士、第一級海上特殊無線技士、航空無線通信士、第一級アマチュア無線技士、第二級アマチュア無線技士、第三級アマチュア無線技士又は第四級アマチュア無線技士の資格を有する者に交付する交付する免許証の場合に限る。

注２　第一級総合無線通信士、第二級総合無線通信士、第三級総合無線通信士、第一級海上無線通信士、第二級海上無線通信士、第三級海上無線通信士、第四級海上無線通信士、第一級海上特殊無線技士又は航空無線通信士の資格の別に、次に掲げる事項を記載する。

（1）　第一級総合無線通信士

この免許証は、国際電気通信連合憲章に規定する無線通信規則に規定する無線通信士一般証明書、第一級無線電子証明書並びに航空移動業務及び航空移動衛星業務に関する無線電話通信士一般証明書に該当することを証明する。

(2) 第二級総合無線通信士

この免許証は、国際電気通信連合憲章に規定する無線通信規則に規定する第二級無線電信通信士証明書、制限無線通信士証明書並びに航空移動業務及び航空移動衛星業務に関する無線電話通信士一般証明書に該当することを証明する。

(3) 第三級総合無線通信士

この免許証は、国際電気通信連合憲章に規定する無線通信規則に規定する海上移動業務に関する無線電信通信士特別証明書及び無線電話通信士一般証明書に該当することを証明する。

(4) 第一級海上無線通信士

この免許証は、国際電気通信連合憲章に規定する無線通信規則に規定する第一級無線電子証明書に該当することを証明する。

(5) 第二級海上無線通信士

この免許証は、国際電気通信連合憲章に規定する無線通信規則に規定する第二級無線電子証明書に該当することを証明する。

(6) 第三級海上無線通信士

この免許証は、国際電気通信連合憲章に規定する無線通信規則に規定する一般無線通信士証明書に該当することを証明する。

(7) 第四級海上無線通信士

この免許証は、国際電気通信連合憲章に規定する無線通信規則に規定する海上移動業務に関する無線電話通信士一般証明書に該当することを証明する。

(8) 第一級海上特殊無線技士

この免許証は、国際電気通信連合憲章に規定する無線通信規則に規定する制限無線通信士証明書に該当することを証明する。

(9) 航空無線通信士

この免許証は、国際電気通信連合憲章に規定する無線通信規則に規定する航空移動業務及び航空移動衛星業務に関する無線電話通信士一般証明書に該当することを証明する。

注3 第一級海上特殊無線技士、第二級海上特殊無線技士、第三級海上特殊無線技士、レーダー級海上特殊無線技士、航空特殊無線技士、第一級陸上特殊無線技士、第二級陸上特殊無線技士、第三級陸上特殊無線技士、国内電信級陸上特殊無線技士、第三級アマチュア無線技士又は第四級アマチュア無線技士の資格を有する者に交付する免許証の場合は、所轄総合通信局長（沖縄総合通信事務所長を含む。）とする。

注4 第一級総合無線通信士、第二級総合無線通信士、第三級総合無線通信士、第一級海上無線通信士、第二級海上無線通信士、第三級海上無線通信士、第四級海上無線通信士、第一級海上特殊無線技士又は航空無線通信士の資格を有する者に交付する免許証の場合に限る。

別表第十四号様式 削　除

別表第十五号様式 削　除

別表第十六号様式・別表第十七号様式 （省　略）

別表第十八号様式 削　除

別表第十九号様式～別表第二十五号様式 （省　略）

○無線局運用規則

昭和二十五年十一月三十日―電波監理委員会規則第十七号
最終改正　令和五年八月三十一日―総務省令六十八号

目次

第一章　総則
　第一節　通則（第一条―第二条の三）
　第二節　無線設備の機能の維持等（第三条―第九条の三）
第二章　一般通信方法
　第一節　通則（第十条―第十八条の二）
　第二節　無線電信通信の方法（第十九条―第三十九条）
第三章　海上移動業務、海上移動衛星業務及び海上無線航行業務の無線局の運用
　第一節　通則（省　略）（第四十条―第五十五条の三）
　第二節　通信方法（第五十六条―第七十条）
　第三節～第五節　（省　略）（第七十条の二―第百二十四条）
第四章　固定業務、陸上移動業務及び携帯移動業務の無線局、簡易無線局並びに非常局の運用
　第一節　通信方法（第百二十五条―第百二十八条の二）
　第二節　非常の場合の無線通信（第百二十九条―第百三十七条）
　第三節　（省　略）（第百三十七条の二）
第五章～第七章　（省　略）（第百三十八条―第二百五十六条）
第八章　アマチュア局の運用（第二百五十七条―第二百六十一条）
第九章・第十章　（省　略）（第二百六十二条―第二百六十三条）
附　則

第一章　総　則

第一節　通　則

（目　的）

第一条　無線局の運用については、別に規定するものの外、この規則の定めるところによる。

（定　義　等）

第二条　この規則の規定の解釈に関しては、次の定義に従うものとする。

一・二　（省　略）

三　「中波帯」とは、二八五kHzから五三五kHzまでの周波数帯をいう。

四　「中短波帯」とは、一、六〇六・五kHzから四、〇〇〇kHzまでの周波数帯をいう。

五　「短波帯」とは、四、〇〇〇kHzから二六、一七五kHzまでの周波数帯をいう。

六　（省　略）

七　「モールス無線電信」とは、電波を利用して、モールス符号を送り、又は受けるための通信設備をいう。

2　（省　略）

第二条の二・第二条の三　（省　略）

第二節　無線設備の機能の維持等

（時　計）

第三条　法第六十条の時計は、その時刻を毎日一回以上中央標準時又は協定世界時に照合しておかなければならない。

（周波数の測定）

第四条　法第三十一条の規定により周波数測定装置を備えつけた無線局は、できる限りしばしば自局の発射する電波の周波数（施行規則第十一条の三第三号に該当する送信設備の使用電波の周波数を測定することとなつている

無線局であるときは、それらの周波数を含む。）を測定しなければならない。

２　施行規則第十一条の三第四号の規定による送信設備を有する無線局は、別に備えつけた法第三十一条の周波数測定装置により、できる限りしばしば当該送信設備の発射する電波の周波数を測定しなければならない。

３　前二項の測定の結果、その偏差が許容値をこえるときは、直ちに調整して許容値内に保たなければならない。

４　第一項及び第二項の無線局は、その周波数測定装置を常時法第三十一条に規定する確度を保つように較正しておかなければならない。

第四条の二～第九条の三　（省　略）

第二章　一般通信方法

第一節　通　則

（無線通信の原則）

第十条　必要のない無線通信は、これを行なつてはならない。

２　無線通信に使用する用語は、できる限り簡潔でなければならない。

３　無線通信を行うときは、自局の識別信号を付して、その出所を明らかにしなければならない。

４　無線通信は、正確に行うものとし、通信上の誤りを知つたときは、直ちに訂正しなければならない。

第十一条　削　除

（モールス符号の使用）

第十二条　モールス無線電信による通信（以下「モールス無線通信」という。）には、別表第一号に掲げるモールス符号を用いなければならない。

（業務用語）

第十三条　無線電信による通信（以下「無線電信通信」という。）の業務用語には、別表第二号に定める略語又は符号（以下「略符号」という。）を使用するものとする。〔「但し書き」（省　略）〕

２　無線電信通信においては、前項の略符号と同意義の他の語辞を使用してはならない。ただし、航空、航空の準備及び航空の安全に関する情報を送信するための固定業務以外の固定業務においては、別に告示する略符号の使用を妨げない。

第十四条　無線電話による通信（以下「無線電話通信」という。）の業務用語には、別表第四号に定める略語を使用するものとする。

２　無線電話通信においては、前項の略語と同意義の他の語辞を使用してはならない。ただし、別表第二号に定める略符号（「ＱＲＴ」、「ＱＵＭ」、「ＱＵＺ」、「ＤＤＤ」、「ＳＯＳ」、「ＴＴＴ」及び「ＸＸＸ」を除く。）の使用を妨げない。

３　海上移動業務又は航空移動業務の無線電話通信において固有の名称、略符号、数字、つづりの複雑な語辞等を一字ずつ区切つて送信する場合及び航空移動業務の航空交通管制に関する無線電話通信において数字を送信する場合は、別表第五号に定める通話表を使用しなければならない。

４　海上移動業務及び航空移動業務以外の業務の無線電話通信においても、語辞を一字ずつ区切つて送信する場合は、なるべく前項の通話表を使用するものとする。

５・６　（省　略）

（送信速度等）

第十五条　無線電信通信の手送りによる通報の送信速度の標準は一分間について次のとおりとする。

和文	七十五字
欧文暗語	十六語
欧文普通語	二十語

２　前項の送信速度は、空間の状態及び受信者の技倆その他相手局の受信状態に応じて調節しなければならない。

３　遭難通信、緊急通信又は安全通信に係る第一項の送信速度は、同項の規定にかかわらず、原則として、一分間について和文七十字、欧文十六語をこえてはならない。

第十六条　無線電話通信における通報の送信は、語辞を区切り、かつ、明りょうに発音して行なわなければならない。

2　遭難通信、緊急通信又は安全通信に係る前項の送信速度は、受信者が筆記できる程度のものでなければならない。

第十七条　（省　略）

（無線電話通信に対する準用）

第十八条　無線電話通信の方法については、第二十条第二項の呼出しその他特に規定があるものを除くほか、この規則の無線電信通信の方法に関する規定を準用する。

2　（省　略）

（通信方法の特例）

第十八条の二　無線局の通信方法については、この規則の規定によることが著しく困難であるか又は不合理である場合は、別に告示する方法によることができる。

第二節　無線電信通信の方法

（この節の規定の適用範囲）

第十九条　この節の規定は、無線電信通信（デジタル選択呼出通信及び狭帯域直接印刷電信通信を除く。）の一般的方法について定める。

（発射前の措置）

第十九条の二　無線局は、相手局を呼び出そうとするときは、電波を発射する前に、受信機を最良の感度に調整し、自局の発射しようとする電波の周波数その他必要と認める周波数によつて聴守し、他の通信に混信を与えないことを確かめなければならない。ただし、遭難通信、緊急通信、安全通信及び法第七十四条第一項に規定する通信を行なう場合並びに海上移動業務以外の業務において他の通信に混信を与えないことが確実である電波により通信を行なう場合は、この限りでない。

2　前項の場合において、他の通信に混信を与える虞があるときは、その通信が終了した後でなければ呼出しをしてはならない。

（呼出し）

第二十条　呼出しは、順次送信する次に掲げる事項（以下「呼出事項」という。）によつて行うものとする。

一　相手局の呼出符号　三回以下（海上移動業務にあつては二回以下）
二　DE　一回
三　自局の呼出符号　三回以下（海上移動業務にあつては二回以下）

2　（省　略）

（呼出しの反復及び再開）

第二十一条　海上移動業務における呼出しは、一分間以上の間隔をおいて二回反復することができる。呼出しを反復しても応答がないときは、少なくとも三分間の間隔をおかなければ、呼出しを再開してはならない。

2　海上移動業務における呼出し以外の呼出しの反復及び再開は、できる限り前項の規定に準じて行うものとする。

（呼出しの中止）

第二十二条　無線局は、自局の呼出しが他の既に行われている通信に混信を与える旨の通知を受けたときは、直ちにその呼出しを中止しなければならない。無線設備の機器の試験又は調整のための電波の発射についても同様とする。

2　前項の通知をする無線局は、その通知をするに際し、分で表わす概略の待つべき時間を示すものとする。

（応　答）

第二十三条　無線局は、自局に対する呼出しを受信したときは、直ちに応答しなければならない。

2　前項の規定による応答は、順次送信する次に掲げる事項（以下「応答事項」という。）によつて行うものとする。

一　相手局の呼出符号　三回以下（海上移動業務にあつては二回以下）
二　DE　一回
三　自局の呼出符号　一回

3　前項の応答に際して直ちに通報を受信しようとするときは、応答事項の次に「K」を送信するものとする。但し、直ちに通報を受信することができない事由があるときは、「K」の代りに「AS」及び分で表わす概略の待つべき時間を送信するものとする。概略の待つべき時間が十分以上のときは、その理由を簡単に送信しなければならない。

4　前二項の場合において、受信上特に必要があるときは、自局の呼出符号の次に「QSA」及び強度を表わす数字又は「QRK」及び明瞭度を表わす数字を送信するものとする。

（通報の有無の通知）

第二十四条　呼出し又は応答に際して相手局に送信すべき通報の有無を知らせる必要があるときは、呼出事項又は応答事項の次に「QTC」又は「QRU」を送信するものとする。

2　前項の場合において、送信すべき通報の通数を知らせようとするときは、その通数を表わす数字を「QTC」の次に送信するものとする。

（通報の連続送信）

第二十五条　通報を連続して送信しようとするときは、相手局の同意を求めなければならない。この場合は、「QSG?」を送信して行うものとする。

2　前項の連続送信に同意するときは、「QSG」（必要と認めるときは、一連続として受信しようとする通報の通数を示す数字を附する。）を、拒絶するときは、「QSG　NO」を送信するものとする。

（不確実な呼出しに対する応答）

第二十六条　無線局は、自局に対する呼出しであることが確実でない呼出しを受信したときは、その呼出しが反覆され、且つ、自局に対する呼出しであることが確実に判明するまで応答してはならない。

2　自局に対する呼出しを受信した場合において、呼出局の呼出符号が不確実であるときは、応答事項のうち相手局の呼出符号の代りに「QRZ?」を使用して、直ちに応答しなければならない。

（電波の変更）

第二十七条　混信の防止その他の事情によつて通常通信電波以外の電波を用いようとするときは、呼出し又は応答の際に呼出事項又は応答事項の次に左に掲げる事項を順次送信して通知するものとする。ただし、用いようとする電波の周波数があらかじめ定められているときは、第二号に掲げる事項の送信を省略することができる。

一　QSW又はQSU　一回
二　用いようとする電波の周波数（又は型式及び周波数）　一回
三　?（「QSU」を送信したときに限る。）　一回

第二十八条　前条の通知に同意するときは、応答事項の次に左に掲げる事項を順次送信するものとする。

一　QSX　一回
二　K（直ちに通報を受信しようとする場合に限る。）　一回

2　前項の場合において、相手局の用いようとする電波の周波数（又は型式及び周波数）によつては受信ができないか又は困難であるときは、「QSX」の代りに「QSU」を、その電波の周波数（又は型式及び周波数）の代りに他の受信できる電波の周波数（又は型式及び周波数）を送信し、相手局の同意を得た後「K」を送信するものとする。

（通報の送信）

第二十九条　呼出しに対し応答を受けたときは、相手局が「$\overline{\text{AS}}$」を送信した場合及び呼出しに使用した電波以外の電波に変更する場合を除き、直ちに通報の送信を開始するものとする。

2　通報の送信は、左に掲げる事項を順次送信して行うものとする。ただし、呼出しに使用した電波と同一の電波により送信する場合は、第一号から第三号までに掲げる事項の送信を省略することができる。

一　相手局の呼出符号　一回
二　DE　一回
三　自局の呼出符号　一回
四　通報
五　K　一回

3　前項の送信において、通報は、和文の場合は「$\overline{\text{ラタ}}$」、欧文の場合は「$\overline{\text{AR}}$」をもつて終るものとする。

4　海上移動業務以外の業務において、特に必要があるときは、第二項第四号の通報の前に「HR」又は「AHR」を送信することができる。

（長時間の送信）

第三十条　無線局は、長時間継続して通報を送信するときは、三十分（アマチュア局にあつては十分）ごとを標準として適当に「ＤＥ」及び自局の呼出符号を送信しなければならない。

（誤送の訂正）

第三十一条　送信中において誤つた送信をしたことを知つたときは、左に掲げる略符号を前置して、正しく送信した適当の語字から更に送信しなければならない。

一　手送による和文の送信の場合は、ラタ

二　自動機（自動的にモールス符号を送信又は受信するものをいう。以下同じ。）による送信及び手送による欧文の送信の場合は、ＨＨ

（通報の反復）

第三十二条　相手局に対し通報の反復を求めようとするときは、「ＲＰＴ」の次に反復する箇所を示すものとする。

第三十三条　送信した通報を反復して送信するときは、一字若しくは一語ごとに反復する場合又は略符号を反復する場合を除いて、その通報の各通ごと又は一連続ごとに「ＲＰＴ」を前置するものとする。

（通信中の周波数の変更）

第三十四条　通信中において、混信の防止その他の必要により使用電波の型式又は周波数の変更を要求しようとするときは、次の事項を順次送信して行うものとする。ただし、用いようとする電波の周波数があらかじめ定められているときは、第二号に掲げる事項の送信を省略することができる。

一　ＱＳＵ又はＱＳＷ若しくはＱＳＹ　一回

二　変更によつて使用しようとする周波数（又は型式及び周波数）　一回

三　？（「ＱＳＷ」を送信したときに限る。）　一回

第三十五条　前条に規定する要求を受けた無線局は、これに応じようとするときは、「Ｒ」を送信し（通信状態等により必要と認めるときは、「ＱＳＷ」及び前条第二号の事項を続いて送信する。）、直ちに周波数（又は型式及び周波数）を変更しなければならない。

（送信の終了）

第三十六条　通報の送信を終了し、他に送信すべき通報がないことを通知しようとするときは、送信した通報に続いて次に掲げる事項を順次送信するものとする。

一　ＮＩＬ　一回

二　Ｋ　一回

（受信証）

第三十七条　通報を確実に受信したときは、左に掲げる事項を順次送信するものとする。

一　相手局の呼出符号　一回

二　ＤＥ　一回

三　自局の呼出符号　一回

四　Ｒ　一回

五　最後に受信した通報の番号　一回

2　国内通信を行なう場合においては、前項第五号に掲げる事項の送信に代えて受信した通報の通数を示す数字一回を送信することができる。

3　海上移動業務以外の業務においては、第一項第一号から第三号までに掲げる事項の送信を省略することができる。

（通信の終了）

第三十八条　通信が終了したときは、「ＶＡ」を送信するものとする。ただし、海上移動業務以外の業務においては、これを省略することができる。

（試験電波の発射）

第三十九条　無線局は、無線機器の試験又は調整のため電波の発射を必要とするときは、発射する前に自局の発射しようとする電波の周波数及びその他必要と認める周波数によつて聴守し、他の無線局の通信に混信を与えないことを確かめた後、次の符号を順次送信し、更に一分間聴守を行い、他の無線局から停止の請求がない場合に限り、「ＶＶＶ」の連続及び自局の呼出符号一回を送信しなければならない。この場合において、「ＶＶＶ」の連続及び自局の呼出符号の送信は、十秒間をこえてはならない。

一　ＥＸ　三回
二　ＤＥ　一回
三　自局の呼出符号　三回

2　前項の試験又は調整中は、しばしばその電波の周波数により聴守を行い、他の無線局から停止の要求がないかどうかを確かめなければならない。

3　第一項後段の規定にかかわらず、海上移動業務以外の業務の無線局にあつては、必要があるときは、十秒間をこえて「ＶＶＶ」の連続及び自局の呼出符号の送信をすることができる。

第三章　海上移動業務、海上移動衛星業務及び海上無線航行業務の無線局の運用

第一節　通　則

第四十条～第四十六条　（省　略）
第四十七条～第四十九条　削　除
第五十条～第五十一条　（省　略）
第五十二条～第五十四条　削　除
第五十五条～第五十五条の三　（省　略）

第二節　通信方法

第五十六条～第五十八条の十二　（省　略）

（各局あて同報）
第五十九条　通信可能の範囲内にあるすべての無線局にあてる通報を同時に送信しようとするときは、第二十条及び第二十九条第二項の規定にかかわらず次に掲げる事項を順次送信して行うものとする。

一　ＣＱ　三回以下
二　ＤＥ　一回
三　自局の呼出符号　三回以下
四　通報の種類　一回
五　通報　二回以下

2・3　（省　略）
第六十条　（省　略）
第六十一条・第六十二条　削　除
第六十三条～第七十条　（省　略）

第三節～第五節

第七十条の二～第七十八条の二　（省　略）
第七十九条・第八十条　削　除
第八十一条～第八十三条　（省　略）
第八十四条　削　除
第八十五条　（省　略）
第八十六条～第八十八条　削　除
第八十九条～第九十四条の二　（省　略）
第九十五条　削　除
第九十六条～第九十九条　（省　略）
第百条・第百一条　削　除
第百二条～第百三条の二　（省　略）
第百四条　削　除
第百五条～第百八条　（省　略）
第百九条～第百二十四条　削　除

第四章　固定業務、陸上移動業務及び携帯移動業務の無線局、簡易無線局並びに非常局の運用

第一節　通信方法

第百二十五条　（省　略）

（自動機通信における呼出し）

第百二十五条の二　自動機による通信における呼出事項の送信は、相手局が容易に聴取することができる速度によつて行うものとする。

2　前項の送信は、応答を受けるまで繰り返すことができる。

（自動機通信における連絡維持の方法）

第百二十六条　自動機による通信において連絡を維持するため必要があるときは、左の事項を繰り返し送信することができる。

一　V又はE　適宜の回数
二　DE　一回
三　自局の呼出符号　三回以下

2　前項の場合においては、自局の呼出符号に引き続き必要と認める略符号を送信することができる。

（呼出し又は応答の簡易化）

第百二十六条の二　空中線電力五十ワット以下の無線設備を使用して呼出し又は応答を行う場合において、確実に連絡の設定ができると認められるときは、第二十条第一項第二号及び第三号又は第二十三条第二項第一号に掲げる事項の送信を省略することができる。

2　前項の規定により第二十条第一項第二号及び第三号に掲げる事項の送信を省略した無線局は、その通信中少なくとも一回以上自局の呼出符号を送信しなければならない。

第百二十六条の三　（省　略）

（一括呼出しの応答順位）

第百二十七条　免許状に記載された通信の相手方である無線局を一括して呼び出そうとするときは、左の事項を順次送信するものとする。

一　CQ　三回
二　DE　一回
三　自局の呼出符号　三回以下
四　K　一回

2・3　（省　略）

第百二十七条の二　特に急を要する内容の通報を送信する場合であつて、相手局が受信していることが確実であるときは、相手局の応答を待たないで通報を送信することができる。

（特定局あて一括呼出し）

第百二十七条の三　二以上の特定の無線局を一括して呼び出そうとするときは、次に掲げる事項を順次送信して行なうものとする。

一　相手局の呼出符号（又は識別符号）　それぞれ二回以下
二　DE　一回
三　自局の呼出符号　三回以下
四　K　一回

2　前項第一号に掲げる相手局の呼出符号は、「CQ」に地域名を付したものをもつて代えることができる。

（各局あて同報）

第百二十七条の四　第五十九条第一項の規定は、免許状に記載された通信の相手方に対して同時に通報を送信する場合に準用する。

（特定局あて同報）

第百二十八条　二以上の特定の通信の相手方に対して同時に通報を送信しようとするときは、第百二十七条の三第一項第　号から第三号までに掲げる事項に引き続き、通報を送信して行なうものとする。

2　二以上の周波数の電波を使用して同一事項を同時に送信するときは、それらの周波数ごとに指定された自局の呼出符号は、斜線をもつて区別しなければならない。

第百二十八条の二　（省　略）

第二節　非常の場合の無線通信

（送信順位）

第百二十九条　法第七十四条第一項に規定する通信における通報の送信の優先順位は、左の通りとする。同順位の内容のものであるときは、受付順又は受信順に従つて送信しなければならない。

一　人命の救助に関する通報
二　天災の予報に関する通報（主要河川の水位に関する通報を含む。）
三　秩序維持のために必要な緊急措置に関する通報
四　遭難者救援に関する通報（日本赤十字社の本社及び支社相互間に発受するものを含む。）
五　電信電話回線の復旧のため緊急を要する通報
六　鉄道線路の復旧、道路の修理、罹災者の輸送、救済物資の緊急輸送等のために必要な通報
七　非常災害地の救援に関し、左の機関相互間に発受する緊急な通報
　中央防災会議（災害対策基本法（昭和三十六年法律第二百二十三号）第十一条に規定する中央防災会議をいう。）並びに緊急災害対策本部（同法第二十八条の二に規定する緊急災害対策本部をいう。）、非常災害対策本部（同法第二十四条に規定する非常災害対策本部をいう。）及び特定災害対策本部（同法第二十三条の三に規定する特定災害対策本部をいう。）
　地方防災会議等（同法第二十一条に規定する地方防災会議等をいう。）
　災害対策本部（同法第二十三条に規定する都道府県災害対策本部及び同法第二十三条の二に規定する市町村災害対策本部をいう。）
八　電力設備の修理復旧に関する通報
九　その他の通報

2　前項の順位によることが不適当であると認める場合は、同項の規定にかかわらず、適当と認める順位に従つて送信することができる。

（使用電波）
第百三十条　A一A電波四、六三〇kHzは、連絡を設定する場合に使用するものとし、連絡設定後の通信は、通常使用する電波によるものとする。ただし、通常使用する電波によつて通信を行うことができないか又は著しく困難な場合は、この限りでない。

（前置符号）
第百三十一条　法第七十四条第一項に規定する通信において連絡を設定するための呼出し又は応答は、呼出事項又は応答事項に「OSO」三回を前置して行うものとする。

（「OSO」を受信した場合の措置）
第百三十二条　「OSO」を前置した呼出しを受信した無線局は、応答する場合を除く外、これに混信を与える虞のある電波の発射を停止して傍受しなければならない。

（一括呼出し等）
第百三十三条　法第七十四条第一項に規定する通信において、各局あて又は特定の無線局あての一括呼出し又は同時送信を行う場合には、「CQ」又は第百二十七条の三第一項第一号に掲げる事項の前に「OSO」三回を送信するものとする。

（聴　守）
第百三十四条　非常の事態が発生したことを知つたその付近の無線電信局は、なるべく毎時の零分過ぎ及び三十分過ぎから各十分間A一A電波四、六三〇kHzによつて聴守しなければならない。

（通報の送信方法）
第百三十五条　法第七十四条第一項に規定する通信において通報を送信しようとするときは、「ヒゼウ」（欧文であるときは、「EXZ」）を前置して行うものとする。

（訓練のための通信）
第百三十五条の二　第百二十九条から前条までの規定は、法第七十四条第一項に規定する通信の訓練のための通信について準用する。この場合において、第百三十一条から第百三十三条までにおいて「「OSO」」とあり、前条において「「ヒゼウ」（欧文であるときは「EXZ」）」とあるのは、「「クンレン」」と読み替えるものとする。

（取扱の停止）
第百三十六条　非常通信の取扱を開始した後、有線通信の状態が復旧した場合は、すみやかにその取扱を停止しなければならない。

（規定の準用）
第百三十七条　第百二十九条から前条までの規定は、第百二十五条に規定す

る無線局以外の無線局について準用する。

第三節　（省　略）

第百三十七条の二　（省　略）

第五章～第七章　（省　略）

第百三十八条～第百七十七条　（省　略）
第百七十八条～第二百五十六条　削　除

第八章　アマチュア局の運用

（発射の制限等）
第二百五十七条　アマチュア局においては、その発射の占有する周波数帯幅に含まれているいかなるエネルギーの発射も、その局が動作することを許された周波数帯から逸脱してはならない。

第二百五十八条　アマチュア局は、自局の発射する電波が他の無線局の運用又は放送の受信に支障を与え、若しくは与える虞があるときは、すみやかに当該周波数による電波の発射を中止しなければならない。但し、遭難通信、緊急通信、安全通信及び法第七十四条第一項に規定する通信を行う場合は、この限りでない。

（周波数等の使用区別）
第二百五十八条の二　アマチュア業務に使用する電波の型式及び周波数の使用区別は、別に告示するところによるものとする。

（禁止する通報）
第二百五十九条　アマチュア局の送信する通報は、他人の依頼によるものであつてはならない。ただし、地震、台風、洪水、津波、雪害、火災、暴動その他非常の事態が発生し、又は発生するおそれがある場合における、人命の救助、災害の救援、交通通信の確保又は秩序の維持のために必要な通報及び人工衛星に開設するアマチュア局の送信する通報は、この限りでない。

（無線設備の操作）
第二百六十条　アマチュア局の無線設備の操作を行う者は、免許人（免許人が社団である場合は、その構成員）以外の者であつてはならない。

（規定の準用）
第二百六十一条　アマチュア局の運用については、この章に規定するもののほか、第四章及び次章の規定を準用する。

第九章　（省　略）

第二百六十二条～第二百六十二条の三　（省　略）

第十章　（省　略）

第二百六十三条　（省　略）

附　則　〔平成二十八年十二月二十七日　省令第百一号〕

1　この省令は、平成二十九年一月一日から施行する。
2～3　（省　略）

別表第一号 モールス符号（第十二条関係）

1 和文

一 文字

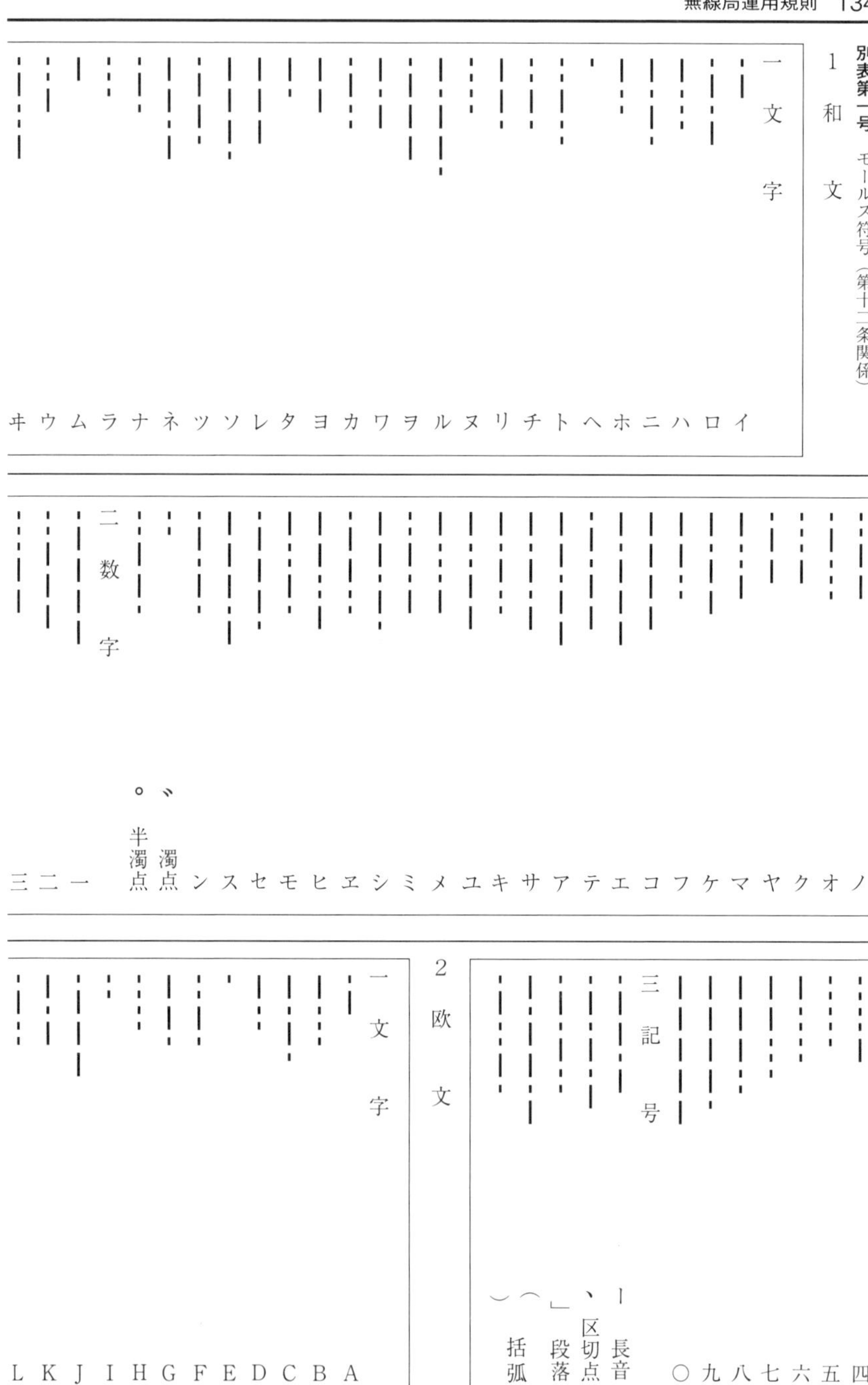

文字	符号
M	－－
N	－・
O	－－－
P	・－－・
Q	－－・－
R	・－・
S	・・・
T	－
U	・・－
V	・・・－
W	・－－
X	－・・－
Y	－・－－
Z	－－・・

二 数字

数字	符号
1	・－－－－
2	・・－－－
3	・・・－－
4	・・・・－
5	・・・・・
6	－・・・・
7	－－・・・
8	－－－・・
9	－－－－・
0	－－－－－

三 記号

記号	符号
. 終点	・－・－・－
, 小読点	－－・・－－
: 重点又は除法の記号	－－－・・・
? 問符	・・－－・・
' 略符	・－－－－・
－ 連続線、横線又は減算の記号	－・・・・－
(左括弧	－・－－・
) 右括弧	－・－－・－
／ 斜線又は除法の記号	－・・－・
＝ 二重線	－・・・－
＋ 十字符又は加算の記号	・－・－・
“” 引用符	・－・・－・
× 乗算の記号	－・・－
@ 単価記号	・－－・－・

3 数字の略体

数字	符号
一又は1	・－
二又は2	・・－
三又は3	・・・－
四又は4	・・・・－
五又は5	・・・・・
六又は6	－・・・・
七又は7	－・・・
八又は8	－・・
九又は9	－・
○又は0	－

注

一 符号の線及び間隔

1 一線の長さは、三点に等しい。

2 一符号を作る各線又は点の間隔は、一点に等しい。

3 二符号の間隔は、三点に等しい。

4 二語の間隔は、七点に等しい。

二 （省　略）

三 欧文の場合における数字と文字との集合、「%」、「‰」、帯分数、分及び秒等の送信方法

1 数字と文字とで構成した集合は、数字と文字との間に間隔を置かずに送るものとする。

2 「%」又は「‰」の記号は、数字の零、斜線及び数字の零又は零零を連続して送るものとする。

3 帯分数は整数と分数との間に、「%」又は「‰」の記号を伴う数字は数字と「%」又は「‰」との間に連続線を送るものとする。

4 分の記号「'」は略符を一回、秒の記号「"」は略符を二回送るものとする。

別表第二号 無線電信通信の略符号（第13条関係）

1 Q符号（抜粋）

注1～2 （省 略）

3 Q符号を問いの意義に使用するときは、Q符号の次に問符をつけなければならない。

Q符号	意義	
	問い	答え又は通知
QRA	貴局名は、何ですか。	当局名は、……です。
QRB	貴局は、当局からおよそいくらの距離にありますか。	貴局と当局との間の距離は、およそ……海里（又はキロメートル）です。
QRD	そちらは、どこへ行きますか。どこから来ましたか。	こちらは、……へ行きます。……から来ました。
QRE	そちらは、何時に……（場所）（又は……の上空）に到着の見込みですか。	こちらは、……（場所）（又は…の上空）に……時に到着の見込みです。
QRF	そちらは、……（場所）へ帰りますか。	こちらは、……（場所）へ帰ります。 又は ……（場所）へ帰つてください。
QRG	こちら（又は……）の正確な周波数を示してくれませんか。	そちら（又は……）の正確な周波数は、……kHz（又はMHz）です。
QRH	こちらの周波数は、変化しますか。	そちらの周波数は、変化します。
QRI	こちらの発射の音調は、どうですか。	そちらの発射の音調は、 1 良いです。 2 変化します。 3 悪いです。
QRK	こちらの信号（又は……（名称又は呼出符号）の信号）の明りよう度は、どうですか。	そちらの信号（又は……（名称又は呼出符号）の信号）の明りよう度は、 1 悪いです。 2 かなり悪いです。 3 かなり良いです。 4 良いです。 5 非常に良いです。

QRL	そちらは、通信中ですか。	こちらは、通信中です(又はこちらは,……(名称又は呼出符号)と通信中です。)。妨害しないでください。
QRM	こちらの伝送は、混信を受けていますか。	そちらの伝送は、 1　混信を受けていません。 2　少し混信を受けています。 3　かなり混信を受けています。 4　強い混信を受けています。 5　非常に強い混信を受けています。
QRN	そちらは、空電に妨げられていますか。	こちらは、 1　空電に妨げられていません。 2　少し空電に妨げられています。 3　かなり空電に妨げられています。 4　強い空電に妨げられています。 5　非常に強い空電に妨げられています。
QRO	こちらは、送信機の電力を増加しましようか。	送信機の電力を増加してください。
QRP	こちらは、送信機の電力を減少しましようか。	送信機の電力を減少してください。
QRQ	こちらは、もつと速く送信しましようか。	もつと速く送信してください(1分間に……語)。
QRS	こちらは、もつとおそく送信しましようか。	もつとおそく送信してください(1分間に……語)。
QRT	こちらは、送信を中止しましようか。	送信を中止してください。
QRU	そちらは、こちらへ伝送するものがありますか。	こちらは、そちらへ伝送するものはありません。
QRV	そちらは、用意ができましたか。	こちらは、用意ができました。
QRW	こちらは、……に、そちらが……kHz(又はMHz)で彼を呼んでいることを通知しましようか。	……に、こちらが……kHz(又はMHz)で彼を呼んでいることを通知してください。
QRX	そちらは、何時に再びこちらを呼びますか。	こちらは、……時に(……kHz(又はMHz)で)再びそちらを呼びます。
QRY	こちらの順位は、何番ですか(通信連絡に関して)。	そちらの順位は、……番です(又は他の表示による。)(通信連絡に関して)。
QRZ	誰がこちらを呼んでいますか。	そちらは,……から(……kHz(又はMHz)で)呼ばれています。

QSA	こちらの信号（又は……（名称又は呼出符号）の信号）の強さは、どうですか。	そちらの信号（又は……（名称又は呼出符号）の信号）の強さは、 1　ほとんど感じません。 2　弱いです。 3　かなり強いです。 4　強いです。 5　非常に強いです。
QSB	こちらの信号には、フエージングがありますか。	そちらの信号には、フエージングがあります。
QSD	こちらの信号は、切れますか。	そちらの信号は、切れます。
QSG	こちらは、電報を一度に……通送信しましようか。	電報は、一度に……通送信してください。
QSI		こちらは、そちらの伝送を中断することができませんでした。 又は、 そちらは、……（名称又は呼出符号）に、こちらが（……kHz（又はMHz）の）彼の伝送を中断することができなかつたことを通知してください。
QSK	そちらは、そちらの信号の間に、こちらを聞くことができますか。できるとすれば、こちらは、そちらの伝送を中断してもよろしいですか。	こちらは、こちらの信号の間に、そちらを聞くことができます。こちらの伝送を中断してよろしい。
QSL	そちらは、受信証を送ることができますか。	こちらは、受信証を送ります。
QSM	こちらは、そちらに送信した最後の電報（又は以前の電報）を反復しましようか。	そちらが、こちらに送信した最後の電報（又は第……号電報）を反復してください。
QSN	そちらは、こちら（又は……（名称又は呼出符号））を……kHz（又はMHz）で聞きましたか。	こちらは、そちら（又は……（名称又は呼出符号））を……kHz（又はMHz）で聞きました。
QSO	そちらは、……（名称又は呼出符号）と直接（又は中継で）通信することができますか。	こちらは、……（名称又は呼出符号）と直接（又は……の中継で）通信することができます。
QSP	そちらは、無料で……（名称又は呼出符号）へ中継してくれませんか。	こちらは、無料で……（名称又は呼出符号）へ中継しましよう。
QSR	こちらは、呼出周波数で呼出しを反復しましようか。	呼出周波数でそちらの呼出しを反復してください。そちらを聞くことができませんでした（又は混信があります。）。
QSS	そちらは、どの通信周波数を使用しますか。	こちらは、……kHz（又はMHz）の通信周波数を使用します。

QSU	こちらは、この周波数(又は……kHz(若しくはMHz))で(種別……の発射で)送信又は応答しましょうか。	その周波数(又は……kHz(若しくはMHz))で(種別……の発射で)送信又は応答してください。
QSV	こちらは、調整のために，この周波数(又は……kHz(若しくはMHz))でV(又は符号)の連続を送信しましょうか。	調整のために、その周波数(又は……kHz(若しくはMHz))でV(又は符号)の連続を送信してください。
QSW	そちらは、この周波数(又は……kHz(若しくはMHz))で(種別……の発射で)送信してくれませんか。	こちらは、この周波数(又は……kHz(若しくはMHz))で(種別……の発射で)送信しましょう。
QSX	そちらは、……(名称又は呼出符号)を……kHz(又はMHz)で又は……の周波数帯若しくは……の通信路で聴取してくれませんか。	こちらは、……(名称又は呼出符号)を……kHz(又はMHz)で又は……の周波数帯若しくは……の通信路で聴取しています。
QSY	こちらは、他の周波数に変更して伝送しましょうか。	他の周波数(又は……kHz(若しくはMHz))に変更して伝送してください。
QSZ	こちらは、各語又は各集合を2回以上送信しましょうか。	各語又は各集合を2回(又は……回)送信してください。
QTA	こちらは、第……号電報(又は通報)を取り消しましょうか。	第……号電報(又は通報)を取り消してください。
QTC	そちらには、送信する電報が何通ありますか。	こちらには、そちら(又は……(名称又は呼出符号))への電報が……通あります。
QTH	緯度及び経度で示す(又は他の表示による。)そちらの位置は、何ですか。	こちらの位置は、緯度……、経度……(又は他の表示による。)です。
QTN	そちらは、何時に……(場所)を出発しましたか。	こちらは、……(場所)を……時に出発しました。
QTR	正確な時刻は、何時ですか。	正確な時刻は、……時です。
QTS	そちらは、そちらの呼出符号(又は名称)を……秒間送信してくれませんか。	こちらの呼出符号(又は名称)を……秒間送信しましょう。
QUM	こちらは、通常の業務を再開してもよろしいですか。	通常の業務を再開してもよろしい。
QUZ	こちらは、制限付きで業務を再開してもよろしいですか。	遭難通信は、なお継続中です。制限付きで業務を再開してもよろしい。

2　その他の略符号

(1)　国内通信及び国際通信に使用する略符号(抜粋)

注1　＊を付した略符号は、航空移動業務並びに航空、航空の準備及び航空の安全に関する情報を送信するための固定業務において使用してはならない。

2　文字の上に線を付した略符号は、その全部を1符号として送信するモールス符号とする。

略符号	意　　義
AA	……の後全部(反復を請求するためには問符の次に使用する。)
AB	……の前全部(反復を請求するためには問符の次に使用する。)
$\overline{AR}$	送信の終了符号
$\overline{AS}$	送信の待機を要求する符号

BK	送信の中断を要求する符号
$\overline{\text{BT}}$	同一の伝送の異なる部分を分離する符号
C ＊	肯定する(又はこの前の集合の意義は，肯定と解されたい。)。
CFM	確認してください(又はこちらは、確認します。)。
CL	こちらは、閉局します。
COL	照合してください(又はこちらは，照合します。)。
CP	特定の2局以上あて一般呼出し
CQ	各局あて一般呼出し
CS	呼出符号(呼出符号を請求するために使用する。)
$\overline{\text{DDD}}$	遭難していない局が伝送する遭難通報であることを識別するために使用する。
DE	……から(呼出局の呼出符号又は他の識別表示に前置して使用する。)
$\overline{\text{HH}}$	欧文通信及び自動機通信の訂正符号
K	送信してください。
NIL	こちらは、そちらに送信するものがありません。
NO	否定する(又は誤り)。
NW	今
OK	こちらは、同意します(又はよろしい。)。
PSE ＊	どうぞ
R	受信しました。
RPT	反復してください(又はこちらは、反復します。)。 (又は……を反復してください。)。
RQ	請求の表示
$\overline{\text{SOS}}$	遭難信号
TTT	この集合が3回送信されると安全信号となる。
TU	ありがとう。
TXT	本文(反復を請求するためには問符の次に使用する。)
$\overline{\text{VA}}$	通信の完了符号
VVV	調整符号
WA	……の次の語(反復を請求するためには問符の次に使用する。)
WB	……の前の語(反復を請求するためには問符の次に使用する。)
WD	語又は集合
XXX	この集合が3回送信されると緊急信号となる。

(2) 国内通信にのみ使用する略符号(抜粋)

注 文字の上に線を付した略符号は、その全部を1符号として送信するモールス符号とする。

略符号	意義
キ	貴局
ト	当局
ルイ	種類
ヤ	字(語)数
ハツ	発信局名
タナ	発信番号
トキ	受付時刻
ウヘ	名あて
ウケナ	受信人名
$\overline{\text{ホホ}}$	指定
$\overline{\text{ウウ}}$	記事
$\overline{\text{ホレ}}$	本文
オウブン	欧文通報
ワブン	和文通報
$\overline{\text{ラタ}}$	和文通報の終了又は訂正
ダツ	貴局通過番号……は、脱号です。

センソウ	通過番号の順位にかかわらず特に先送する通報
メ	……字(語)目を送信してください。
ヨワ	……と訂正してください。
イヤ	どこから送信しましようか。
サラ	初めから更に送信してください。
ス	……以下少し送信してください。
ケシ	取り消してください。
カシラ	欧文通報の語数照会のため、名あて以下各語の頭字を送信してください。
ラスト	本文の終りの方を少し送信してください。
コヌ	当局着信又は中継信ではありません。
カミ	当局は受信用紙がありませんからこのまましばらく待つてください。
ヌケル	短点が脱落気味です。
キエル	字号が消え気味です。
ネバル	字号が密着気味です。
EX	機器調整又は実験のため調整符号を発射するときに使用する。
$\overline{\text{OSO}}$	非常符号
EXZ	欧文の非常通報の前置符号
HR	通報を送信します(最初の通報を送信しようとするときに使用する。)。
AHR	通報を引き続いて送信します(2通以上の通報を連続して送信する場合において、1通の通報の終了に引き続いて次の通報を送信しようとするときに使用する。)。

別表第三号　削　除

別表第四号　無線電話通信の略語(第14条関係)　(抜粋)

注1　＊を付した略語は、航空移動業務並びに航空、航空の準備及び航空の安全に関する情報を送信するための固定業務において使用してはならない。

2　国際通信においては、略語(MAYDAY, PAN PAN、SECURITE、SEELONCE MAYDAY、SEELONCE FEENEE、PRUDONCE、CORRECTION、INTERCO及びこれらに相当する略語を除く。)は、必要に応じこれに相当する外国語にかえるものとする。

略　　語	意義又は左欄の略語に相当する無線電信通信の略符号
遭難，MAYDAY 又はメーデー	$\overline{\text{SOS}}$
緊急，PAN PAN 又はパンパン	XXX
警報，SECURITE 又はセキユリテ	TTT
非常	$\overline{\text{OSO}}$
各局	CQ 又は CP
こちらは	DE
どうぞ	K
了解又は OK	R 又は RRR
お待ち下さい	$\overline{\text{AS}}$
反復	RPT
ただいま試験中	EX
本日は晴天なり	VVV
訂正又は CORRECTION	$\overline{\text{HH}}$
終り	$\overline{\text{AR}}$
さようなら	$\overline{\text{VA}}$
誰かこちらを呼びましたか	QRZ?
明りよう度	QRK
感度	QSA
そちらは……(周波数，周波数帯又は通信路) に変えてください	QSU
こちらは……(周波数，周波数帯又は通信路) に変更します	QSW
こちらは……(周波数，周波数帯又は通信路) を聴取します	QSX
通報が……(通数) 通あります	QTC
通報はありません	QRU
通信停止遭難、SEELONCE MAYDAY 又はシーロンスメーデー	QRT $\overline{\text{SOS}}$
通信停止遭難、SEELONCE DISTRESS 又はシーロンスデイストレス	QRT DISTRESS
遭難通信終了、SEELONCE FEENEE 又はシーロンスフイニイ	QUM

別表第五号　通話表（第14条関係）

1　和文通話表

文字														
ア	朝日の	ア	イ	いろはの	イ	ウ	上野の	ウ	エ	英語の	エ	オ	大阪の	オ
カ	為替の	カ	キ	切手の	キ	ク	クラブの	ク	ケ	景色の	ケ	コ	子供の	コ
サ	桜の	サ	シ	新聞の	シ	ス	すずめの	ス	セ	世界の	セ	ソ	そろばんの	ソ
タ	煙草の	タ	チ	ちどりの	チ	ツ	つるかめの	ツ	テ	手紙の	テ	ト	東京の	ト
ナ	名古屋の	ナ	ニ	日本の	ニ	ヌ	沼津の	ヌ	ネ	ねずみの	ネ	ノ	野原の	ノ
ハ	はがきの	ハ	ヒ	飛行機の	ヒ	フ	富士山の	フ	ヘ	平和の	ヘ	ホ	保険の	ホ
マ	マッチの	マ	ミ	三笠の	ミ	ム	無線の	ム	メ	明治の	メ	モ	もみじの	モ
ヤ	大和の	ヤ	−			ユ	弓矢の	ユ	−			ヨ	吉野の	ヨ
ラ	ラジオの	ラ	リ	りんごの	リ	ル	るすいの	ル	レ	れんげの	レ	ロ	ローマの	ロ
ワ	わらびの	ワ	ヰ	ゐどの	ヰ	−			ヱ	かぎのある	ヱ	ヲ	尾張の	ヲ
ン	おしまいの	ン	゛	濁点		゜	半濁点							
数字														
一	数字の	ひと	二	数字の	に	三	数字の	さん	四	数字の	よん	五	数字の	ご
六	数字の	ろく	七	数字の	なな	八	数字の	はち	九	数字の	きゅう	〇	数字の	まる
記号														
ー	長音		、	区切点		┗	段落		︵	下向括		︶	上向括	

（注）数字を送信する場合には、誤りを生ずるおそれがないと認めるときは、通常の発音による。（例「1500」は、「せんごひやく」とする。）か又は「数字の」の語を省略する。（例「1500」は、「ひとごまるまる」とする。）ことができる。

「使用例」

1 「ア」は、「朝日のア」と送る。

2 「バ」又は「パ」は、「はがきのハに濁点」又は「はがきのハに半濁点」と送る。

2　欧文通話表

（1）　文字

文字	使用する語	発音 ラテンアルファベットによる英語式の表示（国際音標文字による表示）
A	ALFA	AL FAH　（´ælfə）
B	BRAVO	BRAH VOH　（´bra:´vou）
C	CHARLIE	CHAR LEE　（´tʃa:li）又は
		SHAR LEE　（´ʃa:li）
D	DELTA	DELL TAH　（´deltə）
E	ECHO	ECK OH　（´ekou）
F	FOXTROT	FOKS TROT　（´fɔkstrɔt）
G	GOLF	GOLF　（gɔlf）
H	HOTEL	HOH TELL　（hou´tel）
I	INDIA	IN DEE AH　（´indiə）
J	JULIETT	JEW LEE ETT　（´dʒu:ljet）
K	KILO	KEY LOH　（´ki:lou）
L	LIMA	LEE MAH　（´li:mə）
M	MIKE	MIKE　（maik）
N	NOVEMBER	NO VEM BER　（no´vembə）
O	OSCAR	OSS CAH　（´ɔskə）
P	PAPA	PAH PAH　（pa´pa）
Q	QUEBEC	KEH BECK　（ke´bek）
R	ROMEO	ROW ME OH　（´roumiou）
S	SIERRA	SEE AIR RAH　（si´erə）
T	TANGO	TANG GO　（tæŋgo）
U	UNIFORM	YOU NEE FORM　（´ju:nifɔ:m）又は
		OO NEE FORM　（´u:nifɔrm）
V	VICTOR	VIK TAH　（´viktə）
W	WHISKEY	WISS KEY　（´wiski）
X	X-RAY	ECKS RAY　（´eks´rei）
Y	YANKEE	YANG KEY　（´jæŋki）
Z	ZULU	ZOO LOO　（´zu:lu:）

注　ラテンアルファベットによる英語式の発音の表示において、下線を付してある部分は語勢の強いことを示す。

「使用例」

「A」は、「AL FAH」と送る。

別表第五号2の(2)　（省　略）

別表第六号　削　除

別表第七号　（省　略）

別表第八号・別表第九号　削　除

別表第十号　（省　略）

別表第十一号　削　除

別表第十二号　（省　略）

○無線設備規則

昭和二十五年十一月三十日―電波監理委員会規則第十八号
最終改正　令和五年八月二十九日―総務省令第六十七号

目次

第一章　総則
第一節　通則（第一条―第四条）
第二節　電波の質（第五条―第七条）
第三節　保護装置（第八条・第九条）
第四節　特殊な装置（省　略）（第九条の二・第九条の三）
第五節　混信防止機能（省　略）（第九条の四）
第六節　周波数等を維持する機能（第九条の五・第九条の六）
第二章　送信設備
第一節　通則（第十条―第十四条の二）
第二節　送信装置（第十五条―第十九条）
第三節　送信空中線（第二十条―第二十三条）
第三章　受信設備（第二十四条―第二十六条）
第四章　業務別又は電波の型式及び周波数帯別による無線設備の条件
第一節～第四節の十　（省　略）（第二十七条―第四十九条の十三）
第四節の十一　特定小電力無線局の無線設備（第四十九条の十四）
第四節の十二～第九節　（省　略）（第四十九条の十五―第五十八条の二の十二）
第五章　高周波利用設備
第一節　通則（省　略）（第五十八条の三）
第二節　通信設備（第五十八条の四―第六十四条の二）
第三節　通信設備以外の設備（省　略）（第六十五条・第六十六条）
附　則

第一章　総　則

第一節　通　則

（目　的）

第一条　この規則は、無線設備及び高周波利用設備に関する条件を定めることを目的とする。

（根　拠）

第二条　この規則は、別に規定するもののほか、法第三章の規定（法第百条第五項において準用する場合を含む。）に基づいて制定せられるものとする。

第三条～第四条　（省　略）

第二節　電波の質

（周波数の許容偏差）

第五条　送信設備に使用する電波の周波数の許容偏差は、別表第一号に定めるとおりとする。

（占有周波数帯幅の許容値）

第六条　発射電波に許容される占有周波数帯幅の値は、別表第二号に定めるとおりとする。

（スプリアス発射又は不要発射の強度の許容値）

第七条　スプリアス発射又は不要発射の強度の許容値は、別表第三号に定めるとおりとする。

第三節　保護装置

（電源回路のしや断等）

第八条　真空管に使用する水冷装置には、冷却水の異状に対する警報装置又は電源回路の自動しや断器を装置しなければならない。

2　陽極損失一キロワット以上の真空管に使用する強制空冷装置には、送風の異状に対する警報装置又は電源回路の自動しや断器を装置しなければばならない。

第九条 前条に規定するものの外、無線設備の電源回路には、ヒューズ又は自動しや断器を装置しなければならない。但し、負荷電力一〇ワット以下のものについては、この限りでない。

第四節 特殊な装置

第九条の二・第九条の三 (省略)

第五節 混信防止機能

第九条の四 (省略)

第六節 周波数等を維持する機能

第九条の五・第九条の六 (省略)

第二章 送信設備

第一節 通則

第十条・第十一条 削除

(空中線電力の換算比)

第十二条 送信装置の搬送波電力、平均電力及び尖(せん)頭電力のそれぞれの換算比は、電波の型式に応じ、別表第四号に定めるとおりとする。

(空中線電力の算出方法等)

第十三条 無線設備の空中線電力の測定及び算出方法は、告示する。

(空中線電力の許容偏差)

第十四条 空中線電力の許容偏差は、次の表の上欄に掲げる送信設備の区別に従い、それぞれ同表の下欄に掲げるとおりとする。

送信設備	許容偏差	
	上限(パーセント)	下限(パーセント)
一〜七(省略)	(省略)	
八 次に掲げる送信設備 (一) アマチュア局の送信設備 (二) 一四二・九三MHzを超え一四二・九九MHz以下、一四六・九三MHzを超え一四六・九九MHz以下、一六九・三九MHzを超え一六九・八一MHz以下、三一二MHzを超え三一五・二五MHz以下、四〇一MHzを超え四〇二MHz以下、四〇五MHzを超え四〇六MHz以下又は四三三・六七MHzを超え四三四・一七MHz以下の周波数の電波を使用する特定小電力無線局の送信設備 (三) 二、四〇〇MHz以上二、四八三・五MHz以下の周波数の電波を使用する小電力データ通信システムの無線局の送信設備 (四) 超広帯域無線システムの無線局の送信設備	二〇	
九〜十九 (省略)	(省略)	
二十 その他の送信設備	(省略)	

2〜4 (省略)

(人体における比吸収率の許容値)

第十四条の二 (省略)

(高度MCA陸上無線通信を行う陸上移動局)

第二節　送信装置

（周波数の安定のための条件）

第十五条　周波数をその許容偏差内に維持するため、送信装置は、できる限り電源電圧又は負荷の変化によつて発振周波数に影響を与えないものでなければならない。

2　周波数をその許容偏差内に維持するため、発振回路の方式は、できる限り外囲の温度若しくは湿度の変化によつて影響を受けないものでなければならない。

3　移動局（移動するアマチュア局を含む。）の送信装置は、実際上起り得る振動又は衝撃によつても周波数をその許容偏差内に維持するものでなければならない。

第十六条　水晶発振回路に使用する水晶発振子は、周波数をその許容偏差内に維持するため、左の条件に適合するものでなければならない。

一　発振周波数が当該送信装置の水晶発振回路により又はこれと同一の条件の回路によりあらかじめ試験を行つて決定されているものであること。

二　恒温槽を有する場合は、恒温槽は水晶発振子の温度係数に応じてその温度変化の許容値を正確に維持するものであること。

（通信速度）

第十七条　手送電鍵操作による送信装置は、その操作の通信速度が二五ボーにおいて安定に動作するものでなければならない。

2　前項の送信装置以外の送信装置は、その最高運用通信速度の一〇パーセント増の通信速度において安定に動作するものでなければならない。

3　アマチュア局の送信装置は、前二項の規定にかかわらず、通常使用する通信速度でできる限り安定に動作するものでなければならない。

（変　調）

第十八条　送信装置は、音声その他の周波数によつて搬送波を変調する場合には、変調波の尖頭値において（±）一〇〇パーセントをこえない範囲に維持されるものでなければならない。

2　アマチュア局の送信装置は、通信に秘匿性を与える機能を有してはならない。

第十九条　（省　略）

第三節　送信空中線

（送信空中線の型式及び構成等）

第二十条　送信空中線の型式及び構成は、左の各号に適合するものでなければならない。

一　空中線の利得及び能率がなるべく大であること。

二　整合が十分であること。

三　満足な指向特性が得られること。

第二十一条　（省　略）

第二十二条　空中線の指向特性は、左に掲げる事項によつて定める。

一　主輻射方向及び副輻射方向

二　水平面の主輻射の角度の幅

三　空中線を設置する位置の近傍にあるものであつて電波の伝わる方向を乱すもの

四　給電線よりの輻射

第二十三条　削　除

第三章　受信設備

（副次的に発する電波等の限度）

第二十四条　法第二十九条に規定する副次的に発する電波が他の無線設備の機能に支障を与えない限度は、受信空中線と電気的常数の等しい擬似空中線回路を使用して測定した場合に、その回路の電力が四ナノワット以下でなければならない。

2～18　（省　略）

19　三一二MHzを超え三一五・二五MHz以下若しくは四三三・六七MHzを超え四三四・一七MHz以下の周波数の電波を使用する特定小電力無線局の受信設備については、第一項の規定にかかわらず、次の表に定めるとおりとする。

周波数帯	副次的に発する電波の限度
一GHz以下	任意の一〇〇kHz幅で四ナノワット以下
一GHzを超えるもの	任意の一MHz幅で四ナノワット以下

注 副次的に発する電波の限度は、等価等方輻射電力の値とする。

20～34 （省　略）

（その他の条件）

第二十五条 受信設備は、なるべく左の各号に適合するものでなければならない。

一 内部雑音が小さいこと。

二 感度が十分であること。

三 選択度が適正であること。

四 了解度が十分であること。

（受信空中線）

第二十六条 送信空中線に関する規定は、受信空中線に準用する。

第四章 業務別又は電波の型式及び周波数帯別による無線設備の条件

第二十七条～第三十三条 削　除

第三十三条の二～第三十三条の八 （省　略）

第三十三条の九 削　除

第三十三条の十～第三十七条の二 （省　略）

第三十七条の二の二～第三十七条の七の二 削　除

第三十七条の七の三～第三十七条の七の七 （省　略）

第三十七条の八～第三十七条の二十七の六 削　除

第三十七条の二十七の七～第三十七条の二十七の十一の三 （省　略）

第三十七条の二十七の十二～第三十七条の二十七の十四 削　除

第三十七条の二十七の十五～第四十条の二 （省　略）

第四十条の三 削　除

第四十条の四～第四十二条 （省　略）

第四十三条 削　除

第四十四条～第四十五条の三の七 （省　略）

第四十五条の四 削　除

第四十五条の五～第四十五条の十二の十一 （省　略）

第四十五条の十三 削　除

第四十五条の十四～第四十五条の十七 （省　略）

第四十五条の十八 削　除

第四十五条の十九～第四十六条 （省　略）

第四十七条 削　除

第四十七条の二～第四十九条の六 （省　略）

第四十九条の六の二・第四十九条の六の三 削　除

第四十九条の六の四～第四十九条の七 （省　略）

第四十九条の七の二 削　除

第四十九条の七の三～第四十九条の九 （省　略）

第四十九条の十～第四十九条の十三 削　除

第四節の十一 特定小電力無線局の無線設備

（特定小電力無線局の無線設備）

第四十九条の十四 特定小電力無線局の無線設備は、次の各号の区別に従い、それぞれに掲げる条件に適合するものでなければならない。

一～四 （省　略）

五 四三三・六七MHzを超え四三四・一七MHz以下の周波数の電波を使用するもの

イ 国際輸送用データ伝送設備（国際輸送用貨物（コンテナ又はパレットその他これらに類する輸送用器具を含む。以下同じ。）に設置される無線設備であつて、国際輸送用貨物に関する情報の伝送を行うものをいう。以下同じ。）及び国際輸送用データ制御設備（主として港湾、空港その他輸送網の拠点となる場所において使用される無線設備であつて、国際輸送用データ伝送設備の始動又は停止及び国際輸送用貨物に関する情報の伝送を行うものをいう。以下同じ。）は、それぞれ一の筐体に収められており、かつ、容易に開けることができないこと。ただし、国際輸送用データ制御設備の電源設備及び制御装置は、この限りではない。

ロ　給電線及び接地装置を有しないこと。

ハ　総務大臣が別に告示する技術的条件に適合する送信時間制限装置を備え付けていること。

ニ　総務大臣が別に告示する方法により表示がされていること。

六～十五　（省　略）

第四十九条の十五～第五十八条の二の十二　（省　略）

第五章　高周波利用設備

第一節　通則

（高周波出力の算出方法等）

第五十八条の三　高周波利用設備の高周波出力の測定及び算出方法は、告示する。

第二節　通信設備

（適用の範囲）

第五十八条の四　この節の規定は、法第百条第一項第一号の許可を要する通信設備に適用があるものとする。

（周波数の範囲等）

第五十九条　次の各号に掲げる通信設備は、それぞれ当該各号に適合するものでなければならない。ただし、総務大臣が別に告示するものについては、この限りでない。

一　電力線搬送通信設備（施行規則第四十四条第一項第一号に規定する電力線搬送通信設備をいう。以下同じ。）にあつては、一〇kHzから四五〇kHzまでの周波数を使用するもの又は定格電圧六〇〇ボルト以下及び定格周波数五〇ヘルツ又は六〇ヘルツの単相交流を通ずる電力線を使用し、かつ、同条第二項第二号に規定する分電盤から負荷側において二MHzから三〇MHzまでの周波数を使用するものであること。

二　誘導式通信設備（施行規則第四十四条第一項第二号に規定する誘導式通信設備のうち誘導式読み書き通信設備（同号(2)に規定する誘導式読み書き通信設備をいう。以下同じ。）を除いたものをいう。以下同じ。）にあつては、一〇kHzから二五〇kHzまでの周波数を使用するものであること。

2　広帯域電力線搬送通信設備（施行規則第四十四条第二項第二号に規定する広帯域電力線搬送通信設備をいう。以下同じ。）であつて搬送波の変調方式がスペクトル拡散方式のものは、搬送波が拡散される周波数の範囲が二MHzから三〇MHzまでの間になければならない。

3　電力線搬送通信設備の送信設備（特殊な装置のものを除く。）の高周波出力は、一〇ワット以下でなければならない。

第五十九条の二・第五十九条の三　（省　略）

（漏えい電界強度等の許容値）

第六十条　電力線搬送通信設備は、次の各号に適合するものでなければならない。ただし、第五十九条第一項ただし書の総務大臣が別に告示するものについては、適用しない。

一　一〇kHzから四五〇kHzまでの周波数を使用するものであつて、電力線に通ずる高周波電流の搬送波による電界強度は、その送信設備から一キロメートル以上離れ、かつ、電力線から$\lambda/2\pi$（λは搬送波の波長をメートルで表したものとし、πは円周率とする。以下同じ。）の距離において毎メートル五〇〇マイクロボルト以下でなければならない。

二　広帯域電力線搬送通信設備は、次のとおりであること。

(1)　伝導妨害波の電流及び電圧並びに放射妨害波の電界強度は、次の㈠から㈣までの各表に定める値以下であること。ただし、通信線又はそれに相当する部分が一の筐体内に収容されている場合は、㈢の規定は適用しない。

(一) 通信状態における電力線への伝導妨害波の電流

周波数帯	許容値（一マイクロアンペアを〇デシベルとする。）	
	準尖頭値	平均値
一五〇kHz以上五〇〇kHz未満	三六デシベルから二六デシベルまで ※	二六デシベルから一六デシベルまで ※
五〇〇kHz以上二MHz以下	二六デシベル	一六デシベル
二MHzを超え一五MHz未満	二〇デシベル（屋内広帯域電力線搬送通信設備（施行規則第四十四条第二項第二号の(1)に規定する屋内広帯域電力線搬送通信設備をいう。以下同じ。）にあつては、三〇デシベル）	一〇デシベル（屋内広帯域電力線搬送通信設備にあつては、二〇デシベル）
一五MHz以上三〇MHz以下	一〇デシベル（屋内広帯域電力線搬送通信設備にあつては、二〇デシベル）	〇デシベル（屋内広帯域電力線搬送通信設備にあつては、一〇デシベル）

注 ※を付した値は、周波数の対数に対して直線的に減少した値とする。

(二) 非通信状態における電力線への伝導妨害波の電圧

周波数帯	許容値（一マイクロボルトを〇デシベルとする。）	
	準尖頭値	平均値
一五〇kHz以上五〇〇kHz未満	六六デシベルから五六デシベルまで ※	五六デシベルから四六デシベルまで ※
五〇〇kHz以上五MHz以下	五六デシベル	四六デシベル
五MHzを超え三〇MHz以下	六〇デシベル	五〇デシベル

注 ※を付した値は、周波数の対数に対して直線的に減少した値とする。

(三) 通信状態における通信線又はそれに相当する部分への伝導妨害波の電流

周波数帯	許容値（一マイクロアンペアを〇デシベルとする。）	
	準尖頭値	平均値
一五〇kHz以上五〇〇kHz未満	四〇デシベルから三〇デシベルまで※	三〇デシベルから二〇デシベルまで※
五〇〇kHz以上三〇MHz以下	三〇デシベル	二〇デシベル

注 ※を付した値は、周波数の対数に対して直線的に減少した値とする。

(四) 通信状態における放射妨害波の電界強度

周波数帯	許容値（毎メートル一マイクロボルトを〇デシベルとする。）
三〇MHz以上二三〇MHz以下	三〇デシベル
二三〇MHzを超え一、〇〇〇MHz以下	三七デシベル

(2) (1)に掲げる伝導妨害波の電流及び電圧並びに放射妨害波の電界強度の測定方法については、総務大臣が別に告示する。

第六十一条・第六十一条の二 （省　略）

第六十二条 電力線搬送通信設備（広帯域電力線搬送通信設備を除く。）及び誘導式通信設備から発射される高調波、低調波又は寄生発射の強度は、搬送波に対して三〇デシベル以上低くなければならない。

第六十二条の二～第六十四条の二　（省　略）

第三節　通信設備以外の設備

第六十五条・第六十六条　（省　略）

別表第一号（第5条関係）

周波数の許容偏差の表

周　波　数　帯	無　線　局	周波数の許容偏差（Hz又はkHzを付したものを除き、百万分率）
1　9kHzを超え526.5kHz以下	1〜5　（省　略） 6　アマチュア局	（省　略） 100
2　（省　略）	（省　略）	（省　略）
3　1,606.5kHzを超え4,000kHz以下	1〜6　（省　略） 7　アマチュア局	（省　略） 500
4　4MHzを超え29.7MHz以下	1〜6　（省　略） 7　アマチュア局 8・9　（省　略）	（省　略） 500 （省　略）
5　29.7MHzを超え100MHz以下	1〜4　（省　略） 5　アマチュア局 6・7　（省　略）	（省　略） 500 （省　略）
6　100MHzを超え470MHz以下	1〜6　（省　略） 7　アマチュア局 8〜11　（省　略）	（省　略） 500 （省　略）
7　470MHzを超え2,450MHz以下	1〜11　（省　略） 12　アマチュア局 13　（省　略）	（省　略） 500 （省　略）
8　2,450MHzを超え10,500MHz以下	1〜3　（省　略） 4　アマチュア局 5〜7　（省　略）	（省　略） 500 （省　略）
9　10.5GHzを超え134GHz以下	1　（省　略） 2　アマチュア局 3〜7　（省　略）	（省　略） 500 （省　略）

注1　表中Hzは、電波の周波数の単位で、ヘルツを、W及びkWは、空中線電力の大きさの単位で、ワット及びキロワットを表す。

2　表中の空中線電力は、すべて平均電力（pY）とする。

3〜21　（省　略）

22　（削　除）

23〜38　（省　略）

39　（削　除）

40・41　（省　略）

42　（削　除）

43〜57　（省　略）

別表第二号（第6条関係）

第1〜第16　（省　略）

第17〜第22　（削　除）

第23〜第43　（省　略）

第44　（削　除）

第 45 ～第 52 （省　略）

第 53 （削　除）

第 54　アマチュア局（人工衛星に開設するアマチュア局及び人工衛星に開設するアマチュア局の無線設備を遠隔操作するアマチュア局を除く。）の無線設備の占有周波数帯幅の許容値は、第 1 から第 4 までの規定にかかわらず、総務大臣が別に告示するものとする。

第 55 ～第 79 （省　略）

別表第三号（第 7 条関係）

1　この別表において使用する用語の意義は、次のとおりとする。

(1)「スプリアス発射の強度の許容値」とは、無変調時において給電線に供給される周波数ごとのスプリアス発射の平均電力により規定される許容値をいう。

(2)「不要発射の強度の許容値」とは、変調時において給電線に供給される周波数ごとの不要発射の平均電力（無線測位業務を行う無線局、30MHz 以下の周波数の電波を使用するアマチュア局及び単側波帯を使用する無線局（移動局又は 30MHz 以下の周波数の電波を使用する地上基幹放送局以外の無線局に限る。）の送信設備（実数零点単側波帯変調方式を用いるものを除く。）にあつては、尖頭電力）により規定される許容値をいう。ただし、別に定めがあるものについてはこの限りでない。

(3)「搬送波電力」とは、施行規則第 2 条第 1 項第 71 号に規定する電力をいう。ただし、デジタル変調方式等のように無変調の搬送波が発射できない又は実数零点単側波帯変調方式のように搬送波が低減されている場合は、変調された搬送波の平均電力をいう。

(4)「参照帯域幅」とは、スプリアス領域における不要発射の強度の許容値を規定するための周波数帯域幅をいう。

(5)「BN」とは、帯域外領域及びスプリアス領域の境界の周波数を算出するために用いる必要周波数帯幅をいう。この場合における必要周波数帯幅は、占有周波数帯幅の許容値とする。ただし、次に掲げる場合の必要周波数帯幅は、次のとおりとする。

ア　チャネル間隔が規定されているものの必要周波数帯幅は、チャネル間隔とすることができる。

イ　指定周波数帯が指定されているものの必要周波数帯幅は、指定周波数帯の値とすることができる。

ウ　単一の電力増幅部により複数の主搬送波に対して給電を行う共通増幅方式の送信設備であつて、複数の連続した搬送波（均一又は等間隔に配置される場合に限る。）に対して共通増幅を行うもの（地上基幹放送局の送信設備を除く。）の必要周波数帯幅は、次式による値とすることができる。

$$Bo = bo + (m - 1)\Delta F$$

Bo：1 のシステム当たりの必要周波数帯幅

bo：1 の搬送波当たりの占有周波数帯幅の許容値

m：搬送波数

ΔF：1 の搬送波の中央の周波数と隣接する搬送波の中央の周波数の差

(6)「fc」とは、中心周波数（必要周波数帯幅の中央の周波数）をいう。

2　スプリアス発射の強度の許容値又は不要発射の強度の許容値は、次のとおりとする。
(1) 帯域外領域におけるスプリアス発射の強度の許容値及びスプリアス領域における不要発射の強度の許容値

基本周波数帯	空中線電力	帯域外領域におけるスプリアス発射の強度の許容値	スプリアス領域における不要発射の強度の許容値
30MHz以下	50Wを超えるもの	50mW（船舶局及び船舶において使用する携帯局の送信設備にあつては、200mW）以下であり、かつ、基本周波数の平均電力より40dB低い値。ただし、単側波帯を使用する固定局及び陸上局（海岸局を除く。）の送信設備にあつては、50dB低い値	基本周波数の搬送波電力より60dB低い値
	5Wを超え50W以下		50μW以下
	1Wを超え5W以下		50μW以下。ただし、単側波帯を使用する固定局及び陸上局（海岸局を除く。）の送信設備にあつては、基本周波数の尖頭電力より50dB低い値
	1W以下	1mW以下	50μW以下
30MHzを超え54MHz以下	50Wを超えるもの	1mW以下であり、かつ、基本周波数の平均電力より60dB低い値	50μW以下又は基本周波数の搬送波電力より70dB低い値
	1Wを超え50W以下		基本周波数の搬送波電力より60dB低い値
	1W以下	100μW以下	50μW以下
54MHzを超え70MHz以下	50Wを超えるもの	1mW以下であり、かつ、基本周波数の平均電力より80dB低い値	50μW以下又は基本周波数の搬送波電力より70dB低い値
	1Wを超え50W以下		基本周波数の搬送波電力より60dB低い値
	1W以下	100μW以下	50μW以下
70MHzを超え142MHz以下及び144MHzを超え146MHz以下	50Wを超えるもの	1mW以下であり、かつ、基本周波数の平均電力より60dB低い値	50μW以下又は基本周波数の搬送波電力より70dB低い値
	1Wを超え50W以下		基本周波数の搬送波電力より60dB低い値
	1W以下	100μW以下	50μW以下
142MHzを超え144MHz以下及び146MHzを超え162.0375MHz以下	50Wを超えるもの	1mW以下であり、かつ、基本周波数の平均電力より80dB低い値	50μW以下又は基本周波数の搬送波電力より70dB低い値
	1Wを超え50W以下		基本周波数の搬送波電力より60dB低い値
	1W以下	100μW以下	50μW以下

<table>
<tr><td rowspan="3">162.0375MHz を超え 335.4 MHz 以下</td><td>50W を超えるもの</td><td rowspan="2">1mW 以下であり、かつ、基本周波数の平均電力より 60dB 低い値</td><td>50μW 以下又は基本周波数の搬送波電力より 70dB 低い値</td></tr>
<tr><td>1W を超え 50W 以下</td><td>基本周波数の搬送波電力より 60dB 低い値</td></tr>
<tr><td>1W 以下</td><td>100μW 以下</td><td>50μW 以下</td></tr>
<tr><td rowspan="3">335.4MHz を超え 470MHz 以下</td><td>25W を超えるもの</td><td>1mW 以下であり、かつ、基本周波数の平均電力より 70dB 低い値</td><td>基本周波数の搬送波電力より 70dB 低い値</td></tr>
<tr><td>1W を超え 25W 以下</td><td>2.5μW 以下</td><td>2.5μW 以下</td></tr>
<tr><td>1W 以下</td><td>25μW 以下</td><td>25μW 以下</td></tr>
<tr><td rowspan="4">470MHz を超え 960MHz 以下</td><td>50W を超えるもの</td><td rowspan="2">20mW 以下であり、かつ、基本周波数の平均電力より 60dB 低い値</td><td>50μW 以下又は基本周波数の搬送波電力より 70dB 低い値</td></tr>
<tr><td>25W を超え 50W 以下</td><td>基本周波数の搬送波電力より 60dB 低い値</td></tr>
<tr><td>1W を超え 25W 以下</td><td>25μW 以下</td><td>25μW 以下</td></tr>
<tr><td>1W 以下</td><td>100μW 以下</td><td>50μW 以下</td></tr>
<tr><td rowspan="2">960MHz を超えるもの</td><td>10W を超えるもの</td><td>100mW 以下であり、かつ、基本周波数の平均電力より 50dB 低い値</td><td>50μW 以下又は基本周波数の搬送波電力より 70dB 低い値</td></tr>
<tr><td>10W 以下</td><td>100μW 以下</td><td>50μW 以下</td></tr>
</table>

注　空中線電力は、平均電力の値とする。

(2)　参照帯域幅は、次のとおりとする。

スプリアス領域の周波数帯	参照帯域幅
9kHz を超え 150kHz 以下	1kHz
150kHz を超え 30MHz 以下	10kHz
30MHz を超え 1GHz 以下	100kHz
1GHz を超えるもの	1MHz

(3) 帯域外領域及びスプリアス領域の境界の周波数は、次のとおりとする。

周波数範囲	必要周波数帯幅の条件	帯域外領域及びスプリアス領域の境界の周波数
9kHz < fc ≦ 150kHz	BN < 250Hz	fc ± 625Hz
	250Hz ≦ BN ≦ 10kHz	fc ± 2.5BN
	BN > 10kHz	fc ± (1.5BN + 10kHz)
150kHz < fc ≦ 30MHz	BN < 4kHz	fc ± 10kHz
	4kHz ≦ BN ≦ 100kHz	fc ± 2.5BN
	BN > 100kHz	fc ± (1.5BN + 100kHz)
30MHz < fc ≦ 1GHz	BN < 25kHz	fc ± 62.5kHz
	25kHz ≦ BN ≦ 10MHz	fc ± 2.5BN
	BN > 10MHz	fc ± (1.5BN + 10MHz)
1GHz < fc ≦ 3GHz	BN < 100kHz	fc ± 250kHz
	100kHz ≦ BN ≦ 50MHz	fc ± 2.5BN
	BN > 50MHz	fc ± (1.5BN + 50MHz)
3GHz < fc ≦ 10GHz	BN < 100kHz	fc ± 250kHz
	100kHz ≦ BN ≦ 100MHz	fc ± 2.5BN
	BN > 100MHz	fc ± (1.5BN + 100MHz)
10GHz < fc ≦ 15GHz	BN < 300kHz	fc ± 750kHz
	300kHz ≦ BN ≦ 250MHz	fc ± 2.5BN
	BN > 250MHz	fc ± (1.5BN + 250MHz)
15GHz < fc ≦ 26GHz	BN < 500kHz	fc ± 1.25MHz
	500kHz ≦ BN ≦ 500MHz	fc ± 2.5BN
	BN > 500MHz	fc ± (1.5BN + 500MHz)
fc > 26GHz	BN < 1MHz	fc ± 2.5MHz
	1MHz ≦ BN ≦ 500MHz	fc ± 2.5BN
	BN > 500MHz	fc ± (1.5BN + 500MHz)

注1 帯域外領域及びスプリアス領域の境界の周波数は、スプリアス領域に含むものとする。

2 発射する電波の周波数(必要周波数帯幅を含む。)が、二以上の周波数範囲にまたがる場合は、上限の周波数範囲に規定する値を適用する。

3 次に掲げる周波数の電波を使用する固定衛星業務及び放送衛星業務を行う無線局の送信設備であつて、必要周波数帯幅の条件を満たすものについては、この表に規定する値にかかわらず、次のとおりとする。(表省略)

3～5 (省 略)

6 (削 除)

7～9 (省 略)

10　335.4MHzを超え470MHz以下の周波数の電波を使用する航空移動業務の無線局、放送中継を行う無線局及びアマチュア局の送信設備の帯域外領域におけるスプリアス発射の強度の許容値並びにスプリアス領域における不要発射の強度の許容値は、2(1)及び4に規定する値にかかわらず、次のとおりとする。

空中線電力	帯域外領域におけるスプリアス発射の強度の許容値	スプリアス領域における不要発射の強度の許容値
50Wを超えるもの	1mW以下であり、かつ、基本周波数の平均電力より60dB低い値	50μW以下又は基本周波数の搬送波電力より70dB低い値
1Wを超え50W以下		基本周波数の搬送波電力より60dB低い値
1W以下	100μW以下	50μW以下

11～40　(省　略)

41　30MHz以下の周波数の電波を使用するアマチュア局(人工衛星に開設するアマチュア局の無線設備を遠隔操作するアマチュア局を含む。)の送信設備の帯域外領域におけるスプリアス発射の強度の許容値及びスプリアス領域における不要発射の強度の許容値は、2(1)に規定する値にかかわらず、次のとおりとする。

空中線電力	帯域外領域におけるスプリアス発射の強度の許容値	スプリアス領域における不要発射の強度の許容値
5Wを超えるもの	50mW以下であり、かつ、基本周波数の平均電力より40dB低い値	50mW以下であり、かつ、基本周波数の尖頭電力より50dB低い値
1Wを超え5W以下		50μW以下
1W以下	100μW以下	

42　宇宙無線通信を行う無線局の送信設備(14、35、36、40及び55の規定の適用があるものを除く。)であつて、総務大臣が別に告示するもののスプリアス発射又は不要発射の強度の許容値は、2(1)及び(2)に規定する値にかかわらず、当該告示に定める値とする。

43～45　(省　略)

46・47　(削　除)

48～57　(省　略)

58　1,240MHzを超え1,300MHz以下又は2,330MHzを超え2,370MHz以下の周波数の電波を使用する番組素材中継を行う移動業務の無線局のうち、複数の空中線から同一の周波数の電波を送信するものの無線設備については、2(1)に規定する値にかかわらず、次のとおりとする。

空中線電力	帯域外領域におけるスプリアス発射の強度の許容値	スプリアス領域のおける不要発射の強度の許容値
10Wを超えるもの	100mW以下であり、かつ、基本周波数の平均電力より50dB低い値	50μW以下又は基本周波数の搬送波電力より70dB低い値
10W以下	100μW以下	50μW以下

注　スプリアス発射又は不要発射の強度の許容値は、各空中線端子における電力の値の総和とする。

59 〜 69 （省　略）
70 総務大臣は、特に必要があると認めるときは、1 から 69 までの規定にかかわらず、その値を別に定めることができる。

別表第四号（第 12 条関係）
電波の型式別空中線電力の換算比の表

電波の型式	変調の特性	換算比			備　考
		搬送波電力（pZ）	平均電力（pY）	尖頭電力（pX）	
A1A A1B A1C A1D			0.5	1	
A2A A2B	1 変調用可聴周波数の電鍵操作 2 変調波の電鍵操作	1 1	1.25 0.75	4 4	
A2C		1	1	4	
A2D	1 変調用可聴周波数の電鍵操作 2 変調波の電鍵操作	1 1	1.25 0.75	4 4	
A3C A3E		1	1	4	
A3X			0.4	1	航空機用救命無線機及び航空機用携帯無線機に限る。
B7B B7D			0.075	1	
B8E			0.075	1	注 2 参照
D8E		1	1	4	
H3E			0.5	1	地上基幹放送局に限る。注4参照
J2C J3C			0.16	1	
J3E			0.16	1	注 5 参照
K1B K1D			0.5	1/d	
K2B K2D	1 変調用可聴周波数の電鍵操作 2 変調波の電鍵操作		1.25 0.75	4/d 4/d	

K3E K8E			1	4/d	
L2B L2D	1 変調用可聴周波数の電鍵操作 2 変調波の電鍵操作		1 0.5	1/d 1/da	
L3E L8E			1	1/da	
M2B M2D	1 変調用可聴周波数の電鍵操作 2 変調波の電鍵操作		1 0.5	1/da 1/da	
M3E M8E			1	1/da	
P0N			1	1/d	
R2C R3C			0.14	1	
R3E			0.14	1	注 5 参照
R7B R7D			0.14	1	

注

1 表中 d は衝撃係数を、da は平均衝撃係数を表す。

2 搬送波を低減し、又は抑圧した多重通信路の送信装置の尖頭電力は、一の変調周波数によつて変調したときの平均電力の 4 倍とする。この場合において、同一通信路にこの単一変調周波数と等しい強度で周波数の異なる一の変調周波数を加えたときは、送信装置の高周波出力における第 3 次の混変調積が単一変調周波数のみを加えたときよりも 25 デシベル下がつているものする。

3 (削　除)

4 (省　略)

5 搬送波を低減し、又は抑圧した単一通信路の送信装置の尖頭電力は、一の変調周波数によつて送信出力の飽和レベルで変調した場合の平均電力とする。

別表第五号　削　除

別表第六号　(省　略)

別図第一号～別図第二号　(省　略)

別図第三号～別図第四号の一の二　削　除

別図第四号の二・別図第四号の二の二　(省　略)

別図第四号の二の三～別図第四号の八の四　削　除

別図第四号の八の五～別図第四号の八の八の三　(省　略)

別図第四号の八の九～別図第四号の八の十　削　除

別図第四号の八の十一～別図第十九号　(省　略)

○特定無線設備の技術基準適合証明等に関する規則

昭和五十六年十一月二十一日―郵政省令第三十七号
最終改正　令和五年十月十二日―省令第七十五号

目　次

第一章　総則（第一条・第二条）
第二章　登録証明機関
　第一節　技術基準適合証明（第三条―第十六条）
　第二節　特定無線設備の工事設計についての認証（省　略）（第十七条―第二十二条）
第三章　承認証明機関
　第一節　技術基準適合証明（省　略）（第二十三条―第三十二条）
　第二節　特定無線設備の工事設計についての認証（省　略）（第三十三条―第三十八条）
第四章　特別特定無線設備の技術基準適合自己確認（省　略）（第三十九条―第四十二条）
第五章　雑則（省　略）（第四十三条）
附　則

第一章　総　則

（目　的）
第一条　この規則は、別に定めるものを除くほか、特定無線設備の技術基準適合証明等に関し、法の委任に基づく事項及び法の規定を施行するために必要とする事項を定めることを目的とする。

（特定無線設備等）
第二条　法第三十八条の二の二第一項の特定無線設備は、次のとおりとする。
第二条第一項
一～一の八（削　除）
一の九～三の二（省　略）
四（削　除）
四の二～四の七（省　略）
五～十の二（省　略）
十一・十一の二（削　除）
十一の三～十一の三十四（省　略）
十二　アマチュア局（人工衛星に開設するアマチュア局及び人工衛星に開設するアマチュア局の無線設備を遠隔操作するアマチュア局を除く。）に使用するための無線設備であつて、その空中線電力が五〇ワット以下（五四MHz以下の周波数の電波を使用するものについては、二〇〇ワット以下）のもの
十三～十九の十一（省　略）
二十（削　除）
二十の二～三十三の二（省　略）
三十四～三十七（削　除）
三十八～四十四（省　略）
四十五（削　除）
四十六～四十九（省　略）
五十（削　除）
五十一（省　略）
五十二（削　除）
五十二の二～五十四の六（省　略）
五十五・五十六（削　除）
五十七～八十（省　略）
2（省　略）

第二章　登録証明機関

第一節　技術基準適合証明

（登録の申請）

第三条　法第三十八条の二の二第一項の登録を受けようとする者は、様式第一号の申請書を総務大臣に提出しなければならない。

2・3　（省　略）

第三条の二　（省　略）

第四条・第五条　（省　略）

（技術基準適合証明の審査等）

第六条　登録証明機関は、その登録に係る技術基準適合証明を受けようとする者から求めがあつた場合には、別表第一号に定めるところにより審査を行わなければならない。

2〜9　（省　略）

第七条　（省　略）

（表　示）

第八条　法第三十八条の七第一項の規定により表示を付するときは、次に掲げる方法のいずれかによるものとする。

一・二　（省　略）

2・3　（省　略）

第八条の二　（省　略）

第九条〜第十六条　（省　略）

第二節　特定無線設備の工事設計についての認証

第十七条〜第二十二条　（省　略）

第三章　承認証明機関

第一節　技術基準適合証明

第二十三条〜第三十二条　（省　略）

第二節　特定無線設備の工事設計についての認証

第三十三条〜第三十八条　（省　略）

第四章　特別特定無線設備の技術基準適合自己確認

第三十九条〜第四十二条　（省　略）

第五章　雑　則

第四十三条　（省　略）

別表第一号〜別表第六号　（省　略）

様式第1号〜様式第6号　（省　略）

様式第7号　（第8条、第20条、第27条及び第36条関係）

表示は、次の様式に記号Ⓡ及び技術基準適合証明番号又は工事設計認証番号を付加したものとする。

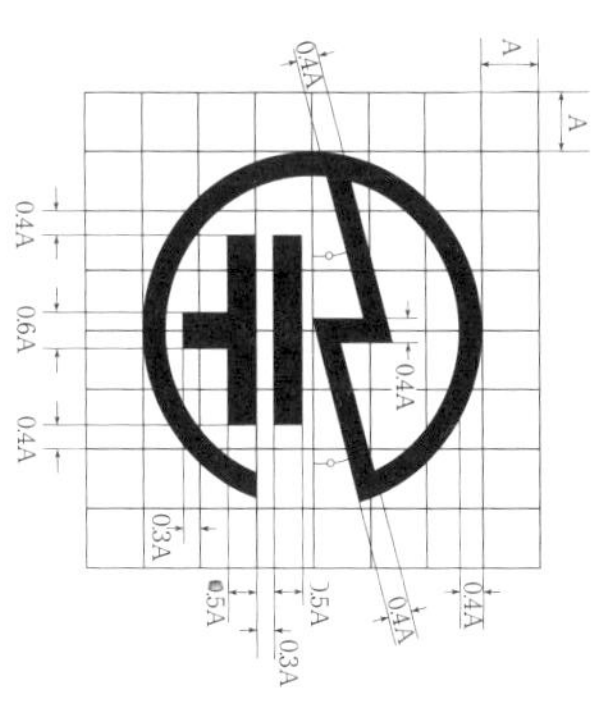

注1　大きさは、表示を容易に識別することができるものであること。
2　材料は、容易に損傷しないものであること（電磁的方法によって表示を付する場合を除く。）。
3　色彩は、適宜とする。ただし、表示を容易に識別することができるものであること。
4　技術基準適合証明番号の最初の3文字は総務大臣が別に定める登録証明機関又は承認証明機関の区別とし、4文字目又は4文字目及び5文字目は特定無線設備の種別に従い次表に定めるとおりとし、その他の文字等は総務大臣が別に定めるとおりとすること。

特定無線設備の種別	記号
（省　略）	
第2条第1項第12号に掲げる無線設備	K
（省　略）	

5　（省　略）

様式第8号～様式第14号　（省　略）

○登録検査等事業者等規則

平成九年九月二十六日―郵政省令第七十六号
最終改正　令和二年十二月一日―総務省令第百五号

目次

第一章　総則（第一条）
第二章　検査等事業者の登録手続（第二条―第八条）
第三章　外国点検事業者の登録手続（第九条―第十四条）
第四章　登録に係る検査又は点検の実施等（第十五条―第二十二条）
第五章　雑則（第二十三条）

第一章　総　則

（目　的）

第一条　この規則は、別に定めるものを除くほか、登録検査等事業者及び登録外国点検事業者（以下「登録検査等事業者等」という。）の登録及び検査又は点検の実施に関し、法の委任に基づく事項及び法の規定を施行するために必要とする事項を定めることを目的とする。

第二章　検査等事業者の登録手続

（登録の申請）

第二条　法第二十四条の二第一項の登録を受けようとする者は、別表第一号に定める様式の申請書及びその添付書類を総合通信局長（沖縄総合通信事務所長を含む。以下同じ。）に提出しなければならない。

2　法第二十四条の二第三項の業務の実施の方法を定める書類（以下「業務実施方法書」という。）には、次に掲げる事業者ごとに、それぞれ次に掲げる事項を記載するものとする。

一　検査等事業者（点検の事業のみを行う者を除く。）
イ　検査又は点検を行う無線設備等に係る無線局の種別
ロ　検査又は点検の事業を行う事務所の名称及び所在地
ハ　検査又は点検の業務を行う組織（申請者が法人の場合に限る。）
ニ　無線局の種別ごとの無線設備等の点検を行う者（以下「点検員」という。）の氏名及び法別表第一に掲げる条件のうち該当するもの（当該点検員が同表第一号の条件に該当する場合は、無線従事者の資格（陸上特殊無線技士は、第一級陸上特殊無線技士に限る。）及び免許証の番号）
ホ　点検に用いる測定器その他の設備（以下「測定器等」という。）の名称又は型式及び製造事業者名
ヘ　測定器等の保守及び管理並びに法第二十四条の二第四項第二号の較正又は校正（以下「較正等」という。）の計画

ト　無線設備等の検査（点検である部分を除く。以下「判定」という。）を行う者（以下「判定員」という。）の氏名及び法別表第四に掲げる条件のうち該当するもの（当該判定員が無線従事者の資格を有する場合は、その資格及び免許証の番号）
チ　無線局の種別ごとの検査又は点検の実施方法
リ　検査又は点検の業務に関する帳簿その他の書類の管理に関する事項
二　検査等事業者（点検の事業のみを行う者に限る。）
イ　点検を行う無線設備等に係る無線局の種別
ロ　点検の事業を行う事務所の名称及び所在地
ハ　点検の業務を行う組織（申請者が法人の場合に限る。）
ニ　無線局の種別ごとの点検員の氏名及び法別表第一に掲げる条件のうち該当するもの（当該点検員が同表第一号の条件に該当する場合は、無線従事者の資格（陸上特殊無線技士は、第一級陸上特殊無線技士に限る。）及び免許証の番号）
ホ　測定器等の名称又は型式及び製造事業者名
ヘ　測定器等の保守及び管理並びに較正等の計画
ト　無線局の種別ごとの点検の実施方法
チ　点検の業務に関する帳簿その他の書類の管理に関する事項
3　前項第一号ニ及び第二号ニの無線従事者の資格のうち、陸上特殊無線技士の資格又は第一級アマチュア無線技士の資格を有する者は、海岸局、航空局、船舶局及び航空機局以外の無線局の無線設備等の点検に限って行うものとする。
4　第二項の業務実施方法書には、次に掲げる証明書を添付しなければならない。
一　検査等事業者（点検の事業のみを行う者を除く。）にあっては、点検員が法別表第一（第一号を除く。）に掲げる条件のいずれかに該当する者であることの証明書及び判定員が法別表第四（第一号から第三号までの無線従事者の資格を有することの証明書を除く。）に掲げる条件のいずれかに該当するものであることの証明書
二　検査等事業者（点検の事業を行う者に限る。）にあっては、点検員が法別表第一（第一号を除く。）に掲げる条件のいずれかに掲げる条件に該当する者であることの証明書
5　法第二十四条の二第三項の総務省令で定める書類は、次のとおりとする。
一　検査等事業者（点検のみを行う者を除く。）であって、申請者が法人である場合は、定款の謄本、登記事項証明書、役員の氏名並びに過去二年間の経歴を記載した別表第二号に定める様式の書類及び法第二十四条の二第五項各号に該当しないことを示す別表第三号に定める様式の書類
二　検査等事業者（点検の事業のみを行う者を除く。）であって、申請者が個人である場合は、氏名、住所及び生年月日を証する書類並びに過去二年間の経歴を記載した別表第二号に定める様式の書類及び法第二十四条の二第五項各号に該当しないことを示す別表第三号に定める様式の書類
三　検査等事業者（点検の事業のみを行う者に限る。）である場合は、法第二十四条の二第五項各号に該当しないことを示す別表第三に定める様式の書類
6　法別表第四第三号の総務省令で定める陸上特殊無線技士は、第一級陸上特殊無線技士とする。
7　前項の陸上特殊無線技士の資格を有する者は、海岸局、航空局、船舶局及び航空機局以外の無線設備等の判定に限って行うものとする。

（登録の更新）
第二条の二　（省　略）

第三条　法第二十四条の二の二第一項の登録の更新の申請は、登録の有効期間満了前三箇月以上六箇月を超えない期間において行わなければならない。

（登録証の様式）
第四条　法第二十四条の四第一項の登録証の様式は、別表第四号のとおりとする。
2　（省　略）

第五条～第八条　（省　略）

第三章　外国点検事業者の登録手続

第九条～第十四条　（省　略）

第四章　登録に係る検査又は点検の実施等

第十五条～第十八条　（省　略）

（点検の実施項目）

第十九条　法第十条第二項、法第十八条第二項若しくは法第七十三条第四項の総務省令で定める点検の実施項目は、別表第七号のとおりとする。

２　登録検査等事業者等は、第二条第二項又は第九条第二項の登録に係る業務実施方法書に従って適切に点検を行わなければならない。

３　登録検査等事業者等が無線設備等の点検を行うことができる無線局は、国が開設するもの（第十五条に規定する無線局で国が開設するものに限る。）以外のものとする。

（点検の実施方法等）

第二十条　点検の実施方法等については、総務大臣が別に告示するところによるものとする。

（点検結果の通知）

第二十一条　登録検査等事業者等は、点検を実施したときは、別表第八号に定める点検結果通知書により点検を依頼した者に通知しなければならない。

第二十二条　（省　略）

第五章　雑　則

第二十三条　（省　略）

別表第一号～別表第八号　（省　略）

○アマチュア局関係告示

目　次

- アマチュア局が動作することを許される周波数帯
- アマチュア局の無線設備の占有周波数帯幅の許容値
- 簡易な免許手続を行うことのできる無線局
- 許可を要しないアマチュア局の無線設備に係る工事設計の軽微な事項
- 免許を要しない無線局の用途並びに電波の型式及び周波数
- 工事設計書の記載の一部を省略することができる適合表示無線設備
- 金銭上の利益のためでなくもっぱら個人的な無線技術の興味によって行う総務大臣が別に告示する業務
- アマチュア業務に使用する電波の型式及び周波数の使用区別
- 免許人以外の者が行う無線局（アマチュア局に限る）の運用を、免許人がする無線局の運用とする場合
- アマチュア局（人工衛星に開設するアマチュア局及び人工衛星に開設するアマチュア局の無線設備を遠隔操作するアマチュア局を除く。）に指定することが可能な電波の型式、周波数及び空中線電力を一括して表示する記号
- 通信方法の特例
- 時計、業務書類の省略等
- 外国のアマチュア無線技士の資格、操作の範囲、操作を行おうとする場合の条件
- 無線設備の設置場所の変更検査を受けることを要しないアマチュア局
- アマチュア局に対する広報を送信する無線局の運用
- 申請又は届出を電子申請等により行う場合において、電磁的記録を送信することにより提出することができない書類等

- 無線設備の空中線電力の測定及び算出方法
- 総務大臣が定める無線設備
- 人体が電波に不均一にばく露される場合その他総務大臣が不合理であると認める場合の電波の強度の値を定める件
- 無線設備から発射される電波の強度の算出方法及び測定方法
- 無線局免許申請書等に添付する無線局事項書及び工事設計書の各欄に記載するためのコード表

アマチュア局が動作することを許される周波数帯

（施行規則第十三条の二）

平成二十一年三月十七日―総務省告示第百二十六号

最終改正　令和二年四月二十一日―総務省告示第百四十八号

電波法施行規則（昭和二十五年電波監理委員会規則第十四号）第十三条の二の規定に基づき、アマチュア局が動作することを許される周波数帯を次のように定め、平成二十七年一月五日から施行する。

なお、昭和五十七年郵政省告示第二百十八号（アマチュア局が動作することを許される周波数帯を定める件）は、平成二十一年三月二十九日限り、廃止する。

	指定周波数	動作することを許される周波数帯
1	136.75kHz	135.7kHz から 137.8kHz まで（注1）
2	475.5kHz	472kHz から 479kHz まで（注1）
3	1,910kHz	1,800kHz から 1,875kHz まで及び 1,907.5kHz から 1,912.5kHz まで（注1、注2）
4	3,537.5kHz	3,500kHz から 3,580kHz まで、3,599kHz から 3,612kHz まで及び 3,662kHz から 3,687kHz まで（注1、注3）
5	3,798kHz	3,702kHz から 3,716kHz まで、3,745kHz から 3,770kHz まで及び 3,791kHz から 3,805kHz まで（注1）
6	7,100kHz	7,000kHz から 7,200kHz まで（注4）
7	10,125kHz	10,100kHz から 10,150kHz まで（注1、注5）
8	14,175kHz	14,000kHz から 14,350kHz まで（注6）
9	18,118kHz	18,068kHz から 18,168kHz まで
10	21,225kHz	21,000kHz から 21,450kHz まで
11	24,940kHz	24,890kHz から 24,990kHz まで
12	28.85MHz	28MHz から 29.7MHz まで
13	52MHz	50MHz から 54MHz まで（注1）
14	145MHz	144MHz から 146MHz まで
15	435MHz	430MHz から 440MHz まで（注1、注5）
16	1,280MHz	1,260MHz から 1,300MHz まで（注1、注5）
17	2,425MHz	2,400MHz から 2,450MHz まで（注1、注5、注7）
18	5,750MHz	5,650MHz から 5,850MHz まで（注1、注5、注7）
19	10.125GHz	10GHz から 10.25GHz まで（注1、注5）
20	10.475GHz	10.45GHz から 10.5GHz まで（注5）
21	24.025GHz	24GHz から 24.05GHz まで（注7）
22	47.1GHz	47GHz から 47.2GHz まで
23	77.75GHz	77.5GHz から 78GHz まで（注1）
24	135GHz	134GHz から 136GHz まで（注1）
25	249GHz	248GHz から 250GHz まで（注1）

注1　この周波数帯は、アマチュア衛星業務に使用することはできない。ただし、次に掲げる場合であって、国際電気通信連合憲章に規定する無線通信規則第5条の周波数分配表（以下「国際周波数分配表」という。）に従って運用しているアマチュア業務以外の業務の無線局に妨害を与えな

い場合は、この限りでない。

（1）　50MHz から 50.3MHz まで、431.9MHz から 432.1MHz まで、1,295.8MHz から 1,296.2MHz まで及び 5,760MHz から 5,762MHz までの周波数帯を使用して、月面反射通信（月面による電波の反射を利用して行う無線通信をいう。）を行う場合

（2）　435MHz から 438MHz まで及び 2,400MHz から 2,450MHz までの周波数帯を使用する場合

（3）　1,260MHz から 1,270MHz まで及び 5,650MHz から 5,670MHz までの周波数帯を使用して、地球から宇宙への伝送を行う場合

（4）　5,830MHz から 5,850MHz までの周波数帯を使用して、宇宙から地球への伝送を行う場合

注２　1,825kHz から 1,875kHz については、国際周波数分配表に従って運用しているアマチュア業務以外の業務の無線局に妨害を与えない場合に限る。

注３　3,575kHz から 3,580kHz 及び 3,662kHz から 3,680kHz については、国際周波数分配表に従って運用しているアマチュア業務以外の業務の無線局に妨害を与えない場合に限る。

注４　7,100kHz から 7,200kHz までの周波数帯は、アマチュア衛星業務に使用することはできない。

注５　この周波数帯の使用は、国際周波数分配表に従って運用しているアマチュア業務以外の業務の無線局に妨害を与えない場合に限る。

注６　この周波数帯のうち、14,250kHz を超える周波数帯は、アマチュア衛星業務に使用することはできない。

注７　2,400MHz から 2,450MHz まで、5,725MHz から 5,850MHz まで及び 24GHz から 24.05GHz までの周波数帯の使用に際しては、産業科学医療用装置の運用によって生じる有害な混信を容認しなければならない。

アマチュア局の無線設備の占有周波数帯幅の許容値

（無線設備規則別表第二号第54）

令和五年三月二十二日―総務省告示第百八十一号

無線設備規則（昭和二十五年電波監理委員会規則第十八条）別表第二号第54の規定に基づき、アマチュア局の無線設備の占有周波数帯幅の許容値を次のように定め、令和五年九月二十五日から施行する。

なお、平成二十一年総務省告示第百二十五号（アマチュア局の無線設備の占有周波数帯幅の許容値を定める件）は令和五年九月二十四日限り、廃止する。

占有周波数帯幅の許容値の表

電波の型式	占有周波数帯幅の許容値	備考
A1A	0.5kHz	
A3E B8W	6kHz	注1、注2、注3、注4、注5
D7D F1D F2A F2B F2C F2D F2E F3C F3F F7D F7W G1D G1E G7D	3kHz	注1、注2、注5、注6、注7
F1E	6kHz	注1、注2、注3、注5、注8
F3E	40kHz	注1、注2、注3、注5、注7

F8W		
その他の電波の型式	3kHz	注1、注2、注4、注5、注9

注1　135.7kHz から 137.8kHz まで及び 472kHz から 479kHz までの周波数の電波を使用する場合の占有周波数帯幅の許容値は、占有周波数帯幅の許容値の欄に規定する値にかかわらず、200Hz 以下とする。

注2　1,260MHz から 1,300MHz まで、2,400MHz から 2,450MHz まで、5,650MHz から 5,850MHz まで、10GHz から 10.25GHz まで及び 10.45GHz から 10.5GHz までの周波数の電波を使用する場合の占有周波数帯幅の許容値は、占有周波数帯幅の許容値の欄に規定する値にかかわらず、18MHz 以下とする。

注3　1,907.5kHz から 1,912.5kHz までの周波数の電波を使用する場合の占有周波数帯幅の許容値は、占有周波数帯幅の許容値の欄に規定する値にかかわらず、3kHz 以下とする。

注4　50MHz から 54MHz まで、144MHz から 146MHz まで及び 430MHz から 440MHz までの周波数の電波を使用する場合の占有周波数帯幅の許容値は、占有周波数帯幅の許容値の欄に規定する値にかかわらず、25kHz 以下とする。

注5　24GHz 以上の周波数の電波を使用する場合の占有周波数帯幅の許容値は、占有周波数帯幅の許容値の欄に規定する値にかかわらず、20MHz 以下とする。

注6　28MHz から 29.7MHz まで、50MHz から 54MHz まで及び 144MHz から 146MHz までの周波数の電波を使用する場合の占有周波数帯幅の許容値は、占有周波数帯幅の許容値の欄に規定する値にかかわらず、40kHz 以下とする。

注7　430MHz から 440MHz までの周波数の電波を使用する場合の占有周波数帯幅の許容値は、占有周波数帯幅の許容値の欄に規定する値にかかわらず、30kHz 以下とする。

注8　28MHz から 29.7MHz まで、50MHz から 54MHz まで、144MHz から 146MHz まで及び 430MHz から 440MHz までの周波数の電波を使用する場合の占有周波数帯幅の許容値は、占有周波数帯幅の許容値の欄に規定する値にかかわらず、30kHz 以下とする。

注9　28MHz から 29.7MHz までの周波数の電波を使用する場合の占有周波数帯幅の許容値は、占有周波数帯幅の許容値の欄に規定する値にかかわらず、6kHz 以下とする。

簡易な免許手続を行うことのできる無線局

（免許手続規則第十五条の五第一項）

昭和三十六年三月十四日―郵政省告示第百九十九号

最終改正　令和五年三月二十二日―総務省告示第七十九号

無線局免許手続規則（昭和二十五年電波監理委員会規則第十五号）第十五条の四第三号の規定により、簡易な免許手続を行うことのできる無線局を次のとおり定める。

一　現に免許を受けている無線局を廃止して当該無線局の無線設備をそのまま継続使用して他の無線局を開設しようとする場合（第三項に規定する場合を除く。）であつて、開設しようとする無線局が次に掲げる条件に適合するもの

1　無線設備の設置場所（船舶局、無線航行移動局及び航空機局以外の移動する無線局については、その無線局の常置場所を管轄する総合通信局（沖縄総合通信事務所を含む。）の管轄区域とする。以下同じ。）が現に免許を受けている無線局の無線設備の設置場所と同　であること。

2　無線設備の全部が現に免許を受けている無線局の無線設備の全部又は一部であること。ただし、無線設備に適用される法第三章の技術基準が、現に免許を受けている無線局の無線設備に適用されているものと同等であるか又はそれより厳格でないものに限る。

3　電波の型式及び周波数が現に免許を受けている無線局に指定されているものの全部又は一部であること。
4　空中線電力が現に免許を受けている無線局に指定されているものと同一であること。
5　現に免許を受けている無線局の時計及び業務書類（免許状並びに免許申請書及びその添付書類の写しを除く。）をそのまま継続使用すること。
6　現に免許を受けている無線局に選任されている無線従事者を引き続き選任すること。

二　現に免許を受けている無線局の無線設備をそのまま共通に使用して他の無線局を開設しようとする場合であつて、開設しようとする無線局が次の各号に掲げる条件に適合するもの
1　無線設備の全部が現に免許を受けている無線局の無線設備の全部又は一部であること。ただし、無線設備に適用される法第三章の技術基準が、現に免許を受けている無線局の無線設備に適用されているものと同等であるか又はそれより厳格でないものに限る。
2　電波の型式及び周波数が現に免許を受けている無線局に指定されているものの全部又は一部であること。
3　空中線電力が現に免許を受けている無線局に指定されているものと同一であること。
4　現に免許を受けている無線局の時計及び業務書類（免許状並びに免許申請書及びその添付書類の写しを除く。）を施行規則第三十八条の三第二項の規定により共通に使用することができること。
5　現に免許を受けている無線局に選任されている無線従事者を共通選任すること。

三　（省　略）

四　空中線電力が二〇〇ワット以下のアマチュア局（人工衛星に開設するアマチュア局及び人工衛星に開設するアマチュア局の無線設備を遠隔操作するアマチュア局を除く。）であって、総務大臣が別に定めるところにより公示する者による、総務大臣が別に定める手続に従つて行つた法第三章の技術基準に適合していることの保証を受けた無線設備を使用するもの

五〜七　（省　略）

許可を要しないアマチュア局の無線設備に係る工事設計の軽微な事項

（施行規則第十条の二）

令和五年三月二十二日―総務省告示第七十四号

電波法施行規則（昭和二十五年電波監理委員会規則第十四号）第十条の二の規定に基づき、許可を要しないアマチュア局の無線設備に係る工事設計の軽微な事項を次のように定め、令和五年九月二十五日から施行する。

アマチュア局（人工衛星に開設するアマチュア局及び人工衛星に開設するアマチュア局の無線設備を遠隔操作するアマチュア局を除く。）の設備又は装置の工事設計の全部又は一部分について変更する場合（設備又は装置の全部又は一部分について変更の工事をする場合を含む。）

工事設計のうち軽微なものとするもの	適用の条件
1　空中線電力200ワット以下の送信機の工事設計	当該部分の全部について、適合表示無線設備に係る工事設計に改める場合若しくはこれを追加する場合又は総務大臣が別に定めるところにより公示する者による、総務大臣が別に定める手続に従って行った法第3章の技術基準に適合していることの保証を受けた送信機に係る工事設計に改める場合若しくはこれを追加する場合（新たな工事設計として追加する場合を含む。）に限る。
2　空中線の工事設計	当該部分の全部について削る場合又は改め

工事設計のうち軽微なもの	適用の条件
	る場合若しくは追加する場合（送信機と空中線間に減衰器を追加する場合を含む。）。ただし、いずれも空中線の型式又は電気的特性に変更を来さない場合（減衰器の追加により空中線電力が低下する場合を除く。）に限る。
3　空中線電力20ワット以下の送信機の部品に係る工事設計	当該部品について改める場合であって、無線設備の電気的特性に変更を来さないときに限る。
4　送信機の部品に係る工事設計（1の項から3の項までに掲げるものを除く。）	当該部品について改める場合又はこれを追加する場合であって、次のいずれかに該当するときに限る。 1　空中線電力200ワット以下の送信機の部品の工事設計であって、総務大臣が別に定めるところにより公示する者による、総務大臣が別に定める手続に従って行った法第3章の技術基準に適合していることの保証を受けたとき 2　無線設備の電気的特性に変更を来さないとき（水晶片に係る工事設計を削ることにより周波数の変更を行う場合を除き、空中線電力200ワットを超える送信機の部品の工事設計であって、総務大臣が別に定めるところにより公示する者による、総務大臣が別に定める手続に従って行った無線設備規則の一部を改正する省令（平成17年総務省令第119号）附則第3条第1項の規定による経過措置を受けている無線設備について同令附則第2条に規定する新規則の条件に適合していることの保証を受けた場合を含む。）
5　適合表示無線設備の部品に係る工事設計	シンセサイザー方式の送信装置の周波数合成回路に係る工事設計に改める場合（当該設備について受けた法第4条第2号の適合表示無線設備に係る周波数の範囲を超えることとなる場合を除く。）に限る。

注　施行規則第10条の2第2項の規定により準用する場合においては、工事設計のうち軽微なものとするものの欄中「工事設計」とあるのは「変更の工事」と、適用の条件の欄中「に係る工事設計に改める場合」とあるのは「に取り替える場合」と、「新たな工事設計として追加する場合」とあるのは「新たに付設する場合」と、「削る場合」とあるのは「撤去する場合」と、「改める場合」とあるのは「取り替える場合」と、「追加する場合」とあるのは「増設する場合」とそれぞれ読み替えるものとする。

免許を要しない無線局の用途並びに電波の型式及び周波数

（施行規則第六条第一項第二号）

昭和三十二年八月三日―郵政省告示第七百八号

最終改正　平成二十年八月二十九日―総務省告示第四百七十二号

電波法施行規則（昭和二十五年電波監理委員会規則第十四号）第六条第一項第二号の規定により、免許を要しない無線局の用途並びに電波の型式及び周波数を次のとおり定める。

一　用途

模型飛行機、模型ボートその他これらに類するものの無線操縦用発振器（以下「ラジコン用発振器」という。）であつて、安全性を確保して使用するもの又は有線式マイクロホンのかわりに使用される無線電話用送信装置（以下「ラジオマイク」という。）

二　電波の型式及び周波数

1　ラジコン用発振器用及びラジオマイク用

電波の型式	周波数
A一D、A二D、A三E、F一D、F二D、F三D、F三E	二七・一二MHz　(1)
A三E、F三E	四〇・六八MHz　(2)

注　その発射の占有する周波数帯幅に含まれるエネルギーが⑴の周波数については（±）一六二・七二kHz、⑵の周波数については（±）二〇・三四kHzの範囲を超えないものに限る。

2　ラジコン用発振器用　（省　略）

工事設計書の記載の一部を省略することができる適合表示無線設備

（免許規則第十五条の三）
平成五年八月五日―郵政省告示第四百七号
最終改正　平成二十四年十二月五日―総務省告示第四百二十三号

無線局免許手続規則（昭和二十五年電波監理委員会規則第十五号）第十五条の三第四項の規定に基づき、工事設計書の記載の一部を省略することができる技術基準適合証明設備を次のように定める。

特定無線設備の技術基準適合証明等に関する規則（昭和五十六年郵政省令第三十七号）第二条第一項第一号の四から第二号の二まで、第三号の二から第六号まで、第九号、第十一号の三、第十一号の四、第十一号の六の二から第十一号の八の二まで、第十一号の十の二から第十一号の十二まで、第十一号の十五、第十一号の十七、第十一号の十九、第十一号の二十の二から第十一号の二十一まで、第十一号の二十三、第十一号の二十五、第十一号の二十六、第十二号、第十四号、第十五号から第十八号まで、第十九号の五から第十九号の十まで、第二十号の二、第二十一号、第二十三号、第二十三号の二、第二十四号から第二十八号まで、第二十八号の三から第三十一号まで、第三十八号から第四十五号まで、第五十一号、第五十二号の二、第五十二号の三、第五十四号から第五十四号の三まで及び第六十三号に掲げる無線設備

金銭上の利益のためでなく、もっぱら個人的な無線技術の興味によって行う総務大臣が別に告示する業務

（施行規則第三条第一項第十五号）
令和三年三月十日―総務省告示第九十一号
最終改正　令和五年三月二十二日―総務省告示第七十号

電波法施行規則第三条第一項第十五号に規定する、金銭上の利益のためでなく、もっぱら個人的な無線技術の興味によって行う総務大臣が別に告示する業務は、次の各号に掲げる業務とする。なお、各号に掲げる業務には、営利を目的とする法人等の営利事業の用に供する業務は含まれない。

一　特定非営利活動促進法（平成十年法律第七号）第二条第一項に定める特定非営利活動に該当する活動その他の社会貢献活動のために行う業務

二　国又は地方公共団体その他の公共団体が実施する事業に係る活動（これらに協力するものを含む。）であって、地域における活動又は当該活動を支援するために行うものであり、かつ、金銭上の利益を目的とする活動以外の活動のために行う業務

三　教育又は研究活動のために行う業務

アマチュア業務に使用する電波の型式及び周波数の使用区別

（運用規則第二百五十八条の二）
令和五年三月二十二日―総務省告示第八十号

無線局運用規則（昭和二十五年電波監理委員会規則第十七号）第二百五十八条の二の規定に基づき、アマチュア業務に使用する電波の型式及び周波数の使用区別を次のように定め、令和五年九月二十五日から施行する。

なお、平成二十一年総務省告示第百七十九号（アマチュア業務に使用する電波の型式及び周波数の区別を定める件）は令和五年九月二十四日限り、廃止する。

アマチュア業務に使用する電波の型式及び周波数の使用区別

	周波数帯の別	使用電波の型式及び周波数の使用区別	
		電波の型式	周波数
1	135.7kHz から 137.8kHz まで	全ての電波の型式	135.7kHz から 137.8kHz まで
2	472kHz から 479kHz まで	全ての電波の型式	472kHz から 479kHz まで
3	1,800kHz から 1,875kHz まで及び 1,907.5kHz から 1,912.5kHz まで	A1A	1,800kHz から 1,830kHz まで
		全ての電波の型式（注 1）	1,830kHz から 1,875kHz まで
		全ての電波の型式	1,907.5kHz から 1,912.5kHz まで
4	3,500kHz から 3,580kHz まで、 3,599kHz から 3,612kHz まで及び 3,662kHz から 3,687kHz まで	A1A	3,500kHz から 3,530kHz まで
		全ての電波の型式	3,530kHz から 3,580kHz まで
			3,599kHz から 3,612kHz まで
			3,622kHz から 3,687kHz まで
5	3,702kHz から 3,716kHz まで、 3,745kHz から 3,770kHz まで及び 3,791kHz から 3,805kHz まで	全ての電波の型式	3,702kHz から 3,716kHz まで
			3,745kHz から 3,770kHz まで
			3,791kHz から 3,805kHz まで
6	7,000kHz から 7,200kHz まで	A1A	7,000kHz から 7,030kHz まで
		全ての電波の型式	7,030kHz から 7,200kHz まで
7	10,100kHz から 10,150kHz まで	A1A	10,100kHz から 10,120kHz まで
		全ての電波の型式（注 2）	10,120kHz から 10,150kHz まで
8	14,000kHz から 14,350kHz まで	A1A	14,000kHz から 14,070kHz まで
		全ての電波の型式	14,070kHz から 14,350kHz まで
9	18,068kHz から 18,168kHz まで	A1A	18,068kHz から 18,080kHz まで
		全ての電波の型式	18,080kHz から 18,168kHz まで
10	21,000kHz から 21,450kHz まで	A1A	21,000kHz から 21,070kHz まで
		全ての電波の型式	21,070kHz から 21,450kHz まで
11	24,890kHz から 24,990kHz まで	A1A	24,890kHz から 24,900kHz まで
		全ての電波の型式	24,900kHz から 24,990kHz まで
12	28MHz から 29.7MHz まで	A1A	28MHz から 28.07MHz まで
		全ての電波の型式（注 3）	28.07MHz から 29MHz まで
		全ての電波の型式	29MHz から 29.3MHz まで
			29.3MHz から 29.51MHz まで（注 6）
			29.51MHz から 29.59MHz まで（注 7）
			29.59MHz から 29.61MHz まで
			29.61MHz から

			29.7MHz まで（注 7）
13	50MHz から 54MHz まで	全ての電波の型式（注 4）	50MHz から 50.07MHz まで（注 8）
		全ての電波の型式（注 3）	50.07MHz から 50.3MHz まで（注 8）
			50.3MHz から 51MHz まで
		全ての電波の型式	51MHz から 54MHz まで
14	144MHz から 146MHz まで	全ての電波の型式（注 3）	144MHz から 144.02MHz まで（注 9）
			144.02MHz から 144.2MHz まで（注 8）
			144.2MHz から 144.5MHz まで
		全ての電波の型式	144.5MHz から 144.6MHz まで（注 15）
			144.6MHz から 144.7MHz まで
		全ての電波の型式（注 5）	144.7MHz から 145.65MHz まで（注 10）
		全ての電波の型式	145.65MHz から 145.8MHz まで（注 15）
			145.8MHz から 146MHz まで（注 6）
15	430MHz から 440MHz まで	A1A	430MHz から 430.1MHz まで
		全ての電波の型式（注 3）	430.1MHz から 430.7MHz まで
		全ての電波の型式	430.7MHz から 431MHz まで（注 15）
			431MHz から 431.4MHz まで
		全ての電波の型式（注 5）	431.4MHz から 431.9MHz まで（注 10）
		全ての電波の型式（注 3）	431.9MHz から 432.1MHz まで（注 9）
		全ての電波の型式（注 5）	432.1MHz から 434MHz まで（注 10）
		全ての電波の型式	434MHz から 435MHz まで（注11、注15）
			435MHz から 438MHz まで（注 6）
			438MHz から 439MHz まで（注 15）
			439MHz から 440MHz まで（注11、注15）
16	1,260MHz から 1,300MHz まで	全ての電波の型式	1,260MHz から 1,270MHz まで（注 6）
			1,270MHz から 1,273MHz まで（注 11）
			1,273MHz から 1,290MHz まで
			1,290MHz から 1,293MHz まで（注 11）
			1,293MHz から 1,295.8MHz まで
		全ての電波の型式（注 3）	1,295.8MHz から 1,296.2MHz まで（注 9）
		全ての電波の型式	1,296.2MHz から 1,299MHz まで
			1,299MHz から 1,300MHz まで（注 11）
17	2,400MHz から 2,450MHz まで	全ての電波の型式	2,400MHz から 2,405MHz まで（注 12）
			2,405MHz から 2,407MHz まで（注 11）
			2,407MHz から

			2,424MHz まで
			2,424MHz から 2,424.5MHz まで（注 8）
			2,424.5MHz から 2,425MHz まで
			2,425MHz から 2,427MHz まで（注 11）
			2,427MHz から 2,450MHz まで
18	5,650MHz から 5,850MHz まで	全ての電波の型式	5,650MHz から 5,670MHz まで（注 13）
			5,670MHz から 5,690MHz まで（注 11）
			5,690MHz から 5,725MHz まで
			5,725MHz から 5,730MHz まで（注 11）
			5,730MHz から 5,760MHz まで
			5,760MHz から 5,762MHz まで（注 8）
			5,762MHz から 5,765MHz まで
			5,765MHz から 5,770MHz まで（注 11）
			5,770MHz から 5,810MHz まで
			5,810MHz から 5,830MHz まで（注 11）
			5,830MHz から 5,850MHz まで（注 13）
19	10GHz から 10.25GHz まで	全ての電波の型式	10GHz から 10.025GHz まで（注 11）
			10.025GHz から 10.15GHz まで
			10.15GHz から 10.18GHz まで（注 11）
			10.18GHz から 10.245GHz まで
			10.245GHz から 10.25GHz まで（注 11）
20	10.45GHz から 10.5GHz まで	全ての電波の型式	10.45GHz から 10.5GHz まで（注 14）

備考 1　自動受信を目的とする場合は、モールス符号によるものを除く。

備考 2　周波数の欄に定める各周波数の範囲は、上限の周波数は当該範囲に含み、下限の周波数は当該範囲に含まないものとする。

備考 3　周波数の欄に定める各周波数は、別に注で定める場合を除き、次に掲げる場合に使用することはできない。

（1）衛星通信を行う場合

（2）一般社団法人日本アマチュア無線連盟（以下「連盟」という。）のアマチュア業務の中継用無線局を介する通信に使用する場合（以下「連盟の中継用無線局に係る通信を行う場合」という。）

（3）月面反射通信（月面による電波の反射を利用して行う無線通信をいう。以下同じ。）を行う場合

備考 4　2,000kHz 以下の周波数の電波は、別に注で定める場合を除き、その占有周波数帯幅が 0.5kHz 以下のものに限り使用することができる。

備考 5　2,000kHz を超え 24,999kHz 以下の周波数の電波は、その占有周波数帯幅が 3 kHz 以下のものに限り使用することができる。ただし、A3E 電波については、その占有周波数帯幅が 6kHz 以下の場合に限り使用することができる。

備考 6　144MHz を超え 440MHz 以下の周波数の電波は、別に注で定める場合を除き、公衆網に接続して音声（これに付随するデータを含む。）の伝送を行う通信（インターネットを利用して遠隔操作を行い通信する場合を除く。）に使用することはできない。

備考 7　この表の規定にかかわらず、次に掲げる周波数は、A1A 電波により連盟が標識信号の送信を行う場合に限り使用することができる。

14,100kHz、18,110kHz、21,150kHz、24,930kHz、28.2MHz、50.01MHz

備考 8　この表の規定にかかわらず、次に掲げる周波数は、F2A 電波又

はF3E電波により連絡設定を行う場合に限り使用することができる。

51MHz,145MHz,433MHz,1,295MHz,2,427MHz,5,760MHz,10.24GHz

注1　備考4の規定にかかわらず、この電波は、その占有周波数帯幅が3kHz以下の場合に限り使用することができる。ただし、A3E電波については、その占有周波数帯幅が6kHz以下の場合に限り使用することができる。

注2　この電波は、その占有周波数帯幅が2kHz以下の場合に限り使用することができる。

注3　この電波は、その占有周波数帯幅が3kHz以下の場合に限り使用することができる。ただし、A3E電波については、その占有周波数帯幅が6kHz以下の場合に限り使用することができるものとし、また、144.3MHzから144.5MHzまでの周波数の電波で国際宇宙基地に開設されたアマチュア局と通信を行う場合については、その占有周波数帯幅が40kHz以下のときに限り使用することができるものとする。

注4　この電波は、その占有周波数帯幅が2kHz以下の場合に限り使用することができる。ただし、月面反射通信を行う場合については、その占有周波数帯幅が3kHz以下の場合に限り使用することができる。

注5　この電波は、その占有周波数帯幅が3kHzを超える場合に限り使用することができる。

注6　備考3の規定にかかわらず、この周波数の電波は、衛星通信を行う場合に限り使用することができる。

注7　備考3の規定にかかわらず、この周波数の電波は、連盟の中継用無線局に係る通信を行う場合に使用することができる。

注8　備考3の規定にかかわらず、この周波数の電波は、月面反射通信を行う場合に使用することができる。

注9　備考3の規定にかかわらず、この周波数の電波は、月面反射通信を行う場合に限り使用することができる。

注10　この周波数の電波は、直接印刷無線電信及びデータ伝送（音声とデータを複合した通信及び画像の伝送を除く。）を行う通信に使用することはできない。

注11　備考3の規定にかかわらず、この周波数の電波は、連盟の中継用無線局に係る通信を行う場合に限り使用することができる。

注12　備考3の規定にかかわらず、この周波数の電波は、衛星通信又は月面反射通信を行う場合に限り使用することができる。

注13　備考3の規定にかかわらず、この周波数の電波は、衛星通信又は連盟の中継用無線局に係る通信を行う場合に限り使用することができる。

注14　備考3の規定にかかわらず、この周波数の電波は、衛星通信又は月面反射通信を行う場合に使用することができる。

注15　備考6の規定にかかわらず、この周波数の電波は、公衆網に接続して音声（これに付随するデータを含む。）の伝送を行う通信に使用することができる。

免許人以外の者が行う無線局（アマチュア局に限る。）の運用を、免許人がする無線局の運用とする場合

（電波法施行規則第五条の二）

令和四年九月三十日―総務省告示第三百三十一号

最終改正　令和五年三月二十二日―総務省告示第七十一号

免許人（電波法（昭和二十五年法律第百三十一号。以下「法」という。）第十四条第二項第二号の免許人をいう。以下同じ。）からアマチュア局の運用を行う免許人以外の者（法第五条第三項各号のいずれか又は法第四十二条第一号若しくは第二号に該当する者を除く。以下「運用者」という。）に対して、法及びこれに基づく命令の定めるところによる無線局の適正な運用の確保について適切な監督が行われているアマチュア局の運用であって、次に掲げるものとする。ただし、第一号の運用における立会いについては、運用しようとするアマチュア局の免許人が社団であって、当該免許人の承諾を得て、地震、台風、洪水、津波、雪害、火災、暴動その他非常の事態が発生し、又は発生するおそれがある場合において、人命の救助、災害の救援、交通通信の確保又は秩序の維持のために必要な通信を行うときは、当該免許人の立会いを要しないこととする。

一　アマチュア局の無線設備の操作をその操作ができる資格を有する無線従事者の指揮（立会い（これに相当する適切な措置を執るものを含む。）をするものに限る。以下同じ。）の下に、運用者が行う当該アマチュア局の運用であって、次に掲げる要件に適合するもの

イ　アマチュア局の無線設備を操作することができる資格（外国において法第四十条第一項第五号に掲げる資格に相当する資格を含む。以下同じ。）を有する運用者による運用であって、当該資格で操作できる範囲内で運用するものであること。

ロ　運用しようとするアマチュア局の免許の範囲内で運用するものであること。

ハ　呼出し又は応答を行う際は、運用しようとするアマチュア局の呼出符号を使用するものであること。なお、当該アマチュア局の呼出符号の後に、運用者が開設するアマチュア局の呼出符号又は氏名を送信しても差し支えない。

二　電波法施行規則（昭和二十五年電波監理委員会規則第十四号）第三十四条の十の規定により、アマチュア局の無線設備の操作をその操作ができる資格を有する無線従事者の指揮の下に、運用者が行う当該アマチュア局の運用であるもの

アマチュア局（人工衛星に開設するアマチュア局及び人工衛星に開設するアマチュア局の無線設備を遠隔操作するアマチュア局を除く。）に指定することが可能な電波の型式、周波数及び空中線電力を一括して表示する記号

（無線局手続規則第十条の二第四項）

令和五年三月二十二日―総務省告示第七十七号

無線局免許手続規則（昭和二十五年電波監理委員会規則第十五号）第十条の二第四項（第二十一条第五項において準用する場合を含む。）の規定に基づき、アマチュア局（人工衛星に開設するアマチュア局及び人工衛星に開設するアマチュア局の無線設備を遠隔操作するアマチュア局を除く。）に指定することが可能な電波の型式、周波数及び空中線電力を一括して表示する記号を次のように定め、令和五年九月二十五日から施行する。

なお、平成二十一年総務省告示第百二十七号（アマチュア局において使用する電波の型式を表示する記号を定める件）は、九月二十四日限り、廃止する。

無線従事者の資格	無線局の区分	周波数等	記号
第一級アマチュア無線技士	移動しない局	別表第１号	1AF
	移動する局	別表第２号	1AM
第二級アマチュア無線技士	移動しない局	別表第３号	2AF
	移動する局	別表第２号	2AM
第三級アマチュア無線技士	移動しない局	別表第４号	3AF
	移動する局	別表第５号	3AM
第四級アマチュア無線技士	移動しない局	別表第６号	4AF
	移動する局	別表第７号	4AM
	アマチュア業務の中継用無線局	別表第８号	ATR

別表第１号　1AF（第一級アマチュア無線技士が開設する移動しないアマチュア局）

記号	指定周波数	電波の型式	空中線電力	附款
1AF	136.75kHz	全ての電波の型式	200W	別記１、別記２、別記３
	475.5kHz		200W	別記1、別記3、別記9、別記10
	1,910kHz		1,000W	別記1（1,825kHzから1,375kHzまでに限る。）
	3,537.5kHz		1,000W	別記1（3,575kHzから3,580kHzまで及び3,662kHzから3,680kHzまでに限る。）
	3,798kHz		1,000W	
	7,100kHz		1,000W	

	10,125kHz		1,000W	
	18,118kHz		1,000W	
	21,225kHz		1,000W	
	24,940kHz		1,000W	
	28.85MHz		1,000W	
	52MHz		500W	別記 4
	145MHz		50W	別記 5
	435MHz		50W	別記 5
	1,280MHz		10W	別記 1、別記 5、別記 6
	2,425MHz		2W	別記1、別記7、別記8、別記11
	5,750MHz		2W	別記1、別記8、別記11、別記12
	10.125GHz		2W	別記 1
	10.475GHz		2W	別記 8、別記 12
	24.025GHz		2W	別記 11、別記 12、別記 13
	47.1GHz		0.2W	別記 12、別記 13
	77.75GHz		0.2W	
	135GHz		0.2W	
	249GHz		0.1W	
	4,630kHz	A1A	1,000W	別記 14

別記 1　この周波数の使用は、一次業務の無線局に有害な混信を生じさせ、及び一次業務の無線局からの有害な混信に対して保護を要求してはならない。

2　この周波数の使用は、等価等方輻射電力が 1 W以下の場合に限る。ただし、電波の送信の地点から 100 mの範囲内に鉄道線路がある場合は、等価等方輻射電力が、100 mを 1 として鉄道線路からの距離を表した値を二乗した値に 1 Wを乗じた値以下の場合に限る。

3　この周波数の使用は、高周波利用設備からの混信を許容しなければならない。

4　50MHz を超え 51.5MHz 以下の周波数を使用して外国のアマチュア局との通信を行うものであって、他の無線局の運用及び放送の受信に妨害を与えない場合に限り、1,000 W以下の空中線電力とすることができる。

5　月面反射通信（月面による電波の反射を利用して行う無線通信をいう。以下この表において同じ。）を行う場合に限り、500 W以下の空中線電力とすることができる。

6　月面反射通信を行う場合は、送信空中線の最大輻射方向の仰角は、水平面からの見通し範囲内の山岳、地表面、立木及び建物その他の工作物の仰角の値に 6 度以上加えた値としなければならない。

7　月面反射通信を行う場合は、送信空中線の最大輻射方向の仰角の値を地表線（一の地点から見た地形及び地物と空との境界線をいう。以下この表において同じ。）から 3 度以上の値としなければならず、また、2,400MHz を超え 2,405MHz 以下の周波数の電波を使用する場合は、アマチュア衛星業務を行うアマチュア局の運用に妨害を与えない場合に限る。

8　月面反射通信を行う場合に限り、300 W以下の空中線電力とすることができる。

9　この周波数の使用は、等価等方輻射電力が 1 W以下の場合に限る。

10　この周波数の使用は、電波の送信の地点から 200 mの範囲内に、住宅、事務所又は事業所その他の居住又は使用している建物が存在しない場合に限る。ただし、当該範囲内の建物の全ての居住者又は使用者が中波放送を受信しないことに関して了解している場合（全ての居住者又は使用者の了解を得ているものとして当該範囲内の建物の所有者又は管理者が了解している場合を含む。）は、この限りでない。

11　この周波数の使用は、産業科学医療用機器からの混信を容認しなければならない。

12　月面反射通信を行う場合は、送信空中線の最大輻射方向の仰角の値は、地表線から 5 度を超える値としなければならない。

13　月面反射通信を行う場合に限り、50 W以下の空中線電力とすることができる。

14　この周波数の使用は、非常通信の連絡設定に使用する場合に限り、連絡設定後の通信は、他の電波により行わなければならない。ただし、他の電波によって非常通信を行うことができないか又は著しく困難な場合は、この限りでない。

別表第２号　1AM 及び 2AM（第一級アマチュア無線技士及び第二級アマチュア無線技士が開設する移動するアマチュア局）

記号	指定周波数	電波の型式	空中線電力	附款
1AM（第一級アマチュア無線技士が開設する場合に限る。）	136.75kHz	全ての電波の型式	50W	別記 1、別記 2、別記 3
	475.5kHz		50W	別記1、別記3、別記8、別記9
	1,910kHz		50W	別記1（1,825kHzから1,875kHzまでに限る。）
	3,537.5kHz		50W	別記1（3,575kHzから3,580kHzまで及び3,662kHzから3,680kHzまでに限る。）
2AM（第二級アマチュア無線技士が開設する場合に限る。）	3,798kHz		50W	
	7,100kHz		50W	
	10,125kHz		50W	
	14,175kHz		50W	
	18,118kHz		50W	
	21,225kHz		50W	
	24,940kHz		50W	
	28.85MHz		50W	
	52MHz		50W	
	145MHz		50W	
	435MHz		50W	
	1,280MHz		1W	別記1、別記4、別記5、別記6
	2,425MHz		2W	別記1、別記5、別記7、別記10
	5,750MHz		2W	別記1、別記5、別記10、別記11
	10.125GHz		2W	別記 1
	10.475GHz		2W	別記 5、別記 11
	24.025GHz		2W	別記 5、別記 10、別記 11
	47.1GHz		0.2W	別記 5、別記 11
	77.75GHz		0.2W	
	135GHz		0.2W	
	249GHz		0.1W	
	4,630kHz	A1A	50W	別記 12

別記１　この周波数の使用は、一次業務の無線局に有害な混信を生じさせ、及び一次業務の無線局からの有害な混信に対して保護を要求してはならない。

2　この周波数の使用は、等価等方輻射電力が１W以下の場合に限る。ただし、電波の送信の地点から 100 mの範囲内に鉄道線路がある場合は、等価等方輻射電力が、100 mを１として鉄道線路からの距離を表した値を二乗した値に１Wを乗じた値以下の場合に限る。

3　この周波数の使用は、高周波利用設備からの混信を許容しなければならない。

4　この周波数の使用は、常置場所で使用する場合に限り、10 W以下の空中線電力とすることができる。

5　月面反射通信（月面による電波の反射を利用して行う無線通信をいう。以下この表において同じ。）を行う場合に限り、50 W以下の空中線電力とすることができる。

6　月面反射通信を行う場合は、送信空中線の最大輻射方向の仰角は、水平面からの見通し範囲内の山岳、地表面、立木及び建物その他の工作物の仰角の値に６度以上加えた値としなければならない。

7　月面反射通信を行う場合は、送信空中線の最大輻射方向の仰角の値を地表線（一の地点から見た地形及び地物と空との境界線をいう。以下この表において同じ。）から３度以上の値としなければならず、また、2,400MHz を超え 2,405MHz 以下の周波数の電波を使用する場合は、アマチュア衛星業務を行うアマチュア局の運用に妨害を与えない場合に限る。

8　この周波数の使用は、等価等方輻射電力が１W以下の場合に限る。

9　この周波数の使用は、電波の送信の地点から 200 mの範囲内に、住宅、事務所又は事業所その他の居住又は使用している建物が存在しない場合に限る。ただし、当該範囲内の建物の全ての居住者又は使用者が中波放送を受信しないことに関して了解している場合（全ての居住者又は使用者の了解を得ているものとして当該範囲内の建物の所有者又は管理者が了解している場合を含む。）は、この限りでない。

10　この周波数の使用は、産業科学医療用機器からの混信を容認しなければならない。

11　月面反射通信を行う場合は、送信空中線の最大輻射方向の仰角の値は、地表線から５度を超える値としなければならない。

12　この周波数の使用は、非常通信の連絡設定に使用する場合に限り、連絡設定後の通信は、他の電波により行わなければならない。ただし、他の電波によって非常通信を行うことができないか又は著しく困難な場合は、この限りでない。

別表第３号　2AF（第二級アマチュア無線技士が開設する移動しないアマチュア局）

記号	指定周波数	電波の型式	空中線電力	附款
2AF	136.75kHz	全ての電波の型式	200W	別記 1、別記 2、別記 3
	475.5kHz		200W	別記1、別記3、別記7、別記8
	1,910kHz		200W	別記1（1,825kHzから1,875kHzまでに限る。）
	3,537.5kHz		200W	別記1（3,575kHzから3,580kHzまで及び3,662kHzから3,680kHzまでに限る。）
	3,798kHz		200W	
	7,100kHz		200W	
	10,125kHz		200W	
	14,175kHz		200W	
	18,118kHz		200W	
	21,225kHz		200W	
	24,940kHz		200W	
	28.85MHz		200W	
	52MHz		200W	
	145MHz		50W	別記 4
	435MHz		50W	別記 4
	1,280MHz		10W	別記 1、別記 4、別記 5
	2,425MHz		2W	別記1、別記4、別記6、別記9
	5,750MHz		2W	別記1、別記4、別記9、別記10
	10.125GHz		2W	別記 1
	10.475GHz		2W	別記 4、別記 10
	24.025GHz		2W	別記 9、別記 10、別記 11
	47.1GHz		0.2W	別記 10、別記 11
	77.75GHz		0.2W	
	135GHz		0.2W	
	249GHz		0.1W	
	4,630kHz	A1A	200W	別記 12

別記１　この周波数の使用は、一次業務の無線局に有害な混信を生じさせ、及び一次業務の無線局からの有害な混信に対して保護を要求してはならない。

2　この周波数の使用は、等価等方輻射電力が１W以下の場合に限る。ただし、電波の送信の地点から100 mの範囲内に鉄道線路がある場合は、等価等方輻射電力が、100 mを１として鉄道線路からの距離を表した値を二乗した値に１Wを乗じた値以下の場合に限る。

3　この周波数の使用は、高周波利用設備からの混信を許容しなければならない。

4　月面反射通信（月面による電波の反射を利用して行う無線通信をいう。以下この表において同じ。）を行う場合に限り、200 W以下の空中線電力とすることができる。

5　月面反射通信を行う場合は、送信空中線の最大輻射方向の仰角は、水平面からの見通し範囲内の山岳、地表面、立木及び建物その他の工作物の仰角の値に６度以上加えた値としなければならない。

6　月面反射通信を行う場合は、送信空中線の最大輻射方向の仰角の値を地表線（一の地点から見た地形及び地物と空との境界線をいう。以下この表において同じ。）から３度以上の値としなければならず、また、2,400MHzを超え2,405MHz以下の周波数の電波を使用する場合は、アマチュア衛星業務を行うアマチュア局の運用に妨害を与えない場合に限る。

7　この周波数の使用は、等価等方輻射電力が１W以下の場合に限る。

8　この周波数の使用は、電波の送信の地点から200 mの範囲内に、住宅、事務所又は事業所その他の居住又は使用している建物が存在しない場合に限る。ただし、当該範囲内の建物の全ての居住者又は使用者が中波放送を受信しないことに関して了解している場合（全ての居住者又は使用者の了解を得ているものとして当該範囲内の建物の所有者又は管理者が了解している場合を含む。）は、この限りでない。

9　この周波数の使用は、産業科学医療用機器からの混信を容認しなければならない。

10　月面反射通信を行う場合は、送信空中線の最大輻射方向の仰角の値は、地表線から５度を超える値としなければならない。

11　月面反射通信を行う場合に限り、50 W以下の空中線電力とすることができる。

12　この周波数の使用は、非常通信の連絡設定に使用する場合に限り、連絡設定後の通信は、他の電波により行わなければならない。ただし、他の電波によって非常通信を行うことができないか又は著しく困難な場合は、この限りでない。

別表第4号　3AF（第三級アマチュア無線技士が開設する移動しないアマチュア局）

記号	指定周波数	電波の型式	空中線電力	附款
3AF	136.75kHz	全ての電波の型式	50W	別記 1、別記 2、別記 3
	475.5kHz		50W	別記1、別記3、別記7、別記8
	1,910kHz		50W	別記1（1,825kHzから1,875kHzまでに限る。）
	3,537.5kHz		50W	別記1（3,575kHzから3,580kHzまで及び3,662kHzから3,680kHzまでに限る。）
	3,798kHz		50W	
	7,100kHz		50W	
	18,118kHz		50W	
	21,225kHz		50W	
	24,940kHz		50W	
	28.85MHz		50W	
	52MHz		50W	
	145MHz		50W	
	435MHz		50W	
	1,280MHz		10W	別記 1、別記 4、別記 5
	2,425MHz		2W	別記1、別記4、別記6、別記9
	5,750MHz		2W	別記1、別記4、別記9、別記10
	10.125GHz		2W	別記 1
	10.475GHz		2W	別記 4、別記 10
	24.025GHz		2W	別記 4、別記 9、別記 10
	47.1GHz		0.2W	別記 4、別記 10
	77.75GHz		0.2W	
	135GHz		0.2W	
	249GHz		0.1W	
	4,630kHz	A1A	50W	別記 11

別記 1　この周波数の使用は、一次業務の無線局に有害な混信を生じさせ、及び一次業務の無線局からの有害な混信に対して保護を要求してはならない。

2　この周波数の使用は、等価等方輻射電力が 1 W以下の場合に限る。ただし、電波の送信の地点から 100 mの範囲内に鉄道線路がある場合は、等価等方輻射電力が、100 mを 1 として鉄道線路からの距離を表した値を二乗した値に 1 Wを乗じた値以下の場合に限る。

3　この周波数の使用は、高周波利用設備からの混信を許容しなければならない。

4　月面反射通信（月面による電波の反射を利用して行う無線通信をいう。以下この表において同じ。）を行う場合に限り、50 W以下の空中線電力とすることができる。

5　月面反射通信を行う場合は、送信空中線の最大輻射方向の仰角は、水平面からの見通し範囲内の山岳、地表面、立木及び建物その他の工作物の仰角の値に 6 度以上加えた値としなければならない。

6　月面反射通信を行う場合は、送信空中線の最大輻射方向の仰角の値を地表線（一の地点から見た地形及び地物と空との境界線をいう。以下この表において同じ。）から 3 度以上の値としなければならず、また、2,400MHz を超え 2,405MHz 以下の周波数の電波を使用する場合は、アマチュア衛星業務を行うアマチュア局の運用に妨害を与えない場合に限る。

7　この周波数の使用は、等価等方輻射電力が 1 W以下の場合に限る。

8　この周波数の使用は、電波の送信の地点から 200 mの範囲内に、住宅、事務所又は事業所その他の居住又は使用している建物が存在しない場合に限る。ただし、当該範囲内の建物の全ての居住者又は使用者が中波放送を受信しないことに関して了解している場合（全ての居住者又は使用者の了解を得ているものとして当該範囲内の建物の所有者又は管理者が了解している場合を含む。）は、この限りでない。

9　この周波数の使用は、産業科学医療用機器からの混信を容認しなければならない。

10 月面反射通信を行う場合は、送信空中線の最大輻射方向の仰角の値は、地表線から５度を超える値としなければならない。

11 この周波数の使用は、非常通信の連絡設定に使用する場合に限り、連絡設定後の通信は、他の電波により行わなければならない。ただし、他の電波によって非常通信を行うことができないか又は著しく困難な場合は、この限りでない。

別表第５号 3AM（第三級アマチュア無線技士が開設する移動するアマチュア局）

記号	指定周波数	電波の型式	空中線電力	附款
3AM	136.75kHz	全ての電波の型式	50W	別記１、別記２、別記３
	475.5kHz		50W	別記1、別記3、別記8、別記9
	1,910kHz		50W	別記1（1,825kHzから1,875kHzまでに限る。）
	3,537.5kHz		50W	別記1（3,575kHzから3,580kHzまで及び3,662kHzから3,680kHzまでに限る。）
	3,798kHz		50W	
	7,100kHz		50W	
	18,118kHz		50W	
	21,225kHz		50W	
	24,940kHz		50W	
	28.85MHz		50W	
	52MHz		50W	
	145MHz		50W	
	435MHz		50W	
	1,280MHz		1W	別記1、別記4、別記5、別記6
	2,425MHz		2W	別記1、別記5、別記7、別記10
	5,750MHz		2W	別記1、別記5、別記10、別記11
	10.125GHz		2W	別記１
	10.475GHz		2W	別記５、別記 11
	24.025GHz		2W	別記５、別記 10、別記 11
	47.1GHz		0.2W	別記５、別記 11
	1,910kHz		50W	別記1（1,825kHzから1,875kHzまでに限る。）
	3,537.5kHz		50W	別記1（3,575kHzから3,580kHzまで及び3,662kHzから3,680kHzまでに限る。）
	3,798kHz		50W	
	7,100kHz		50W	
	18,118kHz		50W	
	21,225kHz		50W	
	24,940kHz		50W	
	28.85MHz		50W	
	52MHz		50W	
	145MHz		50W	
	435MHz		50W	
	1,280MHz		1W	別記1、別記4、別記5、別記6
	2,425MHz		2W	別記1、別記5、別記7、別記10
	5,750MHz		2W	別記1、別記5、別記10、別記11
	10.125GHz		2W	別記１
	10.475GHz		2W	別記５、別記 11
	24.025GHz		2W	別記５、別記 10、別記 11
	47.1GHz		0.2W	別記５、別記 11
	77.75GHz		0.2W	
	135GHz		0.2W	
	249GHz		0.1W	
	4,630kHz	A1A	50W	別記 12

別記１ この周波数の使用は、一次業務の無線局に有害な混信を生じさせ、及び一次業務の無線局からの有害な混信に対して保護を要求してはならない。

２ この周波数の使用は、等価等方輻射電力が１W以下の場合に限る。ただし、電波の送信の地点から 100 mの範囲内に鉄道線路がある場合は、等価等方輻射電力が、100 mを１として鉄道線路からの距離を表した値を二乗した値に１Wを乗じた値以下の場合に限る。

３ この周波数の使用は、高周波利用設備からの混信を許容しなければならない。

4　この周波数の使用は、常置場所で使用する場合に限り、10 W以下の空中線電力とすることができる。

5　月面反射通信（月面による電波の反射を利用して行う無線通信をいう。以下この表において同じ。）を行う場合に限り、50 W以下の空中線電力とすることができる。

6　月面反射通信を行う場合は、送信空中線の最大輻射方向の仰角は、水平面からの見通し範囲内の山岳、地表面、立木及び建物その他の工作物の仰角の値に6度以上加えた値としなければならない。

7　月面反射通信を行う場合は、送信空中線の最大輻射方向の仰角の値を地表線（一の地点から見た地形及び地物と空との境界線をいう。以下この表において同じ。）から3度以上の値としなければならず、また、2,400MHz を超え 2,405MHz 以下の周波数の電波を使用する場合は、アマチュア衛星業務を行うアマチュア局の運用に妨害を与えない場合に限る。

8　この周波数の使用は、等価等方輻射電力が1 W以下の場合に限る。

9　この周波数の使用は、電波の送信の地点から 200 mの範囲内に、住宅、事務所又は事業所その他の居住又は使用している建物が存在しない場合に限る。ただし、当該範囲内の建物の全ての居住者又は使用者が中波放送を受信しないことに関して了解している場合（全ての居住者又は使用者の了解を得ているものとして当該範囲内の建物の所有者又は管理者が了解している場合を含む。）は、この限りでない。

10　この周波数の使用は、産業科学医療用機器からの混信を容認しなければならない。

11　月面反射通信を行う場合は、送信空中線の最大輻射方向の仰角の値は、地表線から5度を超える値としなければならない。

12　この周波数の使用は、非常通信の連絡設定に使用する場合に限り、連絡設定後の通信は、他の電波により行わなければならない。ただし、他の電波によって非常通信を行うことができないか又は著しく困難な場合は、この限りでない。

別表第6号　4AF（第四級アマチュア無線技士が開設する移動しないアマチュア局）

記号	指定周波数	電波の型式	空中線電力	附款
4AF	136.75kHz	全ての電波の型式（モールス符号によるものを除く。）	10W	別記 1、別記 2、別記 3
	475.5kHz		10W	別記1、別記3、別記7、別記8
	1,910kHz		10W	別記1（1,825kHzから1,875kHzまでに限る。）
	3,537.5kHz		10W	別記1（3,575kHzから3,580kHzまで及び3,662kHzから3,680kHzまでに限る。）
	3,798kHz		10W	
	7,100kHz		10W	
	21,225kHz		10W	
	24,940kHz		10W	
	28.85MHz		10W	
	52MHz		20W	
	145MHz		20W	
	435MHz		20W	
	1,280MHz		10W	別記1、別記4、別記5
	2,425MHz		2W	別記1、別記4、別記6、別記9
	5,750MHz		2W	別記1、別記4、別記9、別記10
	10.125GHz		2W	別記 1
	10.475GHz		2W	別記 4、別記 10
	24.025GHz		2W	別記 4、別記 9、別記 10
	47.1GHz		0.2W	別記 4、別記 10
	77.75GHz		0.2W	
	135GHz		0.2W	
	249GHz		0.1W	

別記 1　この周波数の使用は、一次業務の無線局に有害な混信を生じさせ、及び一次業務の無線局からの有害な混信に対して保護を要求してはならない。

2　この周波数の使用は、等価等方輻射電力が1 W以下の場合に限る。ただし、電波の送信の地点から 100 mの範囲内に鉄道線路がある場合は、等価等方輻射電力が、100 mを1として鉄道線路からの距離を表した値を二乗した値に1 Wを乗じた値以下の場合に限る。

3　この周波数の使用は、高周波利用設備からの混信を許容しなければならない。
4　月面反射通信（月面による電波の反射を利用して行う無線通信をいう。以下この表において同じ。）を行う場合に限り、20 W以下の空中線電力とすることができる。
5　月面反射通信を行う場合は、送信空中線の最大輻射方向の仰角は、水平面からの見通し範囲内の山岳、地表面、立木及び建物その他の工作物の仰角の値に6度以上加えた値としなければならない。
6　月面反射通信を行う場合は、送信空中線の最大輻射方向の仰角の値を地表線（一の地点から見た地形及び地物と空との境界線をいう。以下この表において同じ。）から3度以上の値としなければならず、また、2,400MHzを超え2,405MHz以下の周波数の電波を使用する場合は、アマチュア衛星業務を行うアマチュア局の運用に妨害を与えない場合に限る。
7　この周波数の使用は、等価等方輻射電力が1W以下の場合に限る。
8　この周波数の使用は、電波の送信の地点から200 mの範囲内に、住宅、事務所又は事業所その他の居住又は使用している建物が存在しない場合に限る。ただし、当該範囲内の全ての建物の居住者又は使用者が中波放送を受信しないことに関して了解している場合（全ての居住者又は使用者の了解を得ているものとして当該範囲内の建物の所有者又は管理者が了解している場合を含む。）は、この限りでない。
9　この周波数の使用は、産業科学医療用機器からの混信を容認しなければならない。
10　月面反射通信を行う場合は、送信空中線の最大輻射方向の仰角の値は、地表線から5度を超える値としなければならない。

別表第7号　4AM（第四級アマチュア無線技士が開設する移動するアマチュア局）

記号	指定周波数	電波の型式	空中線電力	附款
4AM	136.75kHz	全ての電波の型式（モールス符号によるものを除く。）	10W	別記1、別記2、別記3
	475.5kHz		10W	別記1、別記3、別記8、別記9
	1,910kHz		10W	別記1（1,825kHzから1,875kHzまでに限る。）
	3,537.5kHz		10W	別記1（3,575kHzから3,580kHzまで及び3,662kHzから3,680kHzまでに限る。）
	3,798kHz		10W	
	7,100kHz		10W	
	21,225kHz		10W	
	24,940kHz		10W	
	28.85MHz		10W	
	52MHz		20W	
	145MHz		20W	
	435MHz		20W	
	1,280MHz		1W	別記1、別記4、別記5、別記6
	2,425MHz		2W	別記1、別記5、別記7、別記10
	5,750MHz		2W	別記1、別記5、別記10、別記11
	10.125GHz		2W	別記1
	10.475GHz		2W	別記5、別記11
	24.025GHz		2W	別記5、別記10、別記11
	47.1GHz		0.2W	別記5、別記11
	77.75GHz		0.2W	
	135GHz		0.2W	
	249GHz		0.1W	

別記1　この周波数の使用は、一次業務の無線局に有害な混信を生じさせ、及び一次業務の無線局からの有害な混信に対して保護を要求してはならない。
2　この周波数の使用は、等価等方輻射電力が1W以下の場合に限る。ただし、電波の送信の地点から100 mの範囲内に鉄道線路がある場合は、等価等方輻射電力が、100 mを1として鉄道線路からの距離を表した値を二乗した値に1Wを乗じた値以下の場合に限る。
3　この周波数の使用は、高周波利用設備からの混信を許容しなければならない。
4　この周波数の使用は、常置場所で使用する場合に限り、10 W以下の空中線電力とすることができる。
5　月面反射通信（月面による電波の反射を利用して行う無線通信をいう。以下この表において同じ。）を行う場合に限り、20 W以下の空中線電力とすることができる。

6　月面反射通信を行う場合は、送信空中線の最大輻射方向の仰角は、水平面からの見通し範囲内の山岳、地表面、立木及び建物その他の工作物の仰角の値に6度以上加えた値としなければならない。
7　月面反射通信を行う場合は、送信空中線の最大輻射方向の仰角の値を地表線（一の地点から見た地形及び地物と空との境界線をいう。以下この表において同じ。）から3度以上の値としなければならず、また、2,400MHzを超え2,405MHz以下の周波数の電波を使用する場合は、アマチュア衛星業務を行うアマチュア局の運用に妨害を与えない場合に限る。
8　この周波数の使用は、等価等方輻射電力が1W以下の場合に限る。
9　この周波数の使用は、電波の送信の地点から200 mの範囲内に、住宅、事務所又は事業所その他の居住又は使用している建物が存在しない場合に限る。ただし、当該範囲内の建物の全ての居住者又は使用者が中波放送を受信しないことに関して了解している場合（全ての居住者又は使用者の了解を得ているものとして当該範囲内の建物の所有者又は管理者が了解している場合を含む。）は、この限りでない。
10　この周波数の使用は、産業科学医療用機器からの混信を容認しなければならない。
11　月面反射通信を行う場合は、送信空中線の最大輻射方向の仰角の値は、地表線から5度を超える値としなければならない。

別表第8号　ATR（アマチュア業務の中継用無線局）

記号	指定周波数	電波の型式	空中線電力	附款
ATR	28.85MHz	全ての電波の型式	50W	
	435MHz		10W	
	1,280MHz		1W	別記1
	2,425MHz		2W	別記1、別記2
	5,750MHz		2W	別記1、別記2
	10.125GHz		2W	別記1

別記1　この周波数の使用は、一次業務の無線局に有害な混信を生じさせ、及び一次業務の無線局からの有害な混信に対して保護を要求してはならない。
2　この周波数の使用は、産業科学医療用機器からの混信を容認しなければならない。

通信方法の特例

（運用規則第十八条の二）
昭和三十七年五月十七日―郵政省告示第三百六十一号
最終改正　平成二十五年九月三日―総務省告示第三百三十九号

無線局運用規則（昭和二十五年電波監理委員会規則第十七号）第十八条の二の規定により、無線局が同規則の規定によることが困難であるか不合理である場合の当該無線局の通信方法の特例を次のように定める。

昭和三十四年十一月郵政省告示第八百五十九号（無線局運用規則第十八条及び第三十九条の二の規定による固定業務、陸上移動業務又は携帯移動業務の無線局の通信方法の特例）は、廃止する。
一　次に掲げる無線局にあつては、無線局運用規則第二十条、第二十三条第二項及び第三項、第二十九条第二項、第三十条、第三十六条、第三十七条第一項並びに第三十八条の規定にかかわらず、それぞれ当該設備に適合した方法により呼出し若しくは応答又は通報その他の事項の送信を行うことができる。
1　多重無線設備の無線局
2～7　（省　略）
二～九　（省　略）

時計、業務書類の省略等

（施行規則第三十八条の二・第三十八条の三）
昭和三十五年十二月二十三日―郵政省告示第千十七号
最終改正　令和二年六月二十三日―総務省告示第百九十二号

電波法施行規則（昭和二十五年電波監理委員会規則第十四号）第三十八条の

二及び第三十八条の三の規定により、時計、業務書類等の備え付けを省略できる無線局及び省略できるものの範囲並びにその備え付け場所の特例又は共用できる場合を次のように定める。

一　時計、業務書類等の備付けの省略

次の表の中欄に掲げる無線局は、当該無線局に備え付けなければならない時計、無線業務日誌又は施行規則第三十八条第一項に規定する業務書類のうち同表の下欄に掲げるものの備え付けを省略することができる。

	無線局の種別	省略できる時計、業務書類等の範囲
一	(一)　地上基幹放送局、地上基幹放送試験局、海岸局、航空局、船舶局、航空機局、無線航行陸上局、無線標識局、海岸地球局、航空地球局、船舶地球局、航空機地球局（航空機の安全運航又は正常運航に関する通信を行うものに限る。以下同じ。）、衛星基幹放送局、衛星基幹放送試験局、非常局、基幹放送を行う実用化試験局、標準周波数局及び特別業務の局（無線局根本基準第七条の三に規定するものを除く。）以外の無線局 (二)　（省　略）	時計
二	地上基幹放送局、地上基幹放送試験局、海岸局、航空局、船舶局、航空機局、無線航行陸上局、無線標識局、海岸地球局、航空地球局、船舶地球局、航空機地球局、衛星基幹放送局、衛星基幹放送試験局、非常局及び基幹放送を行う実用化試験局以外の無線局	無線業務日誌
三	（省　略）	

注（省　略）

二　業務書類等の備付場所の特例

次の表の中欄に掲げる無線局は、当該無線局に備え付けておかなければならない無線業務日誌又は施行規則第三十八条第一項に規定する書類（一の項、二の項、三の項及び六の項に掲げる無線局については、免許状を除く。）を同表の下欄に掲げる場所に備え付けておくことができる。

	無線局の種別	備付場所
一～三	（省　略）	
四	宇宙物体に開設する無線局	無線従事者の常駐する場所のうち主なもの
五	（省　略）	
六	その他の無線局（移動するもの（船舶局、遭難自動通報局（携帯用位置指示無線標識のみを設置するものを除く。）及び無線航行移動局を除く。）に限る。）	常置場所

注（省　略）

三　時計、業務書類等の共用

次の表の中欄に掲げる無線局は、当該無線局に備え付けなければならない時計、無線業務日誌又は施行規則第三十八条第一項に規定する業務書類のうち同表の下欄に掲げるものを共用することができる。

	無線局の種別	共用できる時計、業務書類等の範囲
一	無線設備の全部を共用する無線局	(一)　（省　略） (二)～(四)　（省　略）
二・三	（省　略）	
四	一の項及び二の項以外の無	(一)～(三)　（省　略）

	線局であつて同一免許人に所属し、設置場所（航空機局及び航空地球局については、その航空機の定置場。以下同じ。）常置場所又は設置場所と常置場所が同一であるもの
五～六	（省　略）

注一～注七　（省　略）

外国のアマチュア無線技士の資格、操作の範囲、操作を行おうとする場合の条件

平成五年六月十六日―郵政省告示第三百二十六号
最終改正　令和五年三月二十二日―総務省告示第七十二号

電波法施行規則（昭和二十五年電波監理委員会規則第十四号）第三十四条の八及び第三十四条の九の規定に基づき、外国において電波法第四十条第一項第五号に掲げる資格に相当する資格、当該資格を有する者が行うことのできる無線設備の操作の範囲及び当該資格によりアマチュア局の無線設備の操作を行おうとする場合の条件を次のように定める。

一　外国において電波法第四十条第一項第五号に掲げる資格に相当する資格及び当該資格を有する者が行うことのできる無線設備の操作の範囲は別表第一号のとおりとする。ただし、無線局（基幹放送局を除く。）の開設の根本的基準（昭和二十五年電波監理委員会規則第十二号）第六条の二第一号(3)の者が開設する無線局の無線設備の操作を行おうとするときは、別表第一号の範囲の無線設備の操作のほか次に掲げる条件に従って別表第二号の範囲の無線設備の操作を行うことができる。

1　その者が構成員である社団の構成員である第一級総合無線通信士、第二級総合無線通信士、第三級総合無線通信士、第一級アマチュア無線技士又は第二級アマチュア無線技士の資格を有する者の指揮の下に行うこと。

2　当該資格を付与した国の政府が発給した当該資格に関する証明書に記載されている資格においてできることとされている無線設備の操作の範囲内（指揮をする無線従事者の操作の範囲内に限る。）で行うこと。

二　外国において電波法第四十条第一項第五号に掲げる資格に相当する資格を有する者が、本邦内でアマチュア局を開設していない場合において、無線局（基幹放送局を除く。）の開設の根本的基準第六条の二第一号(3)の者が開設する無線局の無線設備の操作を行おうとするときは、あらかじめ総務大臣の登録を受けなければならない。ただし、令和四年総務省告示第三百三十一号に基づいて行う無線局の運用において当該無線局の操作を行う場合は、この限りでない。

三　前項の登録を受けようとする者（以下「申請者」という。）は、次に掲げる書類を、その者の住所又は居住地を管轄する総合通信局長（沖縄総合通信事務所長を含む。）を経由して、総務大臣に提出しなければならない。

1　登録申請書（別表第三号様式）

2　その者の有する外国において電波法第四十条第一項第五号に掲げる資格に相当する資格を付与した国の政府が発給した当該資格に関する証明書又はその写し

四　申請者は、前項第一号に掲げる書類の提出に代えて、総務大臣の使用に係る電子計算機（入出力装置を含む。以下同じ。）と当該申請者の使用に係る電子計算機とを電気通信回線で接続した電子情報処理組織を使用して申請を行うことができる。

五　前項の規定により申請を行う者は、総務大臣の指定する電子計算機に備えられたファイルから入手可能な様式に記録すべき事項（別記様式に記載すべきこととされている事項をいう。）を当該者の使用に係る電子計算

機から入力して、申請を行わなければならない。

六　第四項の規定により申請を行う者は、入力する事項についての情報に電子署名に係る地方公共団体の認証業務に関する法律（平成十四年法律第百五十三号）第二条第一項又は電子署名及び認証業務に関する法律（平成十二年法律第百二号）第二条第一項に規定する電子署名を行い、当該電子署名を行った者を確認するために必要な事項を証する次の電子証明書（総務大臣の使用に係る電子計算機から認証できるものに限る。）と併せてこれを送信しなければならない。

1　電子署名に係る地方公共団体の認証業務に関する法律第三条第一項に規定する電子証明書

2　電子署名及び認証業務に関する法律第八条に規定する認定認証事業者が作成した電子証明書（電子署名及び認証業務に関する法律施行規則（平成十三年総務省・法務省・経済産業省令第二号）第四条一号に規定する電子証明書をいう。）

3　商業登記法（昭和三十八年法律第百二十五号）第十二条の二第一項及び第三項の規定に基づき登記官が作成した電子証明書

七　総務大臣は、第三項各号に掲げる書類又は第五項の記録すべき事項に係る電磁的記録を受理したときは、登録申請書の記載事項並びに登録年月日及び登録番号を登録原簿に登録し、申請者に登録証明書（別表第四号様式）を交付する。

八　アマチュア局の無線設備の操作を行うときは、その者の有する外国において電波法第四十条第一項第五号に掲げる資格に相当する資格を付与した国の政府が発給した当該資格に関する証明書及び第二号の登録を受けた者は当該登録証明書を携帯しなければならない。

附　則

1　この告示は、公布の日から施行する。

2　平成二年郵政省告示第二百四十六号（外国人がアマチュア局の無線設備の操作を行うための手続、条件等を定める件）は、廃止する。

別表第一号

国　名	外国の相当する資格	日本のアマチュア局に係る無線従事者の資格	外国の相当する資格で操作できる範囲
1　アメリカ合衆国	Amateur extra	第一級アマチュア無線技士	第一級アマチュア無線技士の操作の範囲に属する操作
	Advanced	第二級アマチュア無線技士	第二級アマチュア無線技士の操作の範囲に属する操作
	General		
	Conditional		
	Technician（注）	第四級アマチュア無線技士	第四級アマチュア無線技士の操作の範囲に属する操作
	Novice	第三級アマチュア無線技士	第三級アマチュア無線技士の操作の範囲に属する操作（3,500kHz から 3,580kHz まで、3,791kHz から 3,805kHz まで、7,000kHz から 7,100kHz まで及び 21,000kHz から 21,450kHz までの周波数におけるＡ１Ａ電波の発射に係るもの並びに 28MHz から 29.7MHz まで及び 1,260MHz から 1,300MHz までの周波数の電波の発射に係るものに限る。）
2　ドイツ連邦共和国	A class	第三級アマチュア無線技士	第三級アマチュア無線技士の操作の範囲に属する操作
	B class	第一級アマチュア無線技士	第一級アマチュア無線技士の操作の範囲に属する操作
	C class	第四級アマチュア無線技士	第四級アマチュア無線技士の操作の範囲に属する操作
3　カナダ	Advanced Amateur class	第一級アマチュア無線技士	第一級アマチュア無線技士の操作の範囲に属する操作
	Amateur class	第三級アマチュア無線技士	第三級アマチュア無線技士の操作の範囲に属する操作
	Digital class	第一級アマチュア無線技士	第一級アマチュア無線技士の操作の範囲に属する操作（30MHz 未満の周波数の電波の発射に係るものを除く。）
4　オーストラリア	Amateur Licence (unrestricted)	第一級アマチュア無線技士	第一級アマチュア無線技士の操作の範囲に属する操作
	Amateur Licence (limited)	第四級アマチュア無線技士	第四級アマチュア無線技士の操作の範囲に属する操作
	Amateur Licence (novice)	第三級アマチュア無線技士	第三級アマチュア無線技士の操作の範囲に属する操作
5　フランス共和国	Group A amateur radio License	第四級アマチュア無線技士	第四級アマチュア無線技士の操作の範囲に属する操作
	Group B amateur radio License	第三級アマチュア無線技士	第三級アマチュア無線技士の操作の範囲に属する操作

	Group C amateur radio License	第二級 アマチュア無線技士	第二級アマチュア無線技士の操作の範囲に属する操作（30MHz 未満の周波数の電波の発射に係るものを除く。）
	Group D amateur radio License	第二級 アマチュア無線技士	第二級アマチュア無線技士の操作の範囲に属する操作
	Group E amateur radio License	第一級 アマチュア無線技士	第一級アマチュア無線技士の操作の範囲に属する操作
6　大韓民国	First Class Amateur Radio Operator	第一級 アマチュア無線技士	第一級アマチュア無線技士の操作の範囲に属する操作
	First Class Radio Operator for General Services		
	Second Class Radio Operator for General Services		
	Second Class Amateur Radio Operator	第二級 アマチュア無線技士	第二級アマチュア無線技士の操作の範囲に属する操作
	Second Class Radio General Radio Technical Operator		
	Third Class Amateur Radio Operator (Telegraph)	第三級 アマチュア無線技士	第三級アマチュア無線技士の操作の範囲に属する操作
	Third Class Amateur Radio Operator (Telephone)	第四級 アマチュア無線技士	第四級アマチュア無線技士の操作の範囲に属する操作
	Special Radio Operator for Aeronautical		
	Special Radio Operator for Radio-telephone A		
7　フィンランド共和国	General	第二級 アマチュア無線技士	第二級アマチュア無線技士の操作の範囲に属する操作
	Technical	第三級 アマチュア無線技士	第三級アマチュア無線技士の操作の範囲に属する操作
	Novice	第四級 アマチュア無線技士	第四級アマチュア無線技士の操作の範囲に属する操作
8　アイルランド	A class	第二級 アマチュア無線技士	第二級アマチュア無線技士の操作の範囲に属する操作
	B class	第四級 アマチュア無線技士	第四級アマチュア無線技士の操作の範囲に属する操作
9　ペルー共和国	Advanced	第一級 アマチュア無線技士	第一級アマチュア無線技士の操作の範囲に属する操作
	Intermediate	第三級 アマチュア無線技士	第三級アマチュア無線技士の操作の範囲に属する操作

	Beginner	第四級 アマチュア無線技士	第四級アマチュア無線技士の操作の範囲に属する操作
10　ニュージーランド	General Amateur Operator's Certificate	第一級 アマチュア無線技士	第一級アマチュア無線技士の操作の範囲に属する操作
11　インドネシア共和国	Amateur Extra Class	第一級 アマチュア無線技士	第一級アマチュア無線技士の操作の範囲に属する操作
	Advanced Class	第三級 アマチュア無線技士	第三級アマチュア無線技士の操作の範囲に属する操作
	General Class Novice Class	第四級 アマチュア無線技士	第四級アマチュア無線技士の操作の範囲に属する操作
12　欧州郵便電気通信主管庁会議勧告T／R 61―02付録第2号別表第1号に規定される国	同勧告T／R 61―02付録第2号別表第1号に規定される資格	第一級 アマチュア無線技士	第一級アマチュア無線技士の操作の範囲に属する操作

注　モールス電信の試験1A（毎分25字）、1B（毎分65字）若しくは1C（毎分100字）のいずれかに合格したことを示す証明書を所持する者又は1991年2月14日以前に発給されたTechnician classの免許証を所持する者にあっては、第三級アマチュア無線技士に相当する資格を有するものとし第三級アマチュア無線技士の操作の範囲に属する操作を行えるものとする。

別表第二号

	証明書に記載される資格	無線設備の操作の範囲
1　アメリカ合衆国	Advanced	アマチュア局の無線設備（次に掲げる周波数の電波を使用するものを除く。）の操作 1　3,500kHzから3,525kHzまで 2　3,750kHzから3,775kHzまで 3　7,000kHzから7,025kHzまで 4　14,000kHzから14,025kHzまで 5　14,150kHzから14,175kHzまで 6　21,000kHzから21,025kHzまで 7　21,200kHzから21,225kHzまで
	General又はConditional	アマチュア局の無線設備（次に掲げる周波数の電波を使用するものを除く。）の操作 1　Advancedの項の各号に掲げる周波数 2　3,775kHzから3,850kHzまで 3　7,150kHzから7,225kHzまで 4　14,175kHzから14,225kHzまで 5　21,225kHzから21,300kHzまで
	Technician（注）	アマチュア局の無線設備（30MHz未満の周波数の電波を使用するものを除く。）の操作
	Novice	アマチュア局の無線設備の操作で次の条件に適合するものの操作

<table>
<tr><td></td><td></td><td>1　空中線電力が200W以下のものであること
2　次の電波の型式に従い、それぞれに掲げる周波数の電波を使用するものであること
(1)　電波の型式がA1Aであるとき
ア　3,675kHzから3,725kHzまで
イ　7,050kHzから7,075kHzまで
ウ　21,100kHzから21,200kHzまで
エ　28,100kHzから28,500kHzまで
(2)　電波の型式がF1B、F1D、G1B又はG1Dであるとき
28,100kHzから28,300kHzまで
(3)　電波の型式がA3E、A8W、H3E、J3E又はR3Eであるとき
28,300kHzから28,500kHzまで</td></tr>
<tr><td>2　ドイツ連邦共和国</td><td>A class</td><td>アマチュア局の無線設備で次の条件に適合するものの操作
1　終段陽極損失電力又は終段コレクタ損失電力が50ワット(2,300MHz以上の周波数の電波を使用する場合にあっては10ワット)以下のものであること。
2　電波の型式がA1A、A2A、A2B、A3E、F1B、F1D、F3E、G1B、G1D又はJ3Eのものであること。
3　次に掲げる周波数の電波を使用するものであること。
(1)　3,500kHzから3,800kHzまで
(2)　7,000kHzから7,100kHzまで
(3)　14,000kHzから14,350kHzまで
(4)　21,000kHzから21,450kHzまで
(5)　28MHzから29.7MHzまで
(6)　144MHzから146MHzまで
(7)　430MHzから440MHzまで
(8)　1,250MHzから1,300MHzまで
(9)　2,300MHzから2,350MHzまで
(10)　3,400MHzから3,475MHzまで
(11)　5,650MHzから5,775MHzまで
(12)　10GHzから10.5GHzまで
(13)　21GHzから23GHzまで</td></tr>
<tr><td></td><td>B class</td><td>アマチュア局の無線設備で次の条件に適合するものの操作
1　終段陽極損失電力又は終段コレクタ損失電力が150ワット(2,300MHz以上の周波数の電波を使用する場合にあっては10ワット)以下のものであること。
2　A classの項の第2号及び第3号に掲げる電波の型式及び周波数の電波を使用するものであること。</td></tr>
<tr><td></td><td></td><td></td></tr>
</table>

	C class	アマチュア局の無線設備で次の条件に適合するものの操作 1　終段陽極損失電力又は終段コレクタ損失電力が10ワット以下のものであること。 2　電波の型式がA3E、F3E又はJ3Eのものであること。 3　A classの項の第3号の(6)から(13)までに掲げる周波数の電波を使用するものであること。
3　フィンランド共和国	General	アマチュア局の無線設備で次の条件に適合するものの操作 1　搬送波電力が150ワット以下又は尖頭電力が600ワット以下のものであること。ただし、次に掲げる電波を使用するものの空中線電力については、それぞれに掲げる値以下のものであること。 (1)　A1A電波3.5MHzから30MHzまでは、搬送波電力600ワット (2)　144MHzから146MHzまで又は430MHzから440MHzまでの周波数の電波は、搬送波電力50ワット(A1A電波144.000MHzから144.150MHzまでを使用する場合で他の無線業務に有害な混信を与えないものについては、150ワット)又は尖頭電力200ワット 2　次の電波の型式に従い、それぞれに掲げる周波数の電波を使用するものであること。 (1) 電波の型式がA1A、F1B、F1D、G1B又はG1Dであるとき。 ア　3,500kHzから3,600kHzまで イ　7,000kHzから7,040kHzまで ウ　14,000kHzから14,100kHzまで エ　21,000kHzから21,150kHzまで オ　28,000kHzから28,200kHzまで (2)　電波の型式がA1A、A3E、A3F、F1B、F1D、F3E、F3F、G1B、G1D、H3E、J3E又はR3Eであるとき。 ア　3,600kHzから3,800kHzまで イ　7,040kHzから7,100kHzまで ウ　14,100kHzから14,350kHzまで エ　21,150kHzから21,450kHzまで オ　28,200kHzから29,700kHzまで (3)　電波の型式がA1A、A2A、A2B、A3C、A3E、A3F、F1B、F1D、F2A、F2B、F2D、F3C、F3E、F3F、G1B、G1D、H3E、J3E又はR3Eであるとき。 ア　144MHzから146MHzまで イ　430MHzから440MHzまで

		ウ　1,215MHz から 1,300MHz まで (4)　電波の型式が A1A、A2A、A2B、A3C、A3E、A3F、F1B、F1D、F2A、F2B、F2D、F3C、F3E、F3F、G1B、G1D、H3E、J3E、P0N 又は R3E であるとき。 ア　2,300MHz から 2,450MHz まで イ　5,650MHz から 5,850MHz まで ウ　10,000MHz から 10,500MHz まで エ　24,000MHz から 24,250MHz まで
	Technical	アマチュア局の無線設備で、General の項の第 1 号並びに第 2 号の (3) 及び (4) に掲げる条件に適合するものの操作
	Novice	アマチュア局の無線設備で次の条件に適合するものの操作 1　搬送波電力が 15 ワット以下又は尖頭電力が 60 ワット以下のものであること。 2　水晶制御方式のものであること。 3　次の電波の型式に従い、それぞれに掲げる周波数の電波を使用するものであること。 (1)　電波の型式が A1A であるとき。 ア　3,510kHz から 3,545kHz まで イ　7,010kHz から 7,040kHz まで ウ　21,030kHz から 21,150kHz まで (2)　電波の型式が A1A、A2A、A2B、A3C、A3E、A3F、F1B、F1D、F2A、F2B、F2D、F3C、F3E、F3F、G1B、G1D、H3E、J3E 又は R3E であるとき。 144MHz から 146MHz まで
4　アイルランド	A class	次の区分に従い、それぞれに定めるアマチュア局の無線設備の操作 1　無線従事者の免許を受けて 1 年以上経過した者が行うことのできる無線設備の操作の範囲 　アマチュア局の無線設備で、次に掲げる条件に適合するものの操作 (1)　終段陽極入力が 150 ワット以下のものであること。ただし、次に掲げる周波数の電波を使用するものの終段陽極入力については、それぞれに掲げる値以下のものであること。 ア　1,800kHz から 2,000kHz まで 10 ワット イ　70.125MHz から 70.45MHz まで 50 ワット ウ　430MHz から 432MHz まで 25 ワット (2)　単側波帯の電波を使用するものの空中線電力については、(1) の条件にかかわらず、尖頭電力が 399 ワット以下のものであること。ただし、次に掲げる周波数の電波を使用するものの尖頭

電力については、それぞれに掲げる値以下のものであること。

ア　1,800kHz から 2,000kHz まで 26.6 ワット

イ　70.125MHz から 70.45MHz まで 133 ワット

ウ　430MHz から 432MHz まで 66.5 ワット

(3)　電波の型式が A1A、A2A、A2B、A3E、F1B、F1D、F2A、F2B、F2D、F3E、G1B、G1D、H3E、J3E 又は R3E のものであること。ただし、1,800kHz から 2,000kHz までの周波数の電波を使用するものの電波の型式については、A1A、A2A、A2B、A3E、H3E、J3E 又は R3E のものであること。

(4)　次に掲げる周波数の電波を使用するものであること。

ア　1,800kHz から 2,000kHz まで

イ　3,500kHz から 3,800kHz まで

ウ　7,000kHz から 7,100kHz まで

エ　14,000kHz から 14,350kHz まで

オ　21,000kHz から 21,450kHz まで

カ　28,000kHz から 29,700kHz まで

キ　70.125MHz から 70.45MHz まで

ク　144MHz から 146MHz まで

ケ　430MHz から 440MHz まで

コ　1,215MHz から 1,300MHz まで

サ　2,300MHz から 2,450MHz まで

シ　5,650MHz から 5,850MHz まで

ス　10,000MHz から 10,500MHz まで

2　無線従事者の免許を受けて 1 年以上経過しない者が行うことのできる無線設備の操作の範囲

アマチュア局の無線設備で次の条件に適合するものの操作

(1)　終段陽極入力が 150 ワット以下のものであること。ただし、7,000kHz から 7,100kHz まで、14,000kHz から 14,350kHz まで又は 430MHz から 432MHz までの周波数の電波を使用するものの終段陽極入力については、25 ワット以下のものであること。

(2)　単側波帯の電波を使用するものの空中線電力については、(1) の条件にかかわらず、尖(せん)頭電力が 399 ワット以下のものであること。ただし、7,000kHz から 7,100kHz まで、14,000kHz から 14,350kHz まで又は 430MHz から 432MHz までの周波数の電波を使用するものの尖(せん)頭電力については、66.5 ワット以下のものであること。

(3)　電波の型式が A1A、A2A、A2B、A3E、F1B、

		F1D、F2A、F2B、F2D、F3E、G1B、G1D、H3E、J3E又はR3Eのものであること。ただし、7,000kHzから7,100kHzまで又は14,000kHzから14,350kHzまでの周波数の電波を使用するものの電波の型式については、A1Aのものであること。 (4)　第1号の(4)のウ、エ及びクからスまでに掲げる周波数の電波を使用するものであること。
	B class	アマチュア局の無線設備で、次に掲げる条件に適合するものの操作 1　終段陽極入力が150ワット以下のものであること。ただし、430MHzから432MHzまでの周波数の電波を使用するものの終段陽極入力については、25ワット以下のものであること。 2　単側波帯の電波を使用するものの空中線電力については、1の条件にかかわらず、尖頭電力が399ワット以下のものであること。ただし、430MHzから432MHzまでの周波数の電波を使用するものの尖頭電力については、66.5ワット以下のものであること。 3　電波の型式がA3E、F3E、H3E、J3E又はR3Eのものであること。 4　A classの項の第1号の(4)のクからスまでに掲げる周波数の電波を使用するものであること。

注　モールス電信の試験1A(毎分25字)、1B(毎分65字)若しくは1C(毎分100字)のいずれかに合格したことを示す証明書を所持する者又は1991年2月14日以前に発給されたTechnician classの免許証を所持する者にあっては、Technicianの項のアマチュア局の無線設備の操作の他にNoviceの項のアマチュア局の無線設備の操作を行えるものとする。

別表第三号様式

アマチュア局の無線設備の操作のための登録申請書

年　月　日

総務大臣殿

氏名

電波法施行規則第34条の9の規定によりアマチュア局の無線設備の操作を行いたいので別紙の書類を添えて、登録を申請します。

長辺

1　申請者に関する事項	ア　在留カード又は特別永住者証明書の番号	
	イ　在留カード又は特別永住者証明書の交付年月日	
	ウ　生年月日	
	エ　国籍	
	オ　在留資格	
	カ　在留期間	
	キ　居住地の地番	
2　アマチュア局の無線設備の操作に係る証明書に関する事項	ア　資格	
	イ　証明書の番号	
	ウ　免許の年月日	
	エ　免許の有効期限	
	オ　その他	

短　辺　（日本工業規格A列4番）

注　外国人登録証明書を有していない者は、1の項のア及びイの欄の記載を要しない。この場合、旅券等その者の国籍が確認できる書類の写しを添付するものとする。

別表第四号様式

（表）	（裏）
第　　号 アマチュア局の無線設備の操作のための登録証明書 国籍 氏名 居住地の地番 上の者は、電波法施行規則第34条の9の規定に基づき登録された者であることを証する。 この証明書の有効期限は、　　年　　月　　日までとする。 年　　月　　日 総務大臣 ㊞	注　意　事　項 1　無線設備の操作を行うときは、この証明書を携帯していなければならない。 2　この証明書の記載事項に変更を生じたときは、訂正を受けなければならない。 3　出国するときは、この証明書を返納しなければならない。

長辺

短　辺

（日本工業規格A列6番）

無線設備の設置場所の変更検査を受けることを要しないアマチュア局

昭和五十八年七月八日―郵政省告示第五百三十二号
最終改正　平成三十年二月一日―総務省告示第四十四号

電波法施行規則（昭和二十五年電波監理委員会規則第十四号）別表第二号一(4)の規定に基づき、昭和五十八年郵政省告示第五百三十二号（無線設備の設置場所の変更検査を受けることを要しないアマチュア局の無線設備を定める等の件）の一部を次のように改正し、平成三〇年三月一日から施行する。

一　空中線電力二〇〇ワット以下のアマチュア局の無線設備であつて、当該無線設備が適合表示無線設備のみで構成されているもの

二　空中線電力二〇〇ワット以下のアマチュア局の無線設備であつて、当該無線設備の設置場所の変更の際、総務大臣が別に定めるところにより公示する者による、総務大臣が別に定める手続に従つて行つた法第三章の技術基準に適合していることの保証を受けたもの

アマチュア局に対する広報を送信する無線局の運用

（無線局運用規則第百四十条）

平成十九年七月五日―総務省告示第三百九十一号

無線局運用規則（昭和二十五年電波監理委員会規則第十七号）第百四十条の規定に基づき、アマチュア局に対する広報を送信する無線局の運用に関する事項を次のように告示する。

なお、平成六年郵政省告示第五百十七号（アマチュア局に対する広報を送信する無線局の運用に関する件）及び平成九年郵政省告示第六十六号（アマチュア局に対する広報を送信する無線局の運用に関する事項を定める件）は廃止する。

1　アマチュア局に対する広報を送信する無線局の呼出名称、呼出符号、電波の型式及び周波数並びに送信時刻（省略）

2　通報の送信方法

(1)　通報の送信は、次に掲げる事項を順次送信して行うものとする。

ア　呼出名称又は呼出符号

イ　アマチュア業務の適正化のための広報

(2)　通報を行うときは、あらかじめ録音された事項をアマチュア局に妨害を与えないように送信するものとする。

申請又は届出を電子申請等により行う場合において、電磁的記録を送信することにより提出することができない書類等

（電波法施行規則第五十二条の三第一項）

平成二十一年六月二十二日―総務省告示第三百二十五号

最終改正　平成三十年二月一日―総務省告示第四十六号

電波法施行規則（昭和二十五年電波監理委員会規則第十四号）第五十二条の三第一項の規定に基づき平成二十一年総務省告示第三百二十五号（電波法施行規則第五十二条の三第一項の規定に基づき、申請又は届出を電子申請等により行う場合において、電磁的記録を送信することにより提出することができない書類等を定める件）の一部を改正し、平成三十年三月一日から施行する。

施行規則第五十二条の三第一項の総務大臣が別に告示する書類等は、次の各号に掲げる手続について、それぞれ当該各号に定めるとおりとする。

1　法第二十一条の規定による免許状の訂正の申請　免許状

2　法第二十四条の五第一項の規定による変更の届出（同条第二項の規定により登録証の訂正を受けなければならない場合に限る。）　登録証

3　法第二十七条の二十五の規定による登録状の訂正の申請　登録状

4　法第百条第五項において準用する法第二十一条の規定による高周波利用設備の許可状の訂正の申請　許可状

5　検定規則第十一条第一項の規定による合格機器に係る変更の届出（同条第二項の規定により合格証書の書換え又は訂正を要することとなる場合に限る。）　合格証書

6　従事者規則第三十二条の二第一項の規定による確認の取消しの申請（同条第二項の規定により確認書の訂正を受けなければならない場合に限る。）　確認書

7　従事者規則第五十条の規定による免許証の再交付の申請（免許証を失っ

た場合を除く。）　免許証
8　従事者規則第五十六条の規定による船舶局無線従事者証明書（この号及び次号において「証明書」という。）の訂正の申請　証明書
9　従事者規則第五十七条の規定による証明書の再交付の申請（証明書を失った場合を除く。）　証明書
10　無線従事者規則の一部を改正する省令（平成二十一年総務省令第百三号）附則第四項の規定により免許証の訂正を受けることができるものとされた同令による改正前の従事者規則第四十九条の規定による免許証の訂正の申請

無線設備の空中線電力の測定及び算出方法

（無線設備規則第十三条）

昭和三十四年九月十九日―郵政省告示第六百八十三号

無線設備規則（昭和二十五年電波監理委員会規則第十八号）第十三条の規定により、無線設備の空中線電力の測定及び算出方法を次のとおり定める。

一　き電線に方向性結合器をそう入し、進行波の電力及び反射波の電力を測定し、その差により算出する。
二　抵抗変化法、置換法又はインピーダンスブリッジ法によつて空中線抵抗を測定し、これと空中線電流の二乗との積により算出する。
三　空中線回路に電力を供給して測定することが不適当な場合は、擬似回路を用い、電力を置換して測定する。
四　ボロメーター法により測定する。
五　前各項にとつて測定することが困難な場合、次の方法により算出する。
1　空冷式又は水冷式の真空管を使用する場合においては、陽極損失をふく射計又は温度差により測定して算出する。
2　非同調型のき電線を有する空中線を使用する場合においては、特性インピーダンスを算出し、このとき電線を流れる高周波電流の最大値と最小値との積により算出する。
3　三、〇〇〇kHz以上二三、〇〇〇kHz以下の周波数を使用する場合においては、終段陽極入力の値に左の能率を乗じて算出する。無線電話の通信装置を同じ状態で無線電信の送信に使用する場合は、無線電話の能率を準用する。

(一)　終段C級無線電信　六〇パーセント
(二)　両側波帯を使用する無線電話
(1)　終段C級終段陽極変調方式　六〇パーセント
(2)　終段C級終段陽極しやへい格子同時変調方式　四〇パーセント
(3)　終段B級低電力変調方式　三〇パーセント
(4)　終段C級制御格子変調方式　三五パーセント
(5)　終段C級抑制格子変調方式　三〇パーセント
(三)　単側波帯を使用する無線電話
(1)　抑圧搬送波低電力変調方式　五〇パーセント
(2)　添加搬送波低電力変調方式　二〇パーセント

総務大臣が定める無線設備

（無線設備規則別表第二号第4）

平成十九年八月二十九日―総務省告示第五百八号
最終改正　令和四年九月十五日―総務省告示第三百十七号

無線設備規則（昭和二十五年電波監理委員会規則第十八号）別表第二号第4の規則に基づき、総務大臣が定める無線設備を次のように定める。

一　Ａ一Ａ電波、Ａ一Ｂ電波又はＡ一Ｄ電波で通信速度が一〇〇ボーを超える無線設備（気象援助局のものを除く。）
二　Ｆ一Ｂ電波又はＦ一Ｄ電波で散乱波によって通信を行う無線設備
三　二以上の異なった電波の型式で同一周波数を使用する無線設備（二五・二一MHz以下の周波数の電波を使用するものを除く。）
四　二〇〇MHzを超える周波数の電波を使用する無線設備（設備規則別表第二号第1の表に定めるものを除く。）
五　ロケットに開設する携帯局の無線設備及び当該携帯局を通信の相手方とする無線局の無線設備
六　無線呼出局（電気通信業務を行うことを目的として開設するものを除く。）の無線設備
七　実験試験局の無線設備
八　アマチュア局であって、人工衛星に開設する無線設備及びそれを遠隔操作するもの
九　特別業務の局の無線設備
十　電波高度計、電波距離測定機及びテレメーターの無線設備（気象援助用に使用するもの及びＦ二Ｄ電波五四MHzを超え七〇MHz以下、一四二MHzを超え一六二・〇三七五MHz以下又は三三五・四MHzを超え四七〇MHz以下を使用するものであって、信号伝送速度が毎秒九、六〇〇ビット以下のもの（地球局又は宇宙局のものを除く。）を除く。）
十一　多段変調方式による単一通信路の無線設備（二五・二一MHz以下の周波数の電波を使用するものを除く。）
十二　宇宙通信を行う無線局の無線設備（第一項から第四項まで及び第七項から第十一項までに掲げるものを除く。）
十三　臨時かつ一時の目的のための無線局の無線設備（前各項に掲げるものを除く。）

人体が電波に不均一にばく露される場合その他総務大臣が不合理であると認める場合の電波の強度の値を定める件

（電波法施行規則別表第二号の三の二）

平成二十九年九月二十五日―総務省告示第三百九号

電波法施行規則（昭和二十五年電波監理委員会規則第十四号）別表第二号の三の二第一の注三及び第二の注二の規定に基づき、人体が電波に不均一にばく露される場合その他総務大臣が不合理であると認める場合の電波の強度の値を次のように定め、公布の日から施行する。

なお、平成十一年郵政省告示第三百一号（一〇kHzを超え一〇〇kHz以下の周波数における電波の強度の値及び人体が電波に不均一にばく露される場合の電波の強度の値を定める件）は、廃止する。

人体が電波に不均一にばく露される場合の電波の強度の値は、表1及び表2のとおりとする。また、頭部と体部の全組織における体内電界について、国際規格等で定められる合理的な方法により測定又は推定できる場合の電波の強度の値は、表3のとおりとする。

表1

周波数	電界強度の実効値の空間的平均値 [V/m]	磁界強度の実効値の空間的平均値 [A/m]	電力束密度の実効値の空間的平均値 [mW/cm²]	電力束密度の実効値の空間的最大値 [mW/cm²]
100kHz を超え 3MHz 以下	275	$2.18f^{-1}$		
3MHz を超え 30MHz 以下	$824f^{-1}$	$2.18f^{-1}$		
30MHz を超え 300MHz 以下	27.5	0.0728	0.2	
300MHz を超え 1GHz 以下	$1.585f^{1/2}$	$F^{1/2}/237.8$	f/1500	4
1GHz を超え 1.5GHz 以下	$1.585f^{1/2}$	$F^{1/2}/237.8$	f/1500	2
1.5GHz を超え 300GHz 以下	61.4	0.163	1	2

注1　fは、MHzを単位とする周波数とする。

2　電界強度、磁界強度及び電力束密度は、それらの6分間における平均値とする。

3　同一場所若しくはその周辺の複数の無線局が電波を発射する場合又は一の無線局が複数の電波を発射する場合は、電界強度及び磁界強度については各周波数の表中の値に対する割合の自乗和の値、また電力束密度については各周波数の表中の値に対する割合の和の値がそれぞれ1を超えてはならない。

表2

周波数	電界強度の実効値の空間的平均値［V/m］	磁界強度の実効値の空間的平均値［A/m］	磁束密度の実効値の空間的平均値［T］
10kHzを超え10MHz以下	83	21	2.7×10^{-5}

注1　電界強度、磁界強度及び磁束密度は、それらの時間平均を行わない瞬時の値とする。

2　同一場所若しくはその周辺の複数の無線局が電波を発射する場合又は一の無線局が複数の電波を発射する場合は、電界強度、磁界強度及び磁束密度については表中の値に対する割合の和の値、又は国際規格等で定められる合理的な方法により算出された値がそれぞれ1を超えてはならない。

表3

周波数	体内電界の実効値［V/m］
10kHzを超え10MHz以下	135×f

注1　fは、MHzを単位とする周波数とする。

2　同一場所若しくはその周辺の複数の無線局が電波を発射する場合又は一の無線局が複数の電波を発射する場合は、表中の値に対する割合の和の値、又は国際規格等で定められる合理的な方法により算出された値が1を超えてはならない。

無線設備から発射される電波の強度の算出方法及び測定方法

（電波法施行規則第二十一条の三第二項）

平成十一年四月二十七日―郵政省告示第三百号

1　この告示中の計算式等における記号の意味は、次のとおりとする。

(1)　Eは、電界強度[V/m]とする。

(2)　Hは、磁界強度[A/m]とする。

(3)　Sは、電力束密度[mW/cm^2]とする。

(4)　Pは、空中線入力電力（送信機出力から給電線系の損失及び不整合損を減じたものをいう。以下同じ。）[W]とする。ただし、パルス波の場合は、空中線入力電力の時間平均値とする。

(5)　Gは、送信空中線の最大輻射方向における絶対利得を電力比率で表したものとする。

(6)　Rは、算出に係る送信空中線と算出を行う地点との距離[m]とする。

(7)　Dは、送信空中線の最大寸法[m]とする。

(8)　λは、送信周波数の波長[m]とする。

(9)　Kは、反射係数とし、代入する値は次のとおりとする。

ア　大地面の反射を考慮する場合

(ｱ)　送信周波数が76MHz以上の場合　2.56

(ｲ)　送信周波数が76MHz未満の場合　4

イ　水面等大地面以外の反射を考慮する場合　4

ウ　すべての反射を考慮しない場合　1

(10)　Fは、空中線回転による補正係数とし、代入する値は次のとおりとする。

ア　空中線が回転していない場合　1

イ　空中線が回転している場合

(ｱ)　距離Rが$0.6D^2/\lambda$を超える場合　$\theta_{BW}/360$

θ_{BW}は電力半値幅[度]

(ｲ)　距離Rが$0.6D^2/\lambda$以下の場合　$\phi/360$

ϕは距離Rにおける空中線直径の見込み角[度]であり、

$\phi = 2\tan^{-1}(D/2R)$

とする。

2　電力密度の換算式

(1)　電力束密度の値から電界強度又は磁界強度の値への換算は、次式を用いる。

$$S = \frac{E^2}{3770} = 37.7H^2$$

(2)　磁束密度の値から磁界強度の値への換算は、次式を用いる。

$$B = \mu_0 H$$

μ_0は、自由空間の透磁率[H/m]とする。

3　電波の強度は、算出に係る送信空中線の位置からその最大輻射方向（最大輻射方向が定まらないときは任意の方向）を基準とする45度間隔の各方位に存在する人が通常、集合し、通行し、その他出入りする場所について、送信空中線から最も近い地点から少なくとも$\lambda/10$[m]間隔の各地点（以下「算出地点」という。）で算出する。各算出地点においては、大地等の上方10cm（300MHz未満の周波数においては20cm）以上200cm以下の範囲の少なくとも10cm間隔（300MHz未満の周波数においては20cm間隔）となる位置で算出を行い、その最大値を求める。ただし、各算出地点は、送信空中線及び金属物体から10cm以上（300MHz未満の周波数においては20cm以上）離れていなければならない。

4 算出地点付近にビル、鉄塔、金属物体等の建造物が存在し強い反射を生じさせるおそれがある場合は、算出した電波の強度の値に6デシベルを加えること。

5 電波の強度の算出に当たっては、次式により電力束密度の値を求めることとする。ただし、30MHz以下の周波数においては、電界強度の値に換算すること。

$$S=\frac{PG}{40\pi R^2}\cdot K$$

6 5の項の方法による算出結果が、施行規則別表第2号の2の2に規定する電波の強度の値(以下「基準値」という。)を超える場合であって、送信空中線の電力指向性係数 $D(\theta)$ が明らかな場合の電波の強度は、次式により電力束密度の値を求めることとする。ただし、30MHz以下の周波数においては、電界強度の値に換算すること。

$$S=S_0\cdot D(\theta)\cdot F$$

S_0 は、5の項の方法により算出した電力束密度の値とする。

注1 $D(\theta)=0$ となる方向の送信空中線近傍の電力束密度の値を求める場合は、当該空中線の指向特性を包絡線(指向特性の極大値を結ぶ線)で近似的に表して求めた電力指向性係数を用いて算出する。

2 算出地点が主輻射の外側である場合は、当該地点に対する電力指向性係数については、最大輻射の方向に対する電力指向性係数を用いて算出してもよい。

3 超短波放送局及びテレビジョン放送局の無線設備において素子を2段以上積み重ねた空中線を使用する場合は、俯角45度以上において垂直面の電力指向性係数を0.1として算出してもよい。

7 5の項及び6の項の方法による算出結果がいずれも基準値を超える場合であって、送信空中線の形式等が次に掲げるもののいずれかに合致するときは、当該空中線における算出方法によることとする。

(1) コリニアアレイアンテナ(平成10年郵政省告示第148号別表第6号第1に規定する空中線型式基本コード(以下「空中線コード」という。)CL又はSKに相当する空中線をいう。)の主輻射内側において、距離Rが $0.6D^2/\lambda$ 以下の場合の電波の強度は、次式により電力束密度の値を求めることとする。ただし、30MHz以下の周波数においては、電界強度の値に換算すること。

$$S=\frac{P}{20\pi RD}\cdot K$$

注 セクタータイプの空中線については、電力半値幅 θ_{BW}[度]を用いて次式により算出する。

$$S=\frac{P}{20\pi RD}\left(\frac{360}{\theta_{BW}}\right)\cdot K$$

(2) 開口面空中線(空中線コードPA、OP、FB、PG、HB、KG、CR、HR、DH、BH、CH、TW、GG、DG、CG、TD、MB、H、PR、TO又はOのいずれかに相当する空中線をいう。)の表面又は主輻射方向における電波の強度は、次の方法により電力束密度の値を求めることとする。ただし、30MHz以下の周波数においては、電界強度の値に換算すること。

ア 空中線表面での電力束密度の値は、次式により算出する。

$$S=\frac{4P}{A}\cdot\frac{1}{10}$$

Aは開口面空中線の開口面積[m^2]

イ 距離Rが $D^2/4\lambda$ 以下の場合の電力束密度の値は、次式により算出する。

$$S=16\frac{\eta P}{\pi D^2}\cdot\frac{1}{10}\cdot K\cdot F$$

η は開口面効率

ウ 距離Rが $D^2/4\lambda$ を超え $0.6D^2/\lambda$ 以下の場合の電力束密度の値は、次式により算出する。

$S=\frac{D^2}{4\lambda R}\cdot Snf$

Snf は、イにより算出した電力束密度の値とする。

(3) 中波放送用モノポールアンテナ(空中線コードV又はTLに相当する空中線をいう。)の場合であって、空中線からの距離が$2D^2/\lambda$ [m]及び$\lambda/2\pi$ [m]のいずれよりも遠い地点までの範囲における電波の強度は、次式により電界強度及び磁界強度の値を求めることとする。

$E=\sqrt{(|E_z|^2+|E_\rho|^2)}$

$H=|H_\phi|$

ただし、E_z、E_ρ及びH_ϕは、別表第1図に示す算出地点P(ρ、ϕ、z)における各方向成分の電界強度及び磁界強度であり、次式により算出する。

$$E_z=-j\frac{\omega\mu_0 I_0}{4\pi k_0}\int_{-l}^{l}\sin\{k_a(l_t-|\xi|)\}\left[\begin{array}{l}\left\{\frac{k_0}{r}-\frac{1}{k_0 r^3}-\frac{k_0(\xi-z)^2}{r^3}+\frac{3(\xi-z)^2}{k_0 r^5}\right\}\\ +j\left\{-\frac{1}{r^2}+\frac{3(\xi-z)^2}{r^4}\right\}\end{array}\right](\cos k_0 r-j\sin k_0 r)\,d\xi$$

$$E_\rho=-j\frac{\omega\mu_0 I_0}{4\pi k_0}\int_{-l}^{l}\sin\{k_a(l_t-|\xi|)\}\{\rho(z-\xi)\}\left\{\left(-\frac{k_0}{r^3}+\frac{3}{k_0 r^5}\right)+j\frac{3}{r^4}\right\}(\cos k_0 r-j\sin k_0 r)\,d\xi$$

$$H_\phi=\frac{I_0}{4\pi}\int_{-l}^{l}\sin\{k_a(l_t-|\xi|)\}\rho\left\{\frac{1}{r^3}+j\frac{k_0}{r^2}\right\}(\cos k_0 r-j\sin k_0 r)\,d\xi$$

lは円管の全長[m]、ρは算出地点の径方向の座標[m]、zは算出地点のz座標[m]であり、別表第1図に示すとおりとする。

ωは、角周波数[rad/s]とする。

μ_0は、自由空間の透磁率[H/m]とする。

rは、空中線からの距離[m]であり、

$r=\sqrt{\rho^2+(z-\xi)^2}$

とする。

ξは、空中線上の任意の点におけるz座標[m]とする。

I_0は、電流波腹値[A]とする。

k_aは、空中線上の伝搬定数[rad/m]とする。

k_0は、自由空間における伝搬定数[rad/m]とする。

l_tは、頂冠の影響を考慮した空中線の等価的全長[m]とする。

I_0、k_a、l_tは、空中線の長さ、太さ、頂冠の大きさ及び構造等により求める。

(4) カーテンアンテナ(空中線コードAWに相当する空中線をいう。)による電波の強度は、次のとおり算出する。

ア 算出する電波の強度は、送信空中線から算出地点までの距離及び周波数に応じて次のとおりとする。

(ア) 算出地点が、送信空中線のうち算出地点に対し最も近い箇所から$2D^2/\lambda$ [m]及び$\lambda/2\pi$ [m]のいずれよりも遠い場合は、電界強度又は磁界強度(3MHz以下の周波数においては、電界強度のみとする。)

(イ) 算出地点が(ア)以外の場合は、電界強度及び磁界強度

イ 電波の強度の算出にあたっては、各々の放射素子を等価半波長ダイポールとみなし次のとおり行う。

(ア) 各等価半波長ダイポールによる電波の強度を次式により算出し、これらの合成値を求め、別表第2図に示す算出地点P(ρ、ϕ、z)における電界強度及び磁界強度の値とする。

$$E_z = \frac{-jk_0 I}{4\pi\omega\varepsilon_0}\left\{\frac{\exp(-jk_0 r_1)}{r_1} + \frac{\exp(-jk_0 r_2)}{r_2}\right\}$$

$$E_\rho = \frac{-jk_0 I}{4\pi\omega\varepsilon_0\rho}\left\{\left(z+\frac{\lambda}{4}\right)\frac{\exp(-jk_0 r_1)}{r_1} + \left(z-\frac{\lambda}{4}\right)\frac{\exp(-jk_0 r_2)}{r_2}\right\}$$

$$H_\phi = \frac{jI}{4\pi\rho}\{\exp(-jk_0 r_1) + \exp(-jk_0 r_2)\}$$

ω は、角周波数[rad/s]とする。

k_0 は、自由空間における伝搬定数[rad/m]とする。

ε_0 は、自由空間の誘電率[F/m]とする。

r_1[m]、r_2[m]、ρ[m]、z[m]、E_z[V/m]、E_ρ[V/m]及び H_ϕ[A/m]は、別表第2図に示すとおりとする。

I は、等価半波長ダイポールの素子電流であり、空中線電力、素子数及び各素子の入力インピーダンス等により求める。

(ｲ)　反射器を有する場合又は大地による反射を考慮する場合は、それぞれの場合について等価半波長ダイポールの鏡像を考慮すること。

8　人体が電波に不均一にばく露される場合（大地等から高さ200cmまでの領域中に基準値を超える場所と超えない場所が混在する場合をいう。以下同じ。）の電波の強度については、その空間的な平均値を求めることとし、次の値を算出する。

(1)　電力束密度については、その平均値

(2)　電界強度及び磁界強度については、次のとおりとする。

ア　施行規則別表第2号の3の2の第1に関しては、それらの自乗平均値の平方根

イ　施行規則別表第2号の3の2の第2に関しては、それらの平均値

(3)　磁束密度については、その平均値

9　5の項から8の項までの方法による算出結果がいずれも基準値を超えるときは、電波の強度を測定しなければならない。ただし、当該算出結果を当該算出地点における電波の強度の値とするときは、測定することを要しない。

10　測定は、次の電波の強度について行う。

(1)　測定地点が、送信空中線のうち最も近い箇所からの距離が $2D^2/\lambda$[m]及び $\lambda/2\pi$[m]のいずれよりも遠い場合

ア　3MHz以下の周波数においては、電界強度

イ　3MHzを超え30MHz以下の周波数においては、電界強度又は磁界強度

ウ　30MHzを超える周波数においては、電界強度、磁界強度又は電力束密度

(2)　測定地点が(1)以外の場合

ア　1,000MHz以下の周波数においては、電界強度及び磁界強度

イ　1,000MHzを超える周波数においては、電界強度

11　測定には、次に掲げる機器を用いる。

(1)　等方性電磁界プローブ

(2)　周波数非同調型測定系（測定用空中線及び周波数非同調型測定器（広い周波数にわたり電波の強度に対する出力値が均一な応答を示すもの。）をいう。以下同じ。）

(3)　周波数同調型測定系（測定用空中線及び周波数同調型測定器（特定の周波数に同調し、その周波数を中心とした帯域幅内にある電波に主として応答するもの。）をいう。以下同じ。）

12　測定系の条件は次のとおりとする。

(1)　等方性電磁界プローブ

ア　測定対象無線設備が発射可能な周波数の範囲について、プローブを任意の角度に回転し、又

は任意の方向へ向けたときの値の変動が3デシベル以内であること。

イ　測定対象無線設備が発射可能な周波数の範囲において、同一強度の電波を測定した場合の値の周波数特性が平坦であること。また、その周波数範囲以外の電波に対する測定器の応答が明らかであること。

ウ　測定対象無線設備が発射可能な周波数の範囲において、正確に測定できる電波の強度の範囲が明らかであること。また、電界プローブは電界以外に応答しないこと。磁界プローブは磁界以外に応答しないこと。

エ　付属のケーブル等は、測定に影響を与えないこと。

オ　応答時間が1秒未満であること。

(2)　周波数同調型測定系及び周波数非同調型測定系

ア　測定器の測定可能周波数範囲、周波数分解能帯域幅（周波数同調型測定系に限る。）、入力感度、検波方式及び最大許容入力が既知であること。

イ　測定対象無線設備から発射される電波の特性に応じて、アンテナ係数が既知である適切な空中線を用いること。

ウ　測定用空中線及び測定器の入力インピーダンスが測定ケーブルと整合していること。

エ　測定器及びケーブルに十分な電磁シールドがなされていること。

オ　測定対象以外の電波の影響を受けないよう必要な措置がなされていること。

13　電波の強度の測定方法

(1)　電波の強度の測定方法は次のとおりとする。

ア　等方性電磁界プローブ又は測定用空中線を測定地点上方10cm（300MHz未満の周波数においては20cm）以上200cm以下の範囲で上下方向に走査し、電波の強度の最大値を測定する。ただし、電磁界プローブ又は測定用空中線は、送信空中線、大地等及び金属物体から10cm以上（300MHz未満の周波数においては20cm以上）離れていること。

イ　電波の強度が時間的に変化する場合は、次により求めた電波の強度の値を測定値とする。

(ｱ)　電力束密度については、その6分間における平均値

(ｲ)　電界強度及び磁界強度については、次のとおりとする。

a 施行規則別表第2号の3の2の第1に関しては、それらの6分間における自乗平均値の平方根

b 施行規則別表第2号の3の2の第2に関しては、それらの最大値

(ｳ) 磁束密度については、最大値

注　対象無線設備から発射される電波の変調特性から、6分間未満で6分間の平均値が得られる場合は、適宜測定時間を短縮することができる。

(2)　人体が電波に不均一にばく露される場合の電波の強度については、測定地点上方10cm（300MHz未満の周波数においては20cm）から200cmまで10cm間隔（300MHz未満の周波数においては20cm間隔）で測定し、8の項の方法に準じてその空間的平均値を求めることとする。

(3)　測定する際には、次の点に留意すること。

ア　測定用空中線の方向及び偏波面は、測定器の指示値が最大になるように配置すること。

イ　測定用空中線と送信空中線のうちいずれか一方が円偏波で他方が直線偏波の場合は、補正値として3デシベルを測定値に加えること。

ウ　電磁界プローブ又は測定用空中線を上下方向に走査するときは、人体や偏波の影響が小さくなるように保持すること。

エ　パルス波の測定には、熱電対型の電磁界プローブ、周波数非同調型測定系又はパルスが占有する帯域幅に比べ広い周波数分解能帯域幅を持つ周波数同調型測定系を用いること。

オ　他の無線設備から発射される電波の影響が無視できない場合は、周波数同調型測定系を用いること。

別表第１図

７の項(3)に規定する算出式の座標系及び式の記号は下図のとおりとする。

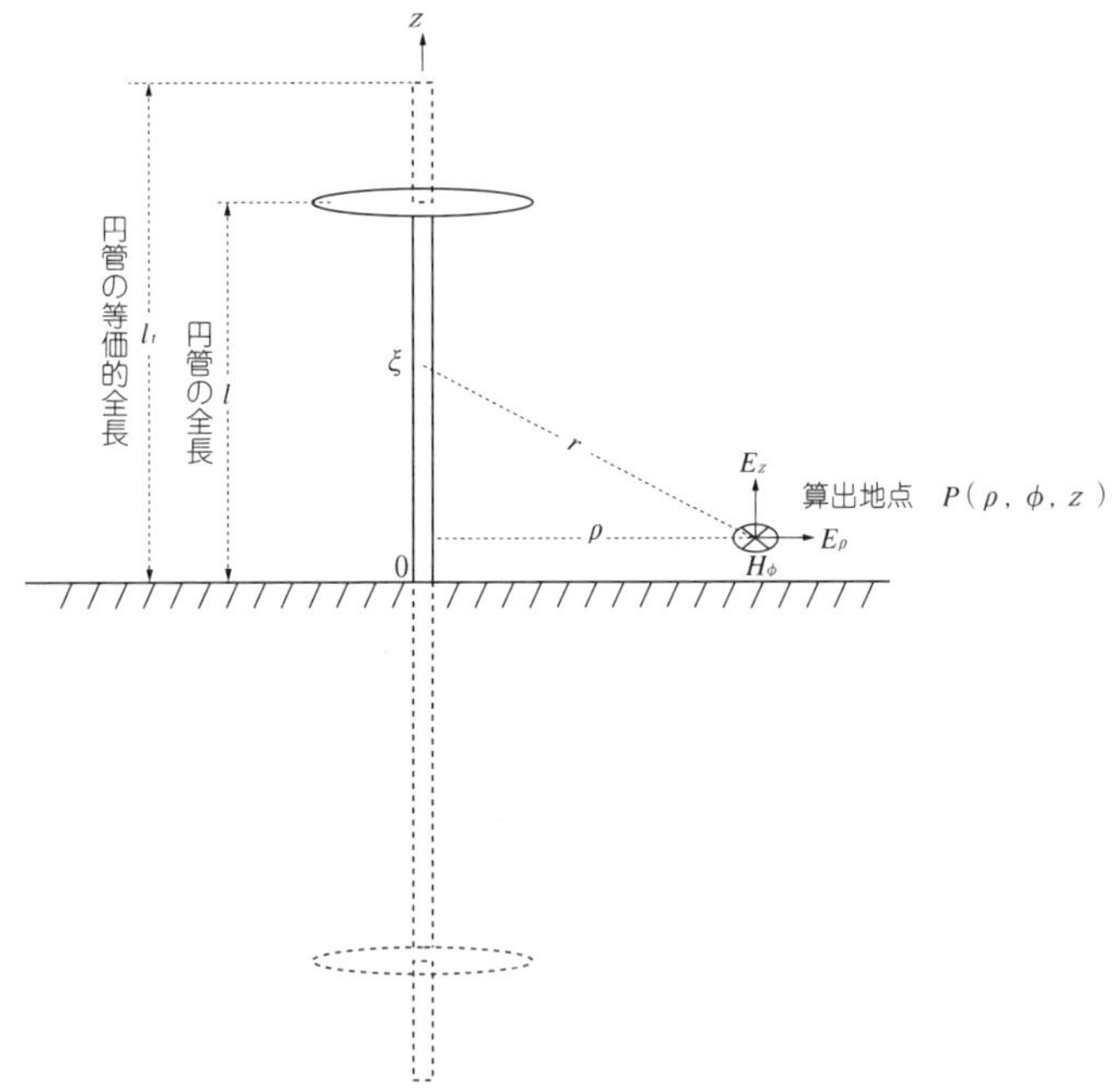

別表第２図

７の項(4)に規定する算出式の座標系及び式の記号は下図のとおりとする。

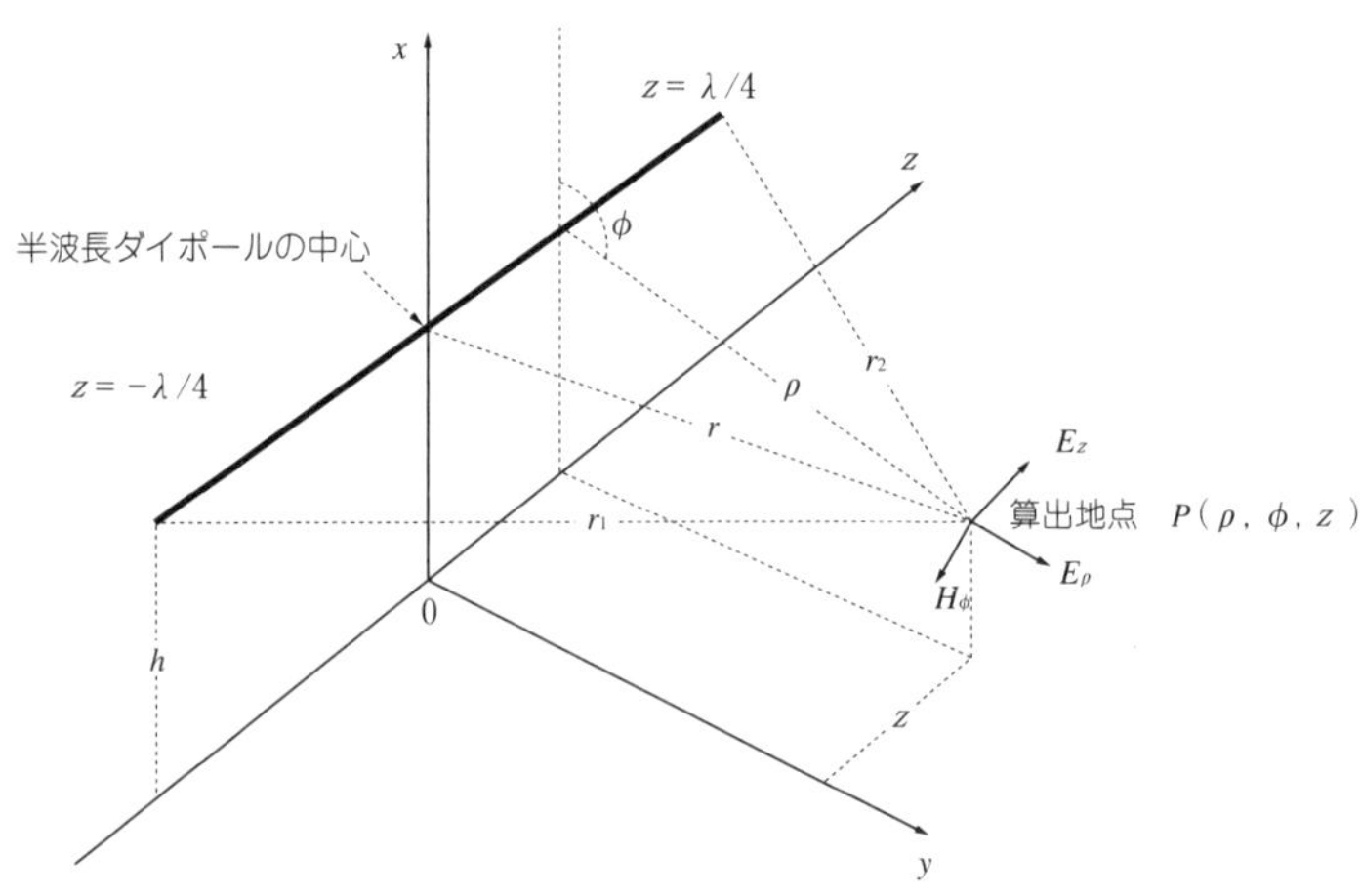

無線局免許申請書等に添付する無線局事項書及び工事設計書の各欄に記載するためのコード表

（無線局免許手続規則関連）

平成十六年十一月九日―総務省告示第八百五十九号

最終改正　令和四年三月十四日―総務省告示第六十七号

●変調方式コード

項　目	コード
無変調	N
二分のπシフト差動二相位相変調	P/2D2PSK
上記以外の差動二相位相変調	D2PSK
上記以外の二相位相変調	2PSK
差動四相位相変調	D4PSK
オフセット四相位相変調	04PSK
マルチサブキャリア四相位相変調	M4PSK
四分のπシフト四相位相変調	P/44PSK
上記以外の四相位相変調	4PSK
差動八相位相変調	D8PSK
上記以外の八相位相変調	8PSK
上記以外の位相変調（注1）	PSK
GMSK	GMSK
上記以外のMSK	MSK
上記以外の二値周波数偏位変調	2FSK
四値周波数偏位変調	4FSK
上記以外の周波数偏位変調	FSK
上記以外の周波数変調（注1）	FM
一二値直交振幅変調	12QAM
マルチサブキャリア一六値直交振幅変調	M16QAM
上記以外の一六値直交振幅変調	16QAM
二四値直交振幅変調	24QAM
三二値直交振幅変調	32QAM
マルチサブキャリア六四値直交振幅変調	M64QAM
上記以外の六四値直交振幅変調	64QAM
一二八値直交振幅変調	128QAM
二五六値直交振幅変調	256QAM
一〇二四値直交振幅変調	1024QAM
上記以外の直交振幅変調	QAM
一六値振幅位相変調	16APSK
三二値振幅位相変調	32APSK
上記以外の振幅位相変調	APSK
実数零点単側波帯変調方式	RZSSB
ASK	ASK
SSB	SSB
VSB	VSB
DSB	DSB
上記以外の振幅変調（注1）	AM
直交周波数分割多重変調	OFDM
パルス変調（注1）	P
直接拡散のスペクトル拡散方式	DSSS
周波数拡散のスペクトル拡散方式	FHSS
上記以外のスペクトル拡散方式	SS
上記以外の変調方式（注2）	Z

注1　上記以外の位相変調、上記以外の周波数変調、上記以外の振幅変調又はパルス変調を選択した場合は、備考の欄にその名称を記載すること。
2　上記以外の変調方式を選択した場合は、備考の欄に変調方式の名称を記載すること。

●終段部の真空管又は半導体コード

項　目	コード
電界効果トランジスタ（FET）	FET
高電子移動度トランジスタ（HEMT）	HEMT
上記以外のトランジスタ（注１）	TRA
進行波管（TWT）	TWT
上記以外の真空管（注２）	Z

注1　上記以外のトランジスタを選択した場合は、備考の欄にトランジスタの名称を記載すること。
2　上記以外の真空管を選択した場合は、備考の欄に真空管の名称を記載すること。

●空中線の型式コード

項　目	コード
単一	TI
八木	YA
パラボラ	PA
平面	PL
ホーン	HO
ダイポール	DP
グレゴリアン	GG
カセグレン	KG
ループ（リングを含む）	LU
ターンスタイル	TS
スーパーゲイン	SG
ワイヤ（L、V、T、逆L、逆Vを含む）	WI
漏洩同軸	LC
コーリニア	CL
レンズ	LN
コーナリフレクタ	CR
スロット	SR
ヘリカル	HE
カージオイド	CO
頂部負荷型	TL
基部設置型	BG
その他の指向性アンテナ（注）	ZD
その他の無指向性アンテナ（注）	ZO

注　その他の指向性アンテナ又はその他の指向性アンテナを選択した場合は、備考の欄に具体的にその内容を記載すること。

■参　考■
国際電気通信連合憲章・無線通信規則（抜粋）

国際電気通信連合憲章

（電気通信の秘密）

第 37 条

184

1　構成国は、国際通信の秘密を確保するため、使用される電気通信のシステムに適合するすべての可能な措置をとることを約束する。

附属書

国際電気通信連合の憲章、条約及び業務規則において使用する若干の用語の定義

1003　「有害な混信」

無線航行業務その他の安全業務の運用を妨害し、または無線通信規則に従って行う無線通信業務の運用に重大な悪影響を与え、若しくはこれを反復的に中断し若しくは妨害する混信をいう。

無線通信規則

第 1 条　用語及び定義

第Ⅰ節　総則　（省略）

第Ⅱ節　用語の定義と周波数管理　（省略）

第Ⅲ節　無線業務

1.53　標準周波数報時業務

一般的受信のため、公表された精度の高い特定周波数、報時信号又はこれらの双方の発射を行う科学、技術その他の目的のための無線通信業務をいう。

1.56　アマチュア業務

アマチュア、すなわち，金銭上の利益のためでなく、専ら個人的に無線技術に興味を持ち、正当に許可された者が行う自己訓練、通信及び技術研究のための無線通信業務。

1.57　アマチュア衛星業務

アマチュア業務の目的と同一の目的で地球衛星上の宇宙局を使用する無線通信業務。

第Ⅳ節　無線局と構成　（省略）

第Ⅴ節　（削除）

第Ⅵ節　輻射の特性と無線設備　（省略）

第Ⅶ節　周波数の共用

1.169　有害な混信

無線航行業務その他の安全業務の機能を害し、又はこの規則に従って行われる無線通信業務の運用を著しく低下させ、妨害し、若しくは反復的に中断する混信。

第3条　局の技術的特性

3.1

局において使用する装置の選択及び動作並びにそのすべての発射は、無線通信規則に適合しなければならない。

3.4

局において使用する装置は、周波数スペクトルを最も効率的に使用することが可能となる信号処理方式をできる限り使用するものとする。この方式としては、取り分け、一部の周波数帯域幅拡張技術が挙げられ、特に振幅変調方式においては、単側波帯技術の使用が挙げられる。

3.7

送信局は、許可された出力レベルの帯域外の輻射あるいは帯域外領域の不要輻射は、現行の規則に指定された業務と輻射のクラスに従わなければならない。そのようなものがない状態で、指定された最大パワーレベルの送信局は、可能な最大の範囲で帯域外の輻射あるいは帯域外領域の不要輻射を最も新しいITU-Rが推奨する制限の必要条件を満たさなければならない。

3.8

さらに、周波数偏差及び不要輻射レベルを技術の現状及び業務の性質によって可能な最小の値に維持するように努力するものとする。

3.9

発射の周波数帯域幅は、スペクトルを最も効率的に利用し得るようなものでなければならない。このためには、一般的には、周波数帯域幅を技術の現状及び業務の性質によって可能な最小の値に維持することが必要である。

3.10

周波数帯幅拡張技術が使用される場合には、スペクトル電力密度は、スペクトルの効率的な使用に適する最小のものでなければならない。

3.12

受信局は、関係の発射の種別に適した技術特性を有する装置を使用するものとする。特に選択度特性は、発射の周波数帯域幅に関する無線通信規則（第 3.9）の規定に留意して、適当なものを採用するものとする。

3.13

受信機の動作特性は、その受信機が、そこから適当な距離にあり、かつ、無線通信規則の規定に従って運用している送信機から混信を受けることがないようなものを採用するものとする。

3.15

減幅電波（B 電波）は、すべての局に対して禁止する。

第 4 条　周波数の割当　（省略）

第 5 条　周波数分配表　（省略）

第 15 条　混信

第 I 節　無線局からの妨害

15.1　§ 1

すべての局は、不要な伝送、過剰な信号の伝送、虚偽又は紛らわしい信号の伝送、識別表示のない信号の伝送を禁止する（第 19 条（局の識別）に定める場合を除く。）。

15.2　§ 2

送信局は、業務を満足に行うため必要な最小限の電力で輻射する。

15.3　§ 3

混信を避けるために

15.4　a)

（混信を避けるために）送信局の位置及び業務の性質上可能な場合には、受信局の位置は、特に注意して選定しなければならない。

15.5　b)

（混信を避けるために）不要な方向への輻射又は不要な方向からの受信は、業務の性質上可能な場合には、指向性アンテナの利点をできる限り利用して、最小にしなければならない。

第 II 節　電気設備、すべての産業機器、科学的、医学用設備以外からの妨害　（省略）

第 III 節　産業用、科学的及び医学用設備からの妨害　（省略）

第 IV 節　試験　（省略）

第Ⅴ節　　違反の報告

15.19　§ 11

国際電気通信連合憲章、国際電気通信連合条約又は無線通信規則の違反を認めた局は、この違反についてその局の属する国の主管庁に報告する。

15.20　§ 12

局が行った重大な違反に関する申入れは、これを認めた主管庁からこの局を管轄する主管庁に行わなければならない。

15.21　§ 13

主管庁は、その権限に基づく局によって、国際電気通信連合憲章（以下、「憲章」という。）、国際電気通信（以下、「条約」という。）又は無線通信規則の違反が行われたことを知った場合には、（特に憲章第45条及び無線通信規則第15.1条）事実を確認して必要な措置を執る。（2012年12月27日改正、2013年1月1日施行）

第Ⅵ節　　有害な混信の場合の手続　　（省略）

第16条　国際的な聴取　　（省略）

第17条　秘密の保護

17.1

主管庁は、国際電気通信連合条約の関連規定を適用するに当たり、次の事項を禁止し、及び防止するために必要な措置を取ることを約束する。

17.2　a)

(1) 公衆の一般的利用を目的としていない無線通信を許可なく傍受すること。

17.3　b)

(2) (1) にいう無線通信の傍受によって得られたすべての種類の情報について、許可なく、その内容若しくは単にその存在を漏らし、又はそれを公表若しくは利用すること。

第18条　局の許可書

18.1　§ 1　1)

送信局は、その属する国の政府が適当な様式で、かつ、無線通信規則に従って発給する許可書がなければ、個人又はいかなる団体においても、設置し、又は運用することができない。ただし、無線通信規則に定める例外の場合は除く。

18.4　§ 2

許可書を有する者は、国際電気通信連合憲章及び国際電気通信連合条約の関連規定に従い、電気通信の秘密を守ることを要する。さらに許可書には、局が受信機を有する場合には、受信することを許可された無線通信以外の通信の傍受を禁止すること及びこのような通信を偶然に受信した場合には、これを再生し、第三者に通知し、又はいかなる目的にも使用してはならず、その存在さえも漏らしてはならないことを明示又は参照の方法により記載していなければならない。

第19条　局の識別

第I節　総則

19.1

すべての伝送は、識別信号その他の手段によって識別され得るものでなければならない。

19.1.1

しかしながら、技術の現状では、一部の無線方式については、識別信号の伝送が必ずしも可能でないことを認める。

19.2 § 2　1)

虚偽又は紛らわしい識別表示を使用する伝送はすべて禁止する。

19.4　3)

次の業務においては、すべての伝送は、識別信号を伴うものとする。

19.5　a)

アマチュア業務

19.17 § 4

識別信号を伴う伝送については、局が容易に識別されるため、各局は、その伝送(試験、調整又は実験を行うものを含む。)中にできる限りしばしばその識別信号を伝送しなければならない。

第II節　国際的なシリーズ及び呼出符号の割当　（省略）

第III節　呼出符号の構成

19.45　§ 21 1)

アルファベットの26文字及び次に掲げる場合のアラビア数字は、呼出符号の組立てに使用することができる。ただし、アクセント符号を付けた文字を除く。

19.46　2)

もっとも、次の組合せは，呼出符号として使用してはならない。

19.47　a)

遭難信号又は他の同種の信号と混同しやすい組合せ。

19.48　b)

無線通信業務で使用する略語のために保留されているITU-R勧告 M.1172の中の組合せ。

19.49　c)　削除

19.50　§ 22

国際符字列に基づく呼出符号は、第19.51号から第19.71号までの規定に示すとおりに組立てる。最初の2字は、2文字、1文字及び次にアラビア数字、又は、1アラビア数字及び次に1文字とする。呼出符号の最初の2文字又は場合により最初の1字は国際識別を構成する。

19.50.1

B、F、G、I、K、M、N、R、W 及び2で始まる呼出符号列については、最初の1字のみ国際識別のために必要となる。符号列を二分している場合（例えば、最初の2文字が複数の加盟国に分配されている場合）、最初の3文字は国際識別のために必要となる。

19.67

アマチュア局及び実験局

19.68　§ 30　1)

1文字（B、F、G、I、K、M、N、R又はWの場合）、1桁の数字（0又は1以外）、4文字以下のグループ名が続き、最後は文字であること。又は2文字、1桁（0又は1以外）、4文字以下のグループ名が続き、最後は文字であること。

19.68A　1A)

特別な場合、一時的に使用するために、主管庁は第19.68号で規定された4文字以上の呼出符号の使用を許可することができる。

19.69　2)

もっとも、0及び1アラビア数字の使用の禁止は、アマチュア局には適用しない。

第Ⅳ節　無線電話を使用する局の識別　（省略）

第20条～第24条　（省略）

第25条　アマチュア業務

第Ⅰ節　アマチュア業務

25.1　§ 1

異なる国のアマチュア局相互間の無線通信は、関係国の一の主管庁がこの無線通信に反対する旨を通知しない限り、認められる。

25.2　§ 2　1)

異なる国のアマチュア局相互の伝送は、第1.56号に規定されているアマチュア業務の目的及び私的事項に付随する通信に限らなければならない。

25.2A (A)

異なる国のアマチュア局相互間の伝送は、地上コマンド局とアマチュア衛星業務の宇宙局との間で交わされる制御信号は除き、意味を隠すために暗号化されたものであってはならない。

25.3　2)

アマチュア局は、緊急時及び災害救助時に限って、第三者のために国際通信の伝送を行うことができる。主管庁は、その管轄下にあるアマチュア局への本条項の適用について決定することができる。

25.4　削除

25.5　§ 3　1)

主管庁は、アマチュア局を運用するための免許を得ようとする者にモールス信号によって文を送信及び受信する能力を実証すべきかどうか判断する。

25.6 2)

主管庁は、アマチュア局の操作を希望する者の運用上及び技術上の資格を検証するために必要と認める措置を執る。能力の基準に関する指針は、最新版の勧告ITU-R M.1544に示されている。

25.7 § 4

アマチュア局の最大電力は、関係主管庁が定める。

25.8 § 5 1)

国際電気通信連合憲章、国際電気通信連合条約及び無線通信規則のすべての一般規定は、アマチュア局に適用する。

25.9 2)

アマチュア局は、その伝送中短い間隔で自局の呼出符号を伝送しなければならない。

25.9A § 5A

主管庁は、災害救助時にアマチュア局が準備できるよう、また通信の必要性を満たせるよう、必要な措置を取ることが奨励される。

25.9B § 5B

主管庁は、他の主管庁がアマチュア局を運用する免許を与えた者が、その管轄内に一時的にいる間に、主管庁が課した当該条件又は制限事項に従うことを条件として、アマチュア局を運用する許可を与えるかどうか、決定することができる。

第II節 アマチュア衛星業務

25.10 § 6

この条の第I節の規程は、できる限りアマチュア衛星業務にも同様に適用する。

25.11 § 7

アマチュア衛星業務の宇宙局を許可する主管庁は、アマチュア衛星業務の局からの放射に起因する有害な混信を直ちに除外することができることを確保するため、打ち上げ前に十分な地球指令局を設置するように措置する。（第22.1号を参照）

（以下、省略）

アマチュア局用　電波法令抄録 2024/2025年版

この電波法令抄録は、令和5年9月30日までに官報に掲載されたものについて収録しています。

発行年月日　令和6年3月15日

編集者　一般社団法人　日本アマチュア無線連盟
発行者　一般社団法人　日本アマチュア無線連盟
〒170-8073　東京都豊島区南大塚3-43-1
大塚HTビル6階
電話　03-3988-8749（会員課）
発行所　CQ出版株式会社
〒112-8619　東京都文京区千石4-29-14
電話　編集　03-5395-2149
販売　03-5395-2141
振替　00100-7-10665
DTP・印刷・製本　三晃印刷㈱

乱丁・落丁本はお取り替えします
定価は表4に表示してあります
ISBN978-4-7898-1936-7

Printed in Japan